HISTOIRE

NATURELLE

DES POISSONS.

STRASBOURG, IMPRIM. DE V.ᵉ BERGER-LEVRAULT.

HISTOIRE
NATURELLE
DES POISSONS,

PAR

M. LE B.ᴼᴺ CUVIER,

Pair de France, Grand-Officier de la Légion d'honneur, Conseiller d'État et
au Conseil royal de l'Instruction publique, l'un des quarante de l'Académie
française, Associé libre de l'Académie des Belles-Lettres, Secrétaire per-
pétuel de celle des Sciences, Membre des Sociétés et Académies royales de
Londres, de Berlin, de Pétersbourg, de Stockholm, de Turin, de Gœttingue,
des Pays-Bas, de Munich, de Modène, etc.;

ET PAR

M. A. VALENCIENNES,

Membre de l'Académie royale des sciences de l'Institut, Professeur de Zoologie
au Muséum d'Histoire naturelle, Membre de l'Académie royale des sciences
de Berlin, de la Société zoologique de Londres, de la Société impériale des
naturalistes de Moscou, etc.

TOME VINGT ET UNIÈME.

A PARIS,

Chez P. BERTRAND, ÉDITEUR,

LIBRAIRE DE LA SOCIÉTÉ GÉOLOGIQUE DE FRANCE,

rue Saint-André-des-arcs, n.º 65.

STRASBOURG, chez V.ᵉ LEVRAULT, rue des Juifs, n.º 33.

1848.

AVERTISSEMENT.

Le volume qui va paraître comprend l'histoire des Anchois et des genres voisins de ce poisson, et je termine ainsi l'exposé des caractères des différentes espèces de la famille des Clupéoïdes.

J'essaie ensuite de montrer que le genre des Notoptères forme un groupe distinct de ceux auprès desquels il avait été placé.

Enfin, je commence l'histoire naturelle de la famille des Saumons. Je l'ai divisée en trois tribus, comme plusieurs ichthyologistes l'ont déjà tenté. Le lecteur verra que je me fonde sur des caractères différents de ceux employés avant moi. J'expose dans ce volume l'histoire des espèces et des genres de la première tribu. Je crois avoir trouvé, pour distinguer les truites et les saumons, des caractères qui avaient échappé à mes prédécesseurs, et qui sont demême valeur que ceux qui ont été le résultat de mes recherches sur les Clupéoides. Il ne me paraît pas nécessaire de les exposer dans ce préambule, parce que je ne pourrais pas donner assez d'étendue à cette analyse sans entrer dans d'inutiles répétitions.

Au Jardin des plantes, février 1848.

TABLE
DU VINGT ET UNIÈME VOLUME.

SUITE DU LIVRE VINGT ET UNIÈME,

ET DES CLUPÉOÏDES.

CHAPITRE XIII.

CHAPITRE XIV.

CHAPITRE XV.

TABLE. ix

CHAPITRE XVI.

LIVRE VINGT-DEUXIÈME.

CHAPITRE PREMIER.

CHAPITRE II.

CHAPITRE III.

De quelques espèces douteuses.

CHAPITRE VIII.

AVIS AU RELIEUR

POUR PLACER LES PLANCHES DU TOME XXI.

HISTOIRE
NATURELLE
DES POISSONS.

SUITE DU LIVRE VINGT ET UNIÈME,

ET DES CLUPÉOÏDES.

J'ai traité dans le volume précédent des Clupées qui ont la mâchoire supérieure plus courte que l'inférieure. Il me reste à parler des espèces dont le museau est saillant et plus avancé que la mandibule. Cette saillie est due à l'ethmoïde. L'étude des genres de cette subdivision de la famille des Clupes est importante, car elle montre comment la nature peut modifier les caractères les plus saillants dans la composition d'une famille naturelle. Celui que l'on tire de la saillie du museau n'a pas cependant une aussi grande importance que je le soupçonnais en commençant l'étude des Clupéoïdes; car les deux genres Anchois et Coilia sont les seuls auxquels il s'applique. Les Notoptères sont d'une famille distincte, qui lie les Clupées aux Mormyres et aux autres familles détachées du grand groupe établi par M. Cuvier.

CHAPITRE XII.

Du genre ANCHOIS (*Engraulis*).

Nous allons décrire dans ce chapitre l'histoire naturelle de poissons qui offrent plusieurs traits caractéristiques de conformation ou de mœurs semblables à ceux des Harengs, des Aloses et des Sardines. Ce sont les poissons connus sur presque toutes nos côtes d'Europe par le nom d'Anchois, ou par une dénomination semblable à celle-ci, et qui semble en dériver, ou en être une corruption. Le caractère remarquable de ce genre consiste dans la grandeur de la fente de la bouche et dans la saillie du museau. C'est l'ethmoïde qui s'avance au-devant des mâchoires. Les intermaxillaires sont petits et cachés sous le museau : ils sont tellement réunis au maxillaire qu'ils se meuvent avec lui et qu'on ne les aperçoit que par la dissection. Les maxillaires sont grêles, couchés sur les côtés de la joue. Le vomer est étroit et a quelques petites dents à son extrémité. Les palatins et les ptérygoïdiens forment aussi des lamelles étroites et allongées, hérissées de petites dents qui, dans

quelques espèces, ne sont que de simples
âpretés. Ces dents de la voûte palatine deviennent si petites dans l'Anchois d'Europe
que l'on peut discuter leur présence, mais
dans la plupart des espèces étrangères, elles
sont extrêmement visibles. La fente des ouïes
paraît en quelque sorte proportionnée à la
grandeur de celle de la bouche. Les anchois
sont les poissons qui me paraissent avoir
ces ouvertures les plus larges. La membrane
branchiostège est étroite, cachée sous les
branches de la mâchoire; elle est soutenue
par des rayons courts dont le nombre est
variable suivant les espèces, et souvent même
d'un côté à l'autre de la gorge. Nous avons
des anchois qui n'ont que neuf rayons, tandis que d'autres en ont jusqu'à quatorze. Ces
poissons ont le corps en général arrondi, une
petite dorsale et une caudale fourchue. Les
pectorales sont insérées en bas et près de la
fente de l'ouïe; les ventrales sont très-petites.
Plusieurs espèces étrangères ont cependant le
corps comprimé et le ventre tranchant; leur
tronc pourrait être comparé à une lame de
couteau. Le canal intestinal est replié plusieurs
fois sur lui-même; l'estomac est cylindrique,
assez large, et muni d'un grand nombre de
cœcums au pylore. J'ai trouvé à toutes les

espèces une vessie aérienne communiquant avec l'extrémité cardiaque de l'œsophage par un canal pneumatique. Celle de l'anchois vulgaire m'a paru divisée par un faible étranglement.

Les caractères que je viens de signaler, et surtout la conformation de la mâchoire supérieure, montrent les affinités des anchois avec les autres clupées. Le plus grand nombre des espèces de ce genre a le ventre dentelé en scie comme nos clupéoïdes, mais il y a quelques espèces qui font exception à cette disposition générale; l'anchois commun, ainsi que plusieurs espèces étrangères n'ont aucune dentelure.

Lorsque je préparais mon travail général sur les Clupées, j'ai été fort embarrassé de cette absence de dentelures à la carène du ventre. J'ai cherché si les espèces à ventre lisse ne m'offriraient pas un caractère qui les distinguerait de celles à carène dentelée. Quels que soient les efforts que j'aie faits à ce sujet, je n'en ai trouvé aucun. Ce serait même rompre les affinités naturelles que de les éloigner les unes des autres en les séparant des Clupées. Nos anchois en ont aussi les habitudes. Ils vivent dans les profondeurs de l'Océan, s'approchent des rivages en rideaux d'une immense

étendue à l'époque du frai. Leur pêche devient
très-profitable en quelques endroits, et donne
lieu à des exportations considérables.

M. Cuvier a essayé de séparer, sous le nom
de Thrysses, les espèces à maxillaire prolongé
sur les côtés de la bouche. Il est évident qu'un
naturaliste qui examinera le *Clupea mystax*
ou le *Cl. setirostris,* saisirait avec facilité ce
caractère distinctif, mais la difficulté devient
grande, je dis même impossible à surmonter,
quand il faut essayer d'appliquer cette diagnose aux *Engraulis Brownii, E. Mitchilli* et
à quelques autres espèces voisines. En effet,
les maxillaires se prolongent plus ou moins et
successivement, de manière à ce qu'il soit
impossible de fixer la limite des deux genres.
D'ailleurs M. Cuvier laissait parmi ses Thrysses
le *Clupea mystus* de Linné, dont M. de Lacépède avait déjà fait un genre sous la dénomination de *Myste,* l'espèce ayant été appelée
dans cette Ichthyologie le *Myste clupéoïde.*
Si le genre Thrysse de M. Cuvier eût dû être
conservé, il aurait fallu lui rendre la dénomination que lui avait imposée M. de Lacépède. Mais on verra, dans la discussion que
j'ai faite sur l'espèce de Linné, que le *Clupea*
mystus est un assemblage de deux poissons
différents. Ce genre *Mystus* de Lacépède a

été adopté par Buchanan, qui l'a singulièrement composé, car les espèces indiennes d'anchois, à maxillaire prolongé, ont été classées
par lui dans ce qu'il a appelé les *Clupea*, et
il a cité comme Mystes un *Mystus ramcarati*
qui est un *Coilia*, et deux autres qui appartiennent au genre Notoptère. Les *Clupea* de
Buchanan sont des anchois; les vraies Clupées
ont été décrites dans son ouvrage, sous le nom
de Clupanodon.

C'est ici le cas de faire remarquer que la
nature a eu une tendance à prolonger en
filaments plus ou moins longs certaines pièces
des anchois. Nous venons de citer la prolongation quelquefois filiforme des maxillaires;
dans d'autres espèces c'est le premier rayon
de la pectorale qui devient quelquefois aussi
long que le corps. Je connais plusieurs espèces
qui se ressemblent par ce caractère, et par un
autre assez singulier et consistant dans la
troncature du lobe supérieur de la caudale.
J'ai examiné avec attention si la prolongation
de ce rayon ne pouvait pas servir à caractériser ce petit groupe et à le séparer des anchois. Mais la première de nos espèces, l'*Engraulis brevifilis* montre que c'est par des
nuances insensibles que l'on passe de l'*Engraulis Telara* à plusieurs autres espèces qui

ont le premier rayon de la pectorale un peu prolongé. Les mêmes raisons qui me font considérer les Thrysses de M. Cuvier comme une simple division des anchois, me conduisent à ne pas séparer les espèces dont le premier rayon de la pectorale s'allonge en un long filament.

Nous avons discuté la synonymie ancienne des anchois dans nos généralités sur les Clupéoïdes. Nous avons fixé les noms d'*Encrasicholus*, d'*Engraulis* et de *Lycostomus* cités dans les ouvrages des anciens. Le second de ces noms a été adopté par M. Cuvier; nous l'appliquerons à cette longue série d'espèces que nous allons présenter en commençant par l'Anchois d'Europe.

L'ANCHOIS VULGAIRE.

(*Engraulis encrasicholus*; *Clupea encrasicholus*, Linné.)

L'Anchois, dont je vais présenter l'histoire, est aussi répandu dans la Méditerranée, le long des côtes occidentales de l'Espagne ou de la France, que dans l'Océan septentrional ou dans la Baltique. Partout il se présente sur les côtes en troupes nombreuses; il y fournit des pêches abondantes, et cependant on peut

se permettre de dire que ce n'est pas à cause
de cette abondance qu'il est connu de tout
le monde. Il est recherché à cause de la saveur qu'il communique à nos divers aliments,
quand le poisson a été salé. Mais le plus
grand nombre des personnes, qui aiment son
bon goût, n'ont jamais vu un anchois entier,
parce que l'on a l'habitude de le débiter dans
le commerce après qu'on lui a ôté la tête, et
enlevé avec elle le foie et les viscères digestifs qui y adhèrent. Lorsqu'on a vu préparer
les anchois, on est étonné de la dextérité
avec laquelle les femmes coupent, avec l'ongle
du pouce, la tête de l'animal pour enlever
les viscères. Il faut que cette habitude soit
très-ancienne, car il est probable que le nom
d'*Encrasicholus* (qui a le fiel dans la tête)
n'a été imposé au poisson qué parce qu'on
lui arrachait le foie avec la tête. Les préparations de l'anchois sont aussi très-anciennes,
puisque ce poisson entrait dans la fabrication
de certains garums estimés chez les Grecs. Les
différents naturalistes qui ont bien voulu aider
notre travail par les nombreux envois qu'ils
ont faits au Jardin du Roi, nous ont procuré
des anchois entiers dont nous allons donner
la description.

L'anchois a le corps extrêmement allongé et arrondi. La hauteur du tronc est comprise sept fois
et demie dans la longueur totale : elle n'est que les
deux tiers de la tête. Celle-ci est d'ailleurs remarquable par la grandeur de la fente de ses ouïes; par
la saillie de son museau et par l'énorme ouverture
de la bouche. L'amplitude que peut prendre cette
ouverture devient même si considérable, lorsque
l'on écarte toutes les pièces, que l'animal pourrait
facilement engloutir, dans cette énorme gueule, un
poisson plus gros que lui. L'œil est assez grand, car
son diamètre mesure le quart de cette longue tête.
Il y a un diamètre entre le bord antérieur de l'œil
et le bout du museau. La peau ne fait pas de repli
adipeux, constituant cette sorte de paupière si commune dans les clupéoïdes. Le dessus du crâne, entre
les deux yeux, a la forme d'un losange très-allongé,
dont l'arête longitudinale, élevée sur sa surface, ferait
la plus grande diagonale. Au-devant de l'angle des
frontaux et un peu au-dessus de l'œil, on voit ou
l'on sent avec une pointe fine le très-petit os du
nez, au-dessous duquel on peut voir les deux ouvertures de la narine tellement rapprochées l'une
de l'autre, que pour les distinguer il faut bien faire
attention à la très-petite cloison membraneuse qui
les sépare. J'insiste sur ce point, parce qu'il existe
autour de l'œil des ouvertures de grands canaux
muqueux, dont il est possible de reconnaître la
nature en les insufflant; on voit par ce moyen ces
canaux s'étendre le long des mâchoires et sur toute
la surface des joues. Le premier sous-orbitaire est

une lame excessivement mince, très-allongée, qui
se prolonge en arrière vers l'angle du préopercule
qu'elle ne touche pas cependant. Les autres sous-
orbitaires sont excessivement minces et cachés sous
la peau épaisse qui est derrière l'œil, et que l'on
pourrait facilement prendre pour une paupière adipeuse. Ces osselets sont si minces que je n'ai pu
les compter; je crois cependant qu'il n'y en a que
quatre, ce qui ferait en tout cinq pièces pour le
sous-orbitaire. J'ai dit tout à l'heure que la bouche
était très-fendue; le maxillaire se porte, en effet,
si loin, que la fente va jusqu'à plus des trois quarts
de la longueur de la tête; l'os lui-même en fait les
deux tiers. Ce sont les deux maxillaires qui bordent
la mâchoire supérieure : ils portent sur leur bord
interne un os accessoire très-petit, grêle et tellement uni à lui, que les deux os paraissent confon-
dus. On trouve cachés, sous la saillie du museau,
deux intermaxillaires excessivement courts et tellement unis aux maxillaires, qu'on ne peut, à cause
de cette union et de l'extrême petitesse, reconnaître
la présence de ces os que par la dissection. Des dents
fines, comme des cils, existent jusqu'à l'extrémité
de l'os. La mâchoire inférieure a la symphyse très-
pointue; les deux branches sont très-rapprochées
l'une de l'autre; les dents qu'elles portent sont implantées sur une petite bande étroite; celles du rang
externe ont l'air d'être tout à fait extérieures. L'articulation répond à l'extrémité de la mâchoire supérieure. On conçoit, d'après cette disposition, la
forme du préopercule dans ce poisson. Cet os est

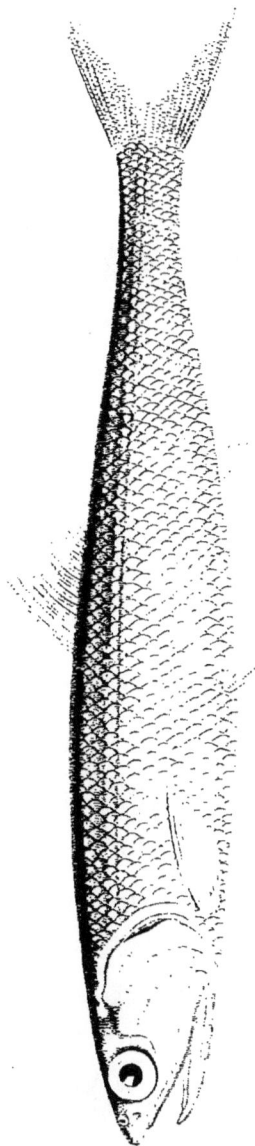

ANCHOIS vulgaire.

ENGRAULIS encrasicholus. Cuv.

Prêtre del.

lanchuche sculp

articulé assez loin derrière l'œil, à une distance
égale à peu près au diamètre de l'orbite : il se porte
alors obliquement en arrière et en bas; son angle
est arrondi; son limbe est très-mince. Je vois derrière lui un très-long opercule, dont l'angle supérieur remonte assez haut sur la nuque pour que le
bord soit au-dessus de celui de l'œil et plus haut
que la tête de l'os qui l'articule avec ce mastoïdien.
Cet opercule est très-étroit : il se porte, comme le
préopercule, obliquement et vers le bas, de manière
que son angle inférieur va presque toucher à la
pectorale. Un très-petit sous-opercule est caché sous
le bord inférieur de cet os; il faut faire attention
de ne pas le confondre avec un rayon de la membrane branchiostège. L'interopercule est encore beaucoup plus petit. Cette forme de l'opercule est en
rapport avec la grandeur de la fente de l'ouïe, qui
s'étend en avant le long des deux branches de la
mâchoire jusqu'à tout auprès de la symphyse. Il
faut aussi indiquer avec soin qu'il n'existe pas de
bord membraneux à l'opercule. La fente de l'ouïe
est donc encore agrandie par suite de cette disposition. La membrane branchiostège elle-même est
très-basse, parce que les rayons sont très-courts :
je lui en compte treize. Si nous examinons maintenant l'intérieur de la bouche, nous trouvons une
langue d'une telle brièveté, que c'est à peine si on
peut donner ce nom au petit tubercule qui termine
l'appareil hyoïdien. Les râtelures des branchies sont
très-longues, dirigées en peigne vers le devant, et
les quatre arceaux en sont chacun garnis. Le vomer,

avancé jusque sous la saillie ethmoïdale, ne porte pas de dents, mais les palatins et les ptérygoïdiens, qui sont grêles et allongés presque autant que les branches de la mâchoire supérieure, portent de très-fines scabrosités, dents rudimentaires plus faciles à reconnaître par le tact qu'à voir même avec la loupe. Je puis cependant assurer mes lecteurs que je les ai très-bien vues.

La ceinture humérale est un grand arc étroit composé, comme à l'ordinaire, de scapulaires et d'huméraux assez grêles. Ces derniers se réunissent promptement vers le bas, sans se porter en avant à beaucoup près, aussi loin que cela a lieu chez la plupart des poissons. Aussi voit-on une très-longue languette, argentée et brillante, étendue sous les branchies, entre l'angle de la symphyse humérale et la queue de l'os hyoïde. La pectorale est articulée, tout à fait au bas, près du profil inférieur. Cette nageoire est triangulaire, peu étroite : elle a dans son aisselle une très-longue écaille membraneuse, triangulaire et pointue, que l'on prendrait très-facilement pour un des rayons de la nageoire. Les ventrales sont petites et insérées un peu en avant de la dorsale, dont le premier rayon est implanté sur le milieu de la longueur du corps en n'y comprenant pas la caudale : elle est triangulaire. L'anale est de longueur médiocre et peu haute. La caudale est petite et fourchue.

B. 13 ; D. 17 ; A. 16 ; C. 21 ; P. 17 ; V. 7.

Les écailles sont aussi minces que des membranes. Les stries d'accroissement sont si fines et si rapprochées qu'on ne les voit bien qu'au microscope. On peut reconnaître encore les rayons de l'éventail de la portion radicale, mais ils ne sont pas aussi réguliers que dans beaucoup d'autres poissons. Il y a environ quarante-huit à cinquante rangées d'écailles entre l'ouïe et la caudale. Sur chaque lobe de la caudale il y a une écaille oblongue, relevée en carène, comme nous en avons déjà observé sur la caudale des Chanos et des Albula. La couleur du poisson vivant est verdâtre sur le dos. Cette teinte tranche assez fortement avec l'argenté du ventre. Après la mort, le poisson devient promptement bleuâtre, et il paraît même quelquefois si foncé qu'il semble être noir.

J'ai pu examiner les viscères d'un anchois femelle; voici ce qu'ils m'ont offert de remarquable : un œsophage assez long, assez gros, d'une couleur noire très-prononcée; un estomac cylindrique, obtus, avec une branche montante assez grosse; les parois de l'estomac et de la branche montante reprennent la couleur ordinaire à ces membranes. Le pylore est entouré de trente appendices cœcales assez longues; celles du rang externe, et que l'on aperçoit à l'ouverture de l'abdomen, sont noires comme l'intestin. Celui-ci descend à droite et en arrière des cœcums : arrivé au delà de l'estomac, il se replie, remonte jusque près de la branche montante; il se courbe de nouveau, et redescend ensuite jusqu'à l'anus sans augmenter sensiblement de diamètre. Le foie est petit, placé entre le diaphragme et la masse des appendices pyloriques : il embrasse entre ses lobes une vésicule du fiel, globuleuse, grosse comme un petit pois. La vessie aérienne est étroite et allongée, pointue aux deux extrémités; sans qu'on puisse dire qu'elle soit divisée en deux compartiments, elle a cependant un étranglement très-notable un peu au delà de la naissance de l'estomac. C'est aussi au commencement de ce viscère et à sa face dorsale que s'insère l'extrémité antérieure du conduit pneumatique : il est gros et noueux chez ce poisson, et il va donner dans la seconde partie de la vessie aérienne. Le péritoine est argenté, pointillé de noirâtre. Les œufs sont d'une extrême petitesse.

Le crâne est petit, lisse, sans carènes sensibles. Je compte quarante-six vertèbres dont vingt et une sont abdominales.

L'anchois que l'on distribue dans le commerce est ordinairement long de cinq à six pouces, mais j'en ai reçu deux exemplaires longs de sept pouces. L'un d'eux a été pêché à Cayeux, petit port des côtes de Picardie. Il est donc certain que des individus de ce poisson s'avancent jusque dans la Manche. Mais on le trouve plus abondamment sur les côtes plus méridionales de l'Océan. Nous en avons de nombreux exemplaires de La Rochelle et des côtes d'Espagne. Nous l'avons reçu aussi en abondance des différents points de la Méditerranée. Ainsi M. Perandot nous l'a rapporté de Corse; MM. Savigny et Laurillard de Nice; M. Bibron de Messine. Les naturalistes de l'expédition scientifique de l'Algérie l'ont trouvé à Bone, et M. Nordmann nous en a donné des exemplaires pris à Odessa. L'espèce entre donc dans la mer Noire. J'ai examiné avec soin un nombre considérable de ces petits poissons, depuis des exemplaires longs de deux à trois pouces jusqu'à ceux de cinq à six. Il m'a été facile de me convaincre que les individus peuvent, par altération de la couleur du ventre ou du dos, perdre facilement le brillant argenté près de la carène abdominale, de manière à laisser une bandelette plus ou moins large et souvent peu limitée tout le long des flancs. Ce sont des individus ainsi altérés qui ont donné lieu à l'établissement de l'espèce du Melette. M. Cuvier dit, dans le Règne animal, que l'anchois qu'il désigne sous ce nom a le profil de la tête plus convexe que l'anchois ordinaire, mais ce caractère n'est pas aussi sensible que M. Cuvier l'a pensé. Il a été trompé par la description que Duhamel a faite de son Melet.

L'anchois, très-abondant dans la Méditerranée, a été très-bien connu par Belon[1] et Rondelet[2], qui ont laissé dans leurs ouvrages des figures reconnaissables de ce poisson, et dont le premier de ces auteurs disait que c'étaient les meilleurs poissons salés. Ce qu'il y a de remarquable, c'est que Salviani ne parle pas d'un poisson si abondant dans la Méditerranée. Il est inutile de citer Gessner

---

1. Belon, p. 168 et 169.
2. Rond., *De pisc.*, liv. 7, p. 211.

et Aldrovande, qui n'ont rien ajouté à ce que les auteurs précédents en avaient dit. Schœneveld[1] a donné aussi, sous le nom de *Lycostomus balticus,* une figure très-reconnaissable de notre poisson, mais il lui donne l'épithète de *balticus,* parce qu'il le croyait différent de celui de Belon et de Rondelet. Il fondait ces différences sur ce que ces auteurs ont attribué à leur poisson un caractère qui n'est que l'effet d'une mauvaise conservation, le manque d'écailles. Willughby[2] n'a parlé de notre poisson que d'après Schœneveld; il apprend très-peu de chose sur l'anchois. C'est avec ces documents et ceux tirés d'Aristote, d'Athénée ou d'Élien, dont nous avons parlé dans la discussion sur la synonymie ancienne des clupéoïdes, que l'espèce a pris rang dans la Synonymie d'Artedi[3], et que l'espèce a été désignée, dès la dixième édition du *Systema naturæ,* sous le nom de *Clupea encrasicholus.* Il n'y a eu aucun changement à cette espèce dans les éditions suivantes de ce grand ouvrage. Duhamel[4] nous a laissé une figure assez médiocre et une description très-vague

1. Schönev., t. V, fig. 2, p. 46.
2. Will., p. 225.
3. Art., *Syn.*, p. 17, n.° 3.
4. Duh., Pêches, 2.ᵉ partie, §. 3, pl. 17, fig. 5.

d'un poisson dont l'utilité aurait dû cependant l'engager à le faire mieux connaître dans un ouvrage écrit sur l'histoire naturelle des pêches. Nous trouvons, dans la grande Ichthyologie de Bloch[1], une figure assez médiocre de notre poisson. Ce naturaliste n'a compté que douze rayons à la membrane branchiostège. Il a cité à tort au nombre des synonymes de cette espèce la figure de Sloane, qui représente, comme nous le dirons plus tard, notre *Engraulis edentulus;* il en concluait que l'Anchois de nos mers se trouve aussi à la Jamaïque, tandis que l'espèce américaine est tellement différente qu'on pourrait presque la séparer génériquement. L'article de M. de Lacépède[2], sur l'anchois, n'a été évidemment composé qu'avec celui de Bloch.

Si nous passons maintenant de ces auteurs généraux aux faunes particulières, nous suivrons notre poisson sur les différentes côtes de l'Europe. Il paraît qu'il habite jusque sur les latitudes boréales du Groenland. En effet, Othon Fabricius cite l'anchois dans le *Fauna groenlandica;* il donne même son nom groenlandais *Saviliursak*[3], ce qui prouve que le

1. Bloch, t. XXX, fig. 2.
2. Lacép., t. V, p. 455.
3. *Faun. Groenl.*, p. 183, n.° 130.

21.   2

poisson est bien connu de ces peuples. Il l'a trouvé souvent dans l'estomac des Phoques, mais tellement détérioré qu'il n'a pas cru devoir en faire une description détaillée, il pouvait seulement les reconnaître. L'espèce doit être rare dans ces hautes latitudes, car M. Reinhardt ne cite pas l'anchois dans son Ichthyologie du Groenland. Mohr et Faber ne le comptent pas non plus parmi les poissons islandais. Linné ne l'a pas même inscrit dans le *Fauna suecica.* Cependant M. Retzius[1] l'a introduit dans l'édition qu'il a donnée de cet ouvrage, et donne, pour nom suédois, *Ansjovis.* Il le dit rare dans la Baltique, mais qu'il est plus commun sur les côtes occidentales. Cet auteur s'est trompé en affirmant que l'anchois des mers septentrionales est différent de ceux des côtes de France ou d'Espagne. Nous citerons encore pour preuve de la rareté de ce poisson, que Ekström n'en parle pas dans son Histoire des poissons du Mörkoë. M. Nilsson[2] décrit l'*Engraulis vulgaris* dans son Ichthyologie scandinave. Il observe que les pêcheurs de la Baltique le prennent rarement dans leurs filets et toujours en petit nombre. On

---

1. Retzius, *Faun. suec.*, 1800, p. 354, n.° 106.
2. Nilsson, *Prod. icht. Scand.*, p. 25.

le trouve beaucoup plus souvent dans l'estomac des grands Gades, d'où l'on pourrait conclure que ce poisson ne quitte pas les profondeurs de la mer pour se porter en troupe sur les côtes. Le poisson paraît plus connu sur les côtes du Danemarck : c'est le *Bykling* ou le *Moderlöse* des Danois suivant Müller.[1] Je trouve même dans le catalogue que le prince royal de Danemarck a envoyé à M. Cuvier, que l'anchois est indiqué comme un poisson répandu dans l'Océan septentrional, depuis le Groenland jusqu'au Jutland, et plus rare dans la Baltique. Pennant[2] a décrit l'anchois dans la Zoologie britannique. Il observe qu'il n'a jamais vu lui-même ce poisson sur les côtes d'Angleterre, mais que les pêcheurs lui ont assuré qu'on le pêche dans les eaux saumâtres de la côte de Chester.

La première bonne figure que nous ayons à citer de notre poisson est celle de Donovan[3], et nous le trouvons ensuite inscrit dans Turton[4], dans Flemming[5], dans M. Yarrell[6], qui en a aussi une figure fort exacte, et dans

1. Müller, *Prod. faun. dan.*, p. 50, n.º 424.
2. Pennant, *Zool. dan.*, t. III, p. 295.
3. Donovan, *Brit. fish.*, vol. 3, pl. 50.
4. Turt., *Brit. Faun.*, p. 101, n.º 114.
5. Flemm., *Brit. anim.*, p. 183, n.º 54.
6. Yarrell, *Brit. fish.*, vol. 2, p. 140.

Jenyns[1]. On voit donc par ces citations que les auteurs qui ont parlé des poissons de l'Océan septentrional, ont presque tous connu l'anchois.

Les auteurs des Faunes méditerranéennes nous ont également signalé l'anchois. C'est le *Clupea encrasicholus* de Brünnich[2]. Risso cite également l'anchois vulgaire sous le nom nicéen d'*Amplova*, en observant que les petits, à peine éclos, sont nommés *Amplovines*, et que les individus d'âge intermédiaire sont appelés *Amplovetta*.

Cetti parle aussi, dans ses Pêches de la Sardaigne, de ce poisson, dont on ne tire, à la vérité, aucun parti. Les côtes de Catalogne et de Galice nourrissent aussi beaucoup d'anchois. On l'y nomme *Roqueron* ou *Anchoa*, selon Cornide.[3]

L'unanimité de tous ces auteurs prouve donc que l'anchois est un poisson très-commun dans toutes les mers de l'Europe. On peut remarquer que les individus pêchés dans l'Océan, sur les côtes de la Manche ou de Galice, sont plus gros que ceux de la Méditerranée; mais on prétend que ceux-ci sont plus délicats. On en

---

1. Jen., *Brit. anim.*, p. 439, n.° 123.
2. Brünnich, *Pisc. mass.*, p. 83, n.° 101.
3. Cornide, Poiss. de Galice, p. 99.

fait l'objet d'une pêche importante, particulièrement en France et en Espagne. Elle varie suivant que le poisson est plus ou moins abondant sur telle ou telle côte, ou selon les avantages que la sardine a fournis. On pêche peu d'anchois dans les eaux de l'Archipel grec, ainsi que dans la mer Noire. Nordmann assure qu'on le prend rarement en grand nombre autour d'Odessa ou sur la côte de Crimée, où les pêcheurs le nomment *Chamsa*.

Cependant Pallas [1] dit que pendant l'hiver et le printemps, surtout en mars, il émigre en troupes considérables sur le littoral de la Crimée, où les tempêtes en rejettent quelquefois sur le rivage de quoi en faire des chargements, transportés par les charrois tartares ou grecs vers les différents points de la Méditerranée. Il ajoute qu'il est quelquefois défendu de le vendre cru à Sébastopol, de peur que son abondance ne développe des fièvres dans la classe indigente à la suite des temps des abstinences. Il paraît que l'anchois se prend en plus grande quantité sur les côtes de Dalmatie; la pêche se fait aussi avec quelque régularité dans les environs de Raguse, mais elle y est moins

---

1. Pallas, *Fauna ross.*, t. III, p. 212, n.° 153.

suivie que celle de la sardine. Elle est aussi
très-productive en Sicile, et les salaisons que
l'on en fait sont l'objet d'une exportation
considérable. On pêche aussi beaucoup d'anchois autour de l'île d'Elbe et des petites îles
voisines. La Corse en fait aussi l'objet d'un
commerce assez étendu. L'anchois abonde sur
les côtes d'Antibes, de Fréjus, de Saint-Tropez.
Les filets que l'on emploie sont le sardinale
et la rissole des Provençaux. Presque tous les
bateaux montés pour la pêche de ce poisson
portent des fanaux.

Pour préparer les anchois, on les jette dans
de grands barils pleins de saumure. Des ouvriers prennent les poissons un à un, et avec
une grande adresse ils coupent avec l'ongle la
tête de chaque poisson; ils les passent à d'autres ouvriers qui, avec une égale dextérité,
rangent les poissons dans des barils en faisant
des couches alternatives de sel et de poisson.
En peu de jours le poisson est suffisamment
imprégné; on ferme le baril qui est prêt pour
l'expédition. Les anchois des côtes de Provence,
salés et préparés, sont généralement portés
à la foire de Beaucaire, d'où ils se répan-
dent dans l'intérieur de la France et dans
presque toute l'Europe. On porte aussi à
cette foire le produit des pêches de Cata-

logne. L'anchois n'étant pas aussi abondant dans la Manche, ne donne pas lieu à des pêches aussi régulières. Il est cependant probable qu'elles ont été prises autrefois en considération, puisqu'il en est question dans plusieurs actes du règne de Guillaume III et de Marie. Ce poisson est plus commun sur les côtes de la Zélande et de la Belgique : il entre quelquefois en grandes troupes dans les bras de l'Escaut ou de la Meuse, et il y a des années où le produit de cette pêche n'est pas à dédaigner par ces populations. Sur les côtes du Finistère et du Morbihan et à Belle-Ile, on prend aussi beaucoup d'anchois. Il paraît même que les Bretons s'adonnaient autrefois à cette pêche beaucoup plus que de nos jours. On préparait le poisson de la même manière que dans la Méditerranée, et on le transportait aux foires de Beaucaire, où il était vendu pour anchois de Cannes et de Martigues. Il est curieux de remarquer que l'on n'en prend dans cette rade que des individus isolés et en très-petit nombre.

Le commerce des anchois à Vannes et à Quimper était à cette époque un objet assez considérable. Ces villes en expédiaient douze à quinze mille barils chacune. Nos pêcheurs des côtes de Bretagne croient toujours que la présence d'une trop grande quantité de ce poisson est d'un mauvais augure pour la pêche de la sardine. Cette clupée se trouve aussi en grande abondance à l'embouchure de la Seine : il remonte jusqu'à Quillebœuf.

D'après ce que j'ai dit dans la description détaillée du poisson, il est facile de voir que je ne crois pas à la seconde espèce établie par M. Cuvier sous le nom d'*Engraulis meletta*. Les individus observés par M. Cuvier sont encore conservés dans le Cabinet du Roi : ils me paraissent être des jeunes de l'anchois commun. Le poisson figuré par Duhamel lui avait été envoyé de Corse sous le nom de Melet, accepté dans le Règne animal. On le lui avait donné comme étant si peu estimé, que le peuple seul en faisait usage. J'ai comparé entre eux dix exemplaires d'anchois à bande argentée, envoyés au Cabinet du Roi par nos correspondants de La Rochelle et de diverses localités de la Méditerranée, telles que Toulon, Marseille, la Corse, Gênes et la Sicile. J'ai compté avec soin sur tous ces individus les rayons de l'anale : ils sont en même nombre que ceux de nos anchois de localités différentes. J'en ai ouvert plusieurs; je leur ai constamment trouvé la vessie aérienne; mais comme elle est presque toujours vide, il est difficile de la voir : il faut y regarder avec attention, et pour m'assurer de sa présence, j'ai eu soin de la gonfler, en insufflant par l'œsophage. Je ne puis donc croire à l'observation de Brünnich[1], qui aurait trouvé dans la mer Adriatique un anchois à raie d'argent sans vessie aérienne. D'ailleurs en ce qui concerne l'article de cette petite Ichthyologie méditerranéenne, je ferai remarquer que le savant Danois n'a point donné de nom spécifique à cette clupée, et je ne crois pas me tromper en pensant qu'il y a erreur dans l'expression des nombres de rayons indiqués dans cet ouvrage. Je suppose que Brünnich a inscrit, par suite d'une confusion de notes, ceux donnés par Gronovius à l'article 152 de son *Museum*. On verra plus loin comment j'établis que la description de l'auteur hollandais appartient à l'*Engraulis atherinoides*. C'est, d'ailleurs, aux naturalistes qui vivent sur les bords de l'Adriatique à rectifier ce qu'il peut y avoir d'erroné dans mes suppositions.

Cependant l'espèce de l'*Engraulis meletta* a été acceptée par le prince de Canino[2]. Ce savant zoologiste soupçonne que l'*Engraulis*

1. Brünn., *Spolia e mari adriatico reportata*, p. 101, n.° 15.
2. Cat. méth. des poissons d'Europe, p. 34, n.° 283.

Desmaresti de Risso est de cette espèce. Je
n'hésite pas à adopter cette opinion, tout en
observant que la description de l'ichthyologie
de Nice est certainement un composé de
plusieurs traits caractéristiques de différents
poissons que Risso rapprochait souvent de
mémoire, de sorte que l'espèce d'*Engraulis
Desmaresti* ne doit pas être conservée dans
un ouvrage où l'on ne parle que d'espèces
certaines. La bandelette dorée, signalée par
cet auteur, ne peut servir de guide pour retrouver l'espèce de Risso, attendu que M. Laurillard, dont on connaît la sévère exactitude,
m'a rapporté de Nice un dessin colorié qui
montre une belle raie longitudinale bleue
tout le long des flancs et au-dessus des tons
dorés, que l'on doit facilement voir sous certains reflets, comme une bandelette. Ces couleurs doivent varier aux différentes époques
de l'année.

M. le prince de Canino a aussi admis l'*Engraulis amara* de M. Risso. Je ne puis pas
encore me prononcer sur cette prétendue espèce, mais j'ai peine à croire qu'elle soit distincte de notre anchois ordinaire. La description de M. Risso n'offre d'ailleurs aucun trait
caractéristique.

L'Anchois baillant.

(*Engraulis ringens*, Jen.)

Je place ici un anchois que je n'ai pas vu, mais qui a été décrit dans l'Ichthyologie du voyage du Beagle, par le R. Léonard Jenyns.

L'épaisseur du corps est d'environ un sixième de la longueur totale. La dorsale est insérée au milieu de la longueur; les ventrales sont attachées sous l'aplomb du premier rayon de la dorsale. La tête est plus grosse et plus longue que celle de l'anchois commun, et égale le quart de la longueur totale. Le dos est bleu foncé; le ventre est argenté : ces deux couleurs sont nettement séparées.

D. 15; A. 19; C. 19; P. 16; V. 7.

Tels sont les caractères principaux que je puis tirer de l'excellent travail de M. Jenyns, sur les poissons de l'expédition du Beagle. Cet ichthyologiste n'a vu que deux individus, entièrement semblables, rapportés d'Iquique, au Pérou, par M. Darwin. M. Jenyns dit que l'espèce ressemble entièrement à l'anchois commun de l'Europe, mais qu'elle en diffère principalement par sa grosse tête, et parce que les ventrales sont un peu plus reculées eu égard à la dorsale.

L'Anchois japonais.

(*Engraulis japonicus*, Temm. et Schl.)

Il serait très-possible qu'on ne distinguât pas de l'espèce précédente celle décrite et figurée dans le *Fauna japonica*. Les naturalistes qui en ont parlé ne connaissaient que la figure et les notes descriptives faites au Japon par M. Burger.

Cet anchois a la forme générale de l'espèce européenne; le museau me paraîtrait un peu plus gros. Les nombres indiqués sont :

B. 12; D. 14; A. 18; V. 7; P. 18; C. 20.

Ce poisson a le dos mêlé de verdâtre et de bleuâtre; du brun jaunâtre sur la tête. Les nageoires sont pâles; la caudale seule est rembrunie.

C'est le *Jetareiwasi* des Japonais. Il ne paraît pas dépasser trois ou quatre pouces. On le prend en abondance, surtout au printemps et en automne, à l'entrée des baies de toute la côte S. O. du Japon, où il cherche un refuge contre les poursuites des baleines. On le mange séché et salé.

L'Anchois aux fortes dents.

(*Engraulis dentex*, nob.)

Je reviens maintenant aux espèces étrangères que j'ai vues, et qui sont plus différentes de celles de nos mers européennes.

La rade de Rio de Janeiro nourrit en assez grande abondance un anchois qui se distingue de notre espèce et de toutes les autres de ce genre,

par la grosseur des dents; celles de la mâchoire inférieure sont en herse et beaucoup plus longues que celles des autres espèces. Les dents palatines et ptérygoïdiennes sont également très-visibles, et on en aperçoit deux rangées de trois ou quatre seulement sur le vomer. Cet anchois a d'ailleurs le corps beaucoup plus haut et beaucoup plus comprimé que celui de nos mers. Je trouve la hauteur comprise cinq fois dans la longueur totale. La tête est un peu plus courte que le tronc n'est élevé. La dorsale est petite, insérée beaucoup en arrière des ventrales. Ces nageoires sont tellement avancées que l'extrémité de la pectorale touche à leur premier rayon. L'anale est longue et coupée en lame de faux; les rayons se cachent entre deux rangées d'écailles; il y en a une très-longue dans l'aisselle de la pectorale.

B. 13; D. 15; A. 24; C. 21; P. 15; V. 8.

Les écailles sont minces, plus hautes que longues, et marquées de quelques grosses stries pliées en chevron vers le milieu. J'en compte quarante rangées entre l'ouïe et la caudale. La couleur me paraît avoir été un brillant argenté glacé de vert sur le dos. On aperçoit sous certains reflets une large

bandelette longitudinale, mais l'argenté du ventre
ne paraît pas se détacher même par une longue
macération dans l'alcool, de manière à laisser sur
les flancs cette bande d'argent à laquelle je crois
que les auteurs ont donné cependant une trop
grande importance caractéristique. Nous avons déjà
fait une remarque presque semblable dans la description de notre anchois d'Europe.

Nos individus sont longs de sept à huit
pouces.

MM. Delalande, Gay et Ménétrier ont
envoyé cette espèce de Rio, mais nous la
voyons remonter au Nord jusqu'à Bahia, et
descendre au Sud jusqu'à Buenos-Ayres, où
M. d'Orbigny l'a pêchée. Il a fait un dessin
du poisson frais sur lequel nous voyons le dos
peint en vert sombre, le glacé du ventre; la
dorsale est bleue avec une large bordure jaune.
La caudale est bordée de noir; l'anale est
bleuâtre; les nageoires paires sont rougeâtres.
Les observations qu'il a recueillies et qu'il a
bien voulu nous communiquer nous disent
que ce poisson se pêche dans la Plata, depuis
le mois de septembre jusqu'à la fin de décembre; qu'elle devient plus abondante vers
l'arrière-saison. Elle se tient sur les fonds de
sable, voyage en petites troupes. On la prend
à la seine : c'est un excellent manger. Quand

le poisson est salé, il a le goût des anchois de Provence. On le vend à Buenos-Ayres jusqu'à douze sous de notre monnaie. Les habitants lui ont transporté le nom européen de *Sardina*.

J'ai aussi observé cette espèce dans le cabinet de Berlin, où elle a été envoyée par M. Diepering.

*L'*ANCHOIS ATHÉRINOÏDE.

(*Engraulis atherinoides*, nob.)

Nous retrouvons dans l'espèce dont il va être question, une telle fixité de la couleur argentée le long de la bandelette latérale des flancs, que nous la voyons très-nettement dessinée sur tous les individus. Cette ligne a engagé Linné à comparer à une Athérine le poisson qui a paru pour la première fois dans la douzième édition du *Systema naturæ*, et qui venait, comme les nôtres, des côtes de la Guyane. Mais ce n'est pas sur ce seul caractère de coloration que nous établirons les caractères spécifiques de notre poisson.

Il diffère du précédent parce que les dents sont un peu plus petites, qu'elles sont à peu près d'égale force aux deux mâchoires. Le palatin est couvert d'une plaque granuleuse beaucoup plus large, et les dents vomériennes sont extrêmement petites, difficiles à voir : elles sont réduites à deux ou trois petites granules. Le maxillaire me paraît un peu plus court. L'anale est très-longue. La pectorale atteint presque à l'extrémité de la ventrale : elle est par conséquent plus longue que celle de l'espèce précédente.

B. 10; D. 12; A. 31; C. 21; P. 13; V. 8.

La membrane branchiostège n'a pas autant de rayons que celle des deux espèces précédentes. Nous les avons comptés sur plusieurs individus et nous n'en avons trouvé que dix. La carène du ventre est beaucoup plus aiguë, mais il n'y a aucune de ces écailles épineuses qui font, dans les clupées, la dentelure en scie du ventre. Tous les poissons conservés dans l'alcool ont le dos et le bas du ventre roux. Le milieu des côtés est recouvert d'une bande d'argent très-brillante. Les nageoires sont incolores.

Le plus grand individu a sept pouces et demi de long.

MM. Leschenault et Doumerc en ont envoyé un assez bel exemplaire pris à Surinam. J'ai pu en acheter, pendant que j'étais à Amsterdam, des individus de même provenance. Les nombres des rayons de la dorsale et de l'anale sont tellement semblables à ceux de Linné, qu'il me paraît impossible de douter de cette détermination spécifique. Il n'y a aucune synonymie sous l'espèce du *Clupea atherinoides*, et cependant Linné aurait pu en mettre une, c'est celle qu'il a tirée des deux ouvrages de Gronovius; mais il l'a placée dans sa douzième édition d'une manière toute fâcheuse, en l'inscrivant sous *Argentina sphyræna*. M. Cuvier a démontré, dans un mémoire spécial, inséré dans le Recueil des mémoires du Muséum, que l'Argentine appartient à la famille des Truites. Le genre de Linné a été adopté dans le *Museum ichthyologicum*, tome I, page 6, n.° 24, avec le caractère d'avoir des dents aux mâchoires et sur la langue. Mais dans le second fascicule de son *Museum*, Gronovius[1] y associe une espèce qui aurait eu la bouche sans dents et la mâchoire supérieure conique, plus longue que l'inférieure. Ce caractère seul prouve que le poisson, décrit dans ce second article, ne pouvait pas être le même que celui du premier fascicule, et la description détaillée qui suit la diagnose vient établir d'une manière positive la conclusion que l'on peut déduire de la phrase spécifique. Le poisson venait de Surinam, et bien que l'auteur ne lui accorde

---

1. Gronovius, t. II, p. 4, n.° 152.

que huit rayons aux branchies et vingt-quatre
à l'anale, je ne doute pas un seul instant
qu'il n'ait voulu désigner le *Clupea atheri-*
noides de Linné. Or, nous trouvons cette
citation dans le *Systema naturæ,* rapportée
par Linné lui-même, à une Argentine qui n'a
que dix rayons à l'anale. Gronovius a repris
dans son *Zoophylacium* l'anchois décrit dans
le second fascicule de son Muséum. On voit
qu'il modifie le caractère du genre Argentine
d'après des anchois qu'il avait sous les yeux,
mais en conservant plusieurs traits diagnos-
tiques pris au genre Argentine de Linné.

Quant à l'espèce d'anchois si bien décrite,
sauf le nombre de rayons, dans le second
fascicule du Muséum, il la dénature complétement. En effet, l'espèce dont il parle et la
synonymie tirée de Rondelet, de Ray ou de
Gessner se rapporte à l'anchois commun. Ce
n'est plus une espèce américaine, puisqu'il la
donne comme se trouvant communément,
pendant l'automne, aux bouches de l'Escaut.
Il ajoute seulement à tort, parmi sa synonymie, la véritable Argentine de Ray. Cette
discussion sert à prouver que Gronovius a vu
l'anchois athérinoïde de Surinam, mais qu'il
l'a bientôt confondue avec l'espèce d'Europe.
Bloch a eu dans sa collection le *Clupea athe-*

rinoides de Linné, et il l'a figuré dans sa grande Ichthyologie; mais sa description et sa synonymie sont le résultat de la confusion de plusieurs espèces. Ainsi il commence par citer Brünnich, qui ne parle que de l'anchois commun. Il ajoute pour second synonyme la seconde espèce d'Argentine du *Zoophyla-cium*, qui se rapporte à l'espèce figurée par Brown dans l'histoire de la Jamaïque, sur lequel repose l'*Atherina menidia*, ou, ce qui est la même chose, le *Piquitinga* de Marcgrave. Enfin, il confond encore avec cet anchois athérinoïde les individus reçus de la côte de Coromandel; or ceux-ci appartiennent à ce *Piquitinga*: c'est là ce qui explique comment Bloch fait vivre cette espèce à la fois dans la Méditerranée, à Surinam et aux Indes orientales.

L'ANCHOIS DE FORSKAL.

(*Engraulis Bœlama*, nob.)

On trouve, dans la mer des Indes, un anchois qui a beaucoup d'affinité avec notre *Engraulis dentex*,

par la forme de l'anale, par la position de la dorsale, par la longueur des pectorales et des ventrales;

mais il en diffère par plusieurs caractères importants. Celui que je signalerai en première ligne repose sur les chevrons épineux qui embrassent le ventre et qui rattachent ainsi les anchois aux autres clupéoïdes. Les dents maxillaires sont encore plus fines que celles de l'*Engraulis atherinoides*, mais les dents vomériennes sont plus grosses; les dents ptérygoïdiennes sont petites; la plaque palatine est très-large.

B. 11; D. 15 et 32; P. 13; V. 7.

Nous avons compté les rayons de la membrane branchiostège et nous en avons trouvé onze. Le maxillaire offre une particularité qui peut aider beaucoup à faire reconnaître l'espèce : il est tronqué, et cet élargissement est dû principalement à la dilatation du maxillaire supplémentaire en une sorte de petite palette. La surface de l'os paraît granuleuse avec une forte loupe. Ce poisson a aussi un rudiment de bord membraneux à l'opercule; de nombreuses veinules sur les joues et sur le scapulaire : elles sont dessinées par les ouvertures de pores très-nombreux ouverts sur la tête.

Il n'y a que trente-six rangées d'écailles entre l'ouïe et la caudale.

M. Dussumier nous apprend que le poisson frais a le dos plombé; les flancs et le ventre argenté; les opercules noires. Une tache rouge-brique existe sur le scapulaire. La dorsale et la caudale sont un peu plus claires que la tache humérale. Le bout de la nageoire du dos est noire; les autres nageoires sont blanches.

Nos plus grands exemplaires ont cinq pouces. Ils viennent des Séchelles. L'espèce se trouve aussi à l'Ile-de-France ; Péron et Lesueur l'en avaient rapportée et M. Julien Desjardins l'a aussi envoyée de cet endroit. Elle se porte aussi dans la mer Rouge : M. Ehrenberg y en a pris de nombreux individus, et a bien voulu en céder quelques-uns au Cabinet du Roi. Plus tard, M. Botta l'y a prise. Les observations de M. Ehrenberg ont fourni les moyens de retrouver dans cette espèce le *Clupea Bœlama* de Forskal. Cette épithète est la dénomination arabe de ce poisson. Les Abyssins de Massawah le nomment *Bara*. J'ai comparé avec soin les individus pêchés aux Séchelles par M. Dussumier, et ceux que m'a donnés M. Ehrenberg : je n'y ai trouvé aucune différence. Cependant sur le dessin que mon savant confrère de Berlin a eu la bienveillance de me donner, je vois que la tache humérale est dorée et que l'extrémité du museau est jaune et transparente comme de l'Ambre. M. Dussumier a recueilli des documents curieux sur les habitudes et sur la nature de cette espèce. C'est la Sardine des habitants de cet archipel. Elle se montre par grandes bandes pendant une partie de l'année, puis elle quitte ces rivages. Sa chair est venimeuse si on la prépare sans arracher la tête et les intestins. M. Dussumier assure qu'un seul de ces poissons peut faire mourir un homme. Les chiens et les volailles périssent s'ils en mangent. Malgré ces qualités malfaisantes, qui devraient fixer l'attention des habitants et la faire bien reconnaître, ils la confondent avec une espèce de sardine très-voisine de la nôtre, tout aussi inoffensive, quoique moins bonne, et que j'ai décrite dans le chapitre précédent sous le nom d'*Alausa edulis*.

Nous en avons plusieurs individus qui nous sont venus d'Amboine.

Ce poisson est, à n'en pas douter, celui de Forskal[1]. Broussonnet s'est trompé quand il a rapporté la description de son prédécesseur au *Clupea setirostris* qu'il tenait de Banks. La similitude dans les nombres des rayons l'aura probablement conduit à commettre cette erreur qu'il aurait certainement dû éviter, puisqu'il fait la remarque que Forskal ne fait aucune mention, dans son *Clupea Bœlama*, de la prolongation sétacée des maxillaires. Cette erreur une fois commise, elle a été copiée par Gmelin, par Bonnaterre dans l'Encyclopédie méthodique, et ce qu'il y a même

---

1. Forsk., *Faun. arab.*, p. 73, n.° 107.

de plus curieux, par M. de Lacépède, qui établissait pour le *Clupea mystus* un genre où il devait nécessairement faire entrer le *Clupea setirostris*, s'il eût seulement jeté les yeux sur la figure de Broussonnet. Mais malheureusement cet éloquent écrivain ne remontait pas toujours aux sources, il s'est contenté de copier la treizième édition du *Systema naturæ*. Nous rétablissons donc par cette discussion une espèce mentionnée par Forskal et très-différente du poisson de Forster avec lequel les auteurs précédents la confondaient. Il est de notre devoir d'ajouter que nous suivons en cela la rectification que Bloch avait heureusement faite dans le Système posthume, où le *Clupea Bœlama* est séparé du *Clupea setirostris*.

L'Anchois spinigère.

(*Engraulis spinifer*, nob.)

Les mers d'Amérique ont un anchois qui a les dents encore plus petites que l'espèce précédente. Celles du maxillaire sont tellement fines qu'on pourrait leur donner le nom de cils; celles des palatins et des ptérygoïdiens sont aussi d'une extrême petitesse, ainsi que celles du vomer. L'opercule donne à son angle inférieur une petite épine triangulaire et plate qui devient un caractère facile pour reconnaître cette espèce. La pectorale a les rayons prolongés en filaments très-courts; les ventrales sont avancées entre les pointes de la nageoire thorachique. La dorsale est haute et pointue; l'anale est étendue sous toute la queue, haute de l'avant et allant en diminuant jusque vers les derniers rayons. La caudale est fourchue.

B. 14; D. 15; A. 38; C. 21; P. 12; V. 7.

Cette espèce a un rayon de plus à la membrane branchiostège que notre anchois commun : nous en avons trouvé quatorze. Les écailles sont très-joliment réticulées par l'entre-croisement de nombreuses petites stries ou de canaux muqueux; dessinant tantôt des mailles hexagonales et tantôt des espèces de demi-cercles qui donnent aux compartiments l'apparence de petites écailles imbriquées. La couleur paraît avoir été verdâtre sur le dos et argentée sur le reste du corps. La caudale, rouge, est bordée de noir; les autres nageoires sont jaunâtres.

Nos individus ont six pouces de long.

Ils nous ont été envoyés de Cayenne, à deux reprises différentes, par les soins de M. Poiteau.

Nous avons aussi retrouvé des individus de cette espèce dans une petite collection qui a été donnée au Muséum par M. Leconte, savant naturaliste des États-Unis.

Le Piquitinga de Marcgrave.

(*Engraulis Brownii*, nob.)

Voici une de ces espèces qui présentent la condition assez rare en ichthyologie d'être répandues dans toutes les mers. Aussi ce petit poisson a-t-il été observé par presque tous les voyageurs, par presque tous les ichthyologistes, qui lui ont chacun donné un nom sans s'occuper des travaux de leurs prédécesseurs. Il en résulte que la synonymie est très-complexe, mais avant de nous en occuper je vais commencer par donner les caractères de cet anchois.

Il ressemble assez bien à celui de nos mers; cependant il est plus court et plus trapu. La tête fait le cinquième de la longueur totale. Les dents sont très-fines; cependant on aperçoit encore très-bien celles du vomer et des palatins. Le maxillaire commence à être assez long, car il atteint le bord postérieur de l'opercule, où, quand on ouvre la bouche, les deux pointes dépassent les branches de la mâchoire inférieure. Les pectorales sont courtes et n'atteignent pas la ventrale. La dorsale est triangulaire; l'anale répond à peu près au milieu de cette nageoire; la caudale est fourchue.

B. 11; D. 14; A. 21; C. 21; P. 13; V. 7.

Les écailles sont caduques, de sorte qu'on n'examine le plus souvent dans les collections que des exemplaires dépouillés de cette partie des téguments. Mais M. Dussumier, qui en a pris un à l'embouchure du Gange, et qui l'a conservé dans de l'alcool un peu concentré, l'a rapporté avec toutes ses écailles : elles sont assez résistantes, un peu grenues, et elles s'étendent sur l'anale. J'ai été obligé de les détacher d'un côté pour compter les rayons de cette nageoire. A l'état frais, le corps était blanc, transparent, à reflet nacré; le dos, au-dessus de la bande argentée, d'un beau vert changeant en bleu. La caudale, jaune, est bordée de noir. L'écaille de la pectorale n'est pas très-longue. Tout le corps est blanc, transparent, teinté de verdâtre sur le dos. Une bandelette argentée règne tout le long des flancs. Les nageoires sont blanches; la caudale est lisérée de noir.

Tel est ce poisson, dont les nombreux exemplaires du Cabinet varient entre trois pouces et demi et quatre pouces. Les premiers que nous ayons reçus ont été rapportés du Brésil par MM. Quoy et Gaimard à leur passage dans le port de Rio de Janéiro lorsqu'ils montaient la corvette l'Uranie, sous les ordres de M. Freycinet. Ces exemplaires nous ont servi à reconnaître le *Piquitinga* que Marcgrave y avait observé trois cents ans auparavant, et qui est resté pour ainsi dire inconnu jusqu'à notre travail. Nous avons ensuite reçu cette espèce de la Vera-Cruz; de la Martinique, où on l'appelle la Pisquette, par MM. Achard et Plée; de la Havane, par M. Poey. Ce naturaliste nous apprend que ce petit poisson est le *Majua* des habitants de la Havane, qu'il est non-seulement très-agréable à voir, à cause de la bande argentée, ressemblant à une feuille d'argent non polie, appliquée sur ses flancs, mais que son goût est ce que l'on estime le plus en lui. Les individus de cette espèce vivent en société, et on les prend en très-grand nombre aux embouchures des rivières. Nous en avons reçu de New-York par M. le comte de Castelnau. M. Lesueur l'a aussi observé à la Barbade et à Saint-Christophe. Il nous en a envoyé une très-bonne description : c'est son *Engraulis fasciata*.

Ces différentes indications prouvent que ce poisson vit sur toute la côte américaine baignée par l'Atlantique, depuis le 44° de latitude septentrionale jusqu'au 23° de latitude australe. Mais nous avons aussi la preuve que cette espèce habite dans la mer des Indes; car M. Dussumier en a rapporté des exemplaires pris à Bombay, et M. Leschenault l'a envoyé longtemps avant de Pondichéry.

Cet observateur nous a donné pour nom malabare *Teran-Kini*, et il dit, comme M. Poey, que l'on pêche ce petit poisson en abondance à l'embouchure de la rivière d'Arian-Coupang, qui vient se jeter dans la rade. M. Regnaud l'a pris à Batavia, et les médecins de la dernière expédition de M. Dumont d'Urville, l'ont rapporté de la baie des îles à la Nouvelle-Zélande. Ces derniers exemplaires ont le mérite de fixer nos conjectures sur l'*Atherina australis* de John White.

La plus ancienne citation des auteurs qui ont mentionné ce poisson, est celle de Marcgrave, qui en a donné une figure plus reconnaissable par la bandelette argentée dessinée le long des flancs que par le dessin de la tête; mais le peu de mots qu'il dit dans sa description supplée à ce qui manque à ses figures. Cette indication a été associée par Linné à une autre des Aménités académiques [1], qui appartient à un poisson certainement différent, de sorte que l'*Esox hepsetus,* composé de la réunion de deux animaux, est une espèce nominale, frappée de nullité au moment même de son introduction dans le *Systema naturæ.* Brown [2] a donné ensuite, dans son Histoire de la Jamaïque, une nou-

---

1. *Amœnitates acad.*, I, p. 331.
2. Brown, *Jamaic.*, t. XLV, fig. 3.

velle figure du poisson que nous traitons dans cet article. Celle-ci est parfaitement reconnaissable à la brièveté de son anale : c'est sur elle que Gronovius[1] a fondé, dans le *Zoophylacium*, sa seconde espèce d'Argentine. Linné, dans sa douzième édition, a cité Brown et Gronovius sous son *Atherina menidia*, qu'il recevait de Garden.

Nous avons déjà établi, en parlant des athérines, que les citations de Brown et de Gronovius se rapportent à un anchois. Nous avons d'ailleurs reconnu l'*Atherina menidia*[2] de Linné aux vingt-quatre rayons de son anale. Toutefois nous ferons observer, qu'il y a un anchois à bande argentée sur les côtes de l'Amérique septentrionale, dont l'anale a vingt-quatre rayons, comme cette athérine. On l'appelle aussi *Silver-fish*. Les pêcheurs les confondent avec les athérines à raie d'argent, tout aussi bien que nos Provençaux réunissent les athérines et les melettes, à cause de leur bande argentée. Or, Garden ayant déterminé le *Silver-fish* par le nom d'*Argentina carolina*, je ne serais pas étonné que ces différentes nomenclatures vulgaires n'aient donné lieu à plus de confusion encore que nous

1. Gronovius, *Zooph.*, p. 112, n.° 350.
2. Hist. nat. des Poiss., t. X, p. 462.

n'avons jusqu'à présent osé le dire. Il ne serait pas impossible que l'*Argentina carolina*
que nous avons rapportée à l'*Elops saurus*,
d'après le caractère des vingt-huit rayons
comptés par Linné à la membrane branchiostège, n'ait été, dans la pensée de Garden, le
petit anchois de la Caroline, et qu'alors l'*A-
therina menidia* ne serait aussi qu'un anchois.
Cependant nous n'avons pas osé, par respect
pour l'illustre auteur du *Systema naturæ*,
supposer qu'il eût associé dans un même
genre un poisson à deux dorsales ou une véritable athérine, et un poisson à une seule
dorsale et aussi éloigné d'une athérine que
peut l'être un anchois. Cependant si nous fai-
sions cette supposition, la citation de la figure
de Brown faite par Linné sous son *Atherina
menidia*, serait une excuse que les naturalistes
accepteraient. D'ailleurs il faut bien reconnaître que la figure de Brown ne représente
pas très-exactement l'anchois de l'Amérique
septentrionale, parce que celui-ci a l'anale
sensiblement plus longue.

Gmelin a heureusement séparé l'*Atherina
menidia* des deux synonymies que Linné y
ajoutait à tort, et il a établi pour ceux-ci un
Atherina Brownii, qui habite, selon lui, dans
l'Océan américain et dans l'Océan pacifique.

Toutefois, si l'*Atherina menidia* appartient bien au genre des Athérines, Gmelin aurait dû en retirer cet *Atherina Brownii*. S'il avait ajouté les nombres des rayons du poisson à sa description, il eût établi une bonne espèce; et il aurait complété cette utile réforme, s'il n'avait pas fait un second emploi, en acceptant l'*Atherina japonica* d'Houttuyn, qui ne me paraît être qu'une description incomplète du poisson dont il s'agit dans cet article.

Cet *Atherina Brownii* a été cité par Bloch dans son Système posthume, comme l'anchois, et il ne s'est pas prononcé sur l'*Atherina japonica*.

Commerson a trouvé l'anchois dont nous parlons sur les côtes de l'Ile-de-France en 1770. Ce poisson se pressait par myriades à l'embouchure des ruisseaux. Le compagnon de Bougainville en a laissé une description détaillée, aussi exacte que toutes celles sorties de sa plume. Un dessin fait au crayon par Jossigny, représente avec une grande fidélité les caractères de l'espèce. Ces matériaux furent employés par M. de Lacépède, et, comme il lui est presque toujours arrivé, il en fit un double emploi. Le dessin servit à établir un genre particulier, celui des *Stoléphores,* et l'espèce fut dédiée au voyageur dont il la tirait, sous

le nom de *Stoléphore commersonien*. A cause
de la bande argentée qui règne le long des
flancs, M. de Lacépède y adjoignit l'espèce non
caractérisée de l'*At. japonica* d Houttuyn ou de
Gmelin. Mais en même temps il composa, avec
la description de Commerson, sa *Clupée raie
d'argent*. Shaw [1] a, dans sa Zoologie générale,
donné une copie du Stoléphore de Lacépède,
en l'appelant l'Athérine de Commerson; mais
il a oublié d'en faire mention dans le texte.

Nous avons dit que c'était aussi l'*Atherina
australis* de John White; M. de Lacépède,
qui a cité plusieurs fois cet auteur, n'a pas
fait mention de cette espèce. Nous la trouvons
aussi dans Russell, qui en a donné une bonne
figure, en indiquant que les Indiens de Vizigapatam l'appellent *Natoo* ou *Nettooli*. L'auteur compte, à peu près comme nous, les
rayons de l'anale; il le rapprochait, mais avec
doute, du *Clupea atherinoides* de Linné.

C'est aussi sous cette espèce que Bloch a
confondu les individus d'*Engraulis Brownii*
envoyés de Tranquebar à Berlin par le missionnaire John.

Je trouve aussi cette espèce mentionnée
par M. Richardson [2], qui l'appelle *Engraulis*

1. Shaw, *Gener. Zool.*, vol. V, part. 1, pl. 113, fig. 1.
2. Rich., Ichthyol. des mers de Chine et du Japon, p. 309.

Commersonianus. Sa synonymie est conforme à celle que M. Cuvier avait indiquée dans les notes du Règne animal; seulement il veut en exclure le Nattoo de Russell. On voit que je ne suis pas de son avis à cet égard; cet habile zoologiste croit que l'on pourrait aussi y rapporter son *Clupea flos-maris*[1]. Les doutes d'un zoologiste aussi exact sur cette espèce, me font un devoir de renvoyer le lecteur à son excellent travail.

L'ANCHOIS ARGYROPHANE.

(*Engraulis argyrophanus*, Kuhl et Hasselt.)

Les naturalistes hollandais que nous avons si souvent cités dans cet ouvrage ont rapporté un nombre considérable d'exemplaires d'un anchois qui a quelque affinité avec le précédent, mais qui s'en distingue par ses formes et par quelques autres caractères.

Il a le corps plus long et plus allongé; la fente de l'ouïe plus oblique; la pectorale et l'anale beaucoup plus courtes; les dents d'une excessive petitesse.

B. 11; D. 15; A. 17.

Il n'y a que onze rayons à la membrane branchiostège. La couleur est bleue, plus foncée sur le dos

1. Rich., l. cit., p. 305.

que sous le ventre. Une bande argentée règne le long des flancs.

Ces poissons ont près de quatre pouces. Kuhl et Van Hasselt les ont pris dans l'océan Atlantique équatorial pendant leur traversée d'Europe à Batavia.

L'Anchois de Mitchill.

(*Engraulis Mitchilli*, nob.)

Nous trouvons encore sur les côtes de l'Amérique septentrionale un petit anchois

à bande latérale argentée, qui a le corps un peu plus large, moins arrondi; la tête plus courte que le Piquitinga avec lequel on pourrait très-bien le confondre. On le reconnaîtra à sa dorsale moins avancée au delà de l'anale qui est plus longue. Le dos est bleu foncé; la ligne argentée est très-brillante.

D. 15; A. 25, etc.

Nous avons reçu des exemplaires de cette espèce par MM. Milbert et Leconte, qui l'ont envoyée de New-York, et M. Lesueur en a donné de petits individus pêchés dans le lac Ponchartrain près de la Nouvelle-Orléans.

J'ai dit dans l'article précédent que le nombre des rayons de son anale pourrait faire supposer que cet anchois a peut-être servi à l'*Atherina menidia*. C'est dans lui que nous retrouvons le *Clupea vittata* de Mitchill[1] et probablement aussi son *Clupea cærulea.* Ces deux espèces nominales sont inscrites dans la Faune de New-York par M. Dekay[2], et dans les Poissons du Nord de l'Amérique par M. Storer[2]; mais ces deux auteurs pensent qu'on peut les considérer comme des variétés l'une de l'autre. M. Lesueur a eu aussi cette espèce qu'il a décrite et figurée sous le nom d'*Engraulis Louisiana,* d'après des individus qu'il avait observés dans le lac Ponchartrain, à la Nouvelle-Orléans.

*L'*ANCHOIS ÉDENTÉ.

(*Engraulis edentulus*, Cuv.)

Après toutes ces espèces à mâchoire plus ou moins fortement dentée, nous arrivons à parler d'un anchois américain dont M. Cuvier a déjà signalé le caractère remarquable dans le Règne animal, en l'appelant *Engraulis edentulus.*

C'est une espèce à corps raccourci et trapu. La hauteur surpasse un peu le quart de la longueur totale. La tête est assez grosse; l'œil est grand; le

---

1. Mitch., *Fish. of New-York*, vol. I, p. 456.
2. Dekay, *New-York Faun.*, p. 254.
3. Storer, *Synops. of the fish. of North-America*, p. 205.

maxillaire ne dépasse pas l'articulation de la mâchoire inférieure. La pectorale est courte et large;
la ventrale répond à sa pointe; la dorsale est plus
avancée que l'anale : celle-ci est de longueur médiocre. La caudale est fourchue. Les écailles, couchées le long de chaque lobe, sont très-prononcées.
On ne voit ni on ne sent aucune dent aux mâchoires
ni aux différentes pièces osseuses du palais.

B. 7; D. 15; A. 26; P. 15; V. 7.

La membrane branchiostège est beaucoup plus
large et ses rayons sont plus longs que ceux de
toutes les espèces précédentes : nous n'en comptons
que sept. Les écailles sont fermes et adhérentes, et
au nombre de quarante-trois entre l'ouïe et la caudale. Une d'elles, examinée à la loupe, montre les
plus admirables réticulations, qui sont tout à fait
disposées comme des écailles imbriquées.

D'après un croquis envoyé du Brésil par M. Ménétrier, nous voyons que cette espèce, lorsqu'elle
est fraîche, a le dos bleu plombé; le ventre argenté,
la dorsale et la caudale jaunes; les autres nageoires
ont une légère teinte jaunâtre. Le poisson est désigné sous le nom de *Sardinia* ou de *Boca torde*,
dénomination qui rappelle celle de la Havane et qui
dérive du nom espagnol de l'anchois.

Nos différents individus ont près de six
pouces. Nous en avons reçu un assez grand
nombre de Rio de Janeiro par MM. Quoy et
Gaimard, Lesson et Garnaud, Ménétrier et
Gay. Mais l'espèce nous est venue en outre

de Cuba par M. Desmarets, de la Guadeloupe par M. Riccord. M. d'Orbigny l'a retrouvée à Monte-Video. M. Poey nous l'a donnée de la Havane sous le nom de *Bocon*. Il dit qu'on prend cette espèce dans les rivières, et qu'elle ne pèse jamais au delà d'une demi-livre.

Il y a une figure fort reconnaissable de ce poisson dans le Voyage à la Jamaïque publié par M. Sloane; il l'a confondu avec le *Sprat*, disant même qu'il ne pouvait trouver aucune différence entre cette espèce américaine et celle des côtes d'Angleterre; ce qui prouve que cet habile naturaliste n'a pas comparé les deux espèces sur la nature, mais qu'il s'est fié à sa mémoire. D'ailleurs la figure de Sloane a été oubliée par nos prédécesseurs.

Je trouve dans l'Inde un certain nombre d'anchois formant un petit groupe naturel caractérisé par le prolongement du premier rayon de la pectorale, donnant naissance à un filet plus ou moins long. C'est le seul caractère que j'aie pu saisir, et comme je le vois se modifier d'une espèce à l'autre par des nuances insensibles, je n'ose donner à cette subdivision l'importance d'une coupe générique. Les naturalistes qui croiront devoir le

faire, pourraient leur donner le nom de *Telara*,
qui a été imposé par Hamilton Buchanan à
l'une de nos espèces. Tous ces poissons ont le
museau prolongé et le maxillaire court des
anchois; cet os ne dépasse pas l'articulation
de la mâchoire inférieure. Les râtelures des
branchies sont un peu plus fortes que celles
des autres anchois, et chaque pointe porte
des aspérités assez rudes qui doivent servir à
retenir la proie.

L'ANCHOIS AU FILET COURT.

(*Engraulis brevifilis*, nob.)

Je commence la description de ces espèces
par celle dont le rayon de la pectorale est le
moins prolongé; il n'atteint guère qu'au premier rayon de l'anale.

Ce poisson a le corps très-comprimé, car l'épaisseur est comprise quatre fois et demie dans la hauteur, qui fait le quart de la longueur totale. Le
ventre est tranchant et dentelé. Les pièces en chevron sont recouvertes, pour la plus grande partie,
par les écailles du ventre. Les épines ou branches
montantes de ces chevrons sont rigides et dures
presque comme des os. Les dents du vomer, des
palatins et des ptérygoïdiens sont fines, mais assez
résistantes. Le bord de l'opercule fait trois festons :
celui qui répond au scapulaire est assez ouvert. La

distance du bout du museau à la dorsale mesure à peu près les deux cinquièmes du corps. L'insertion de l'anale se fait à une distance égale à partir de la saillie du museau. La première de ces deux nageoires est courte et deux fois et demie plus haute que longue. L'anale est prolongée sous toute l'étendue de la queue, de sorte que sa longueur égale la moitié de celle du corps en n'y comprenant pas la caudale. Une série d'écailles embrasse la base des rayons, mais ceux-ci ne sont pas recouverts et cachés, de sorte qu'on ne peut pas dire que la nageoire soit écailleuse. Celle de la queue est fourchue; le lobe supérieur est large et tronqué; les rayons mitoyens sont courts; le lobe inférieur est pointu à son extrémité : son bord interne est assez convexe. La pectorale est insérée près de la carène du ventre, derrière la fente des ouïes. Elle a dans son aisselle un appendice écailleux libre, large et peu pointu, et en dessous d'autres écailles complètent en quelque sorte la gaîne dans laquelle elle se meut. Ces nageoires s'ouvrent en s'écartant horizontalement du corps, mais elles ne peuvent pas se coller contre le thorax. Les ventrales sont très-petites.

B. 14 — 13; D. 13; A. 75; P. 14; V. 7.

Nous comptons un rayon de plus à la membrane branchiostège droite qu'à celle de gauche. Les écailles sont grandes, assez adhérentes : elles n'offrent aucune strie remarquable; il y en a cinquante-sept rangées le long des flancs. La couleur du poisson me paraît être un argenté brillant et uniforme; le dos pouvait avoir quelques teintes verdâtres. Les nageoires sont incolores.

Nous ne possédons qu'un seul individu de cette espèce, long de onze pouces et qui a été envoyé du Bengale par M. Alfred Duvaucel.

Je ne vois pas que Buchanan ait connu cette espèce, puisque les deux lobes de la caudale ne sont pas également pointues. Elle est cependant la seule dont le nombre des rayons de l'anale soit égal à celui du *Clupea phasa* de Buchanan. Je trouve encore une autre raison de l'en distinguer, dans la brièveté du rayon de la pectorale, dont on ne pourrait pas dire *radio longissimo*.

L'ANCHOIS TELARA.

(*Engraulis telara*, nob.)

Une seconde espèce, voisine de la précédente par la forme générale, me paraît avoir le corps plus allongé; car la hauteur n'est que le cinquième de la longueur totale. Le premier rayon de l'anale est plus avancé que celui de la dorsale, et la distance de cette nageoire au bout du museau est moindre que dans l'espèce précédente. Le filet de la pectorale dépasse la moitié de la longueur de l'anale. Les ventrales sont plus cachées entre les deux nageoires de la poitrine. L'échancrure du bord de l'opercule est moins profonde.

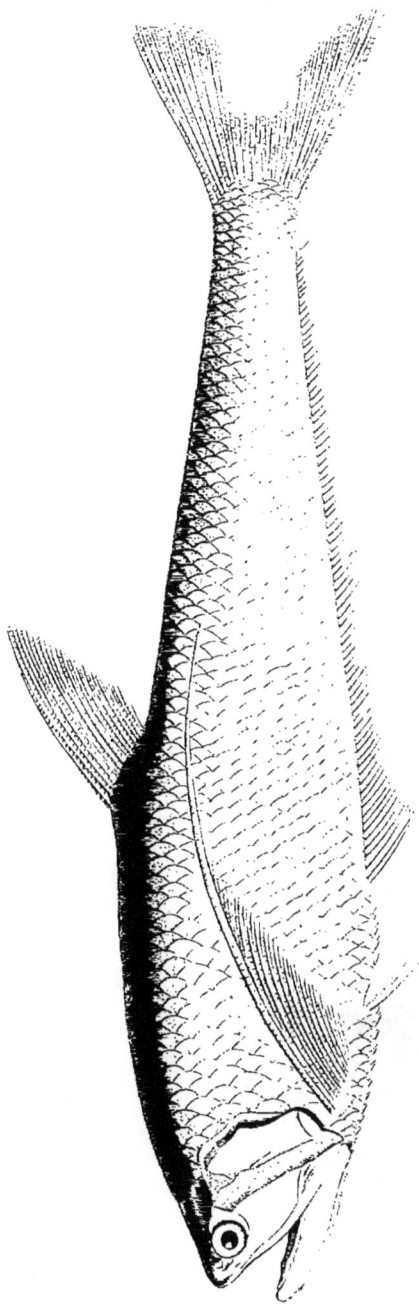

ANCHOIS Telara.

pictt Alberto del.

ENGRAULIS Telara. _Val._

Annedouche sculp.

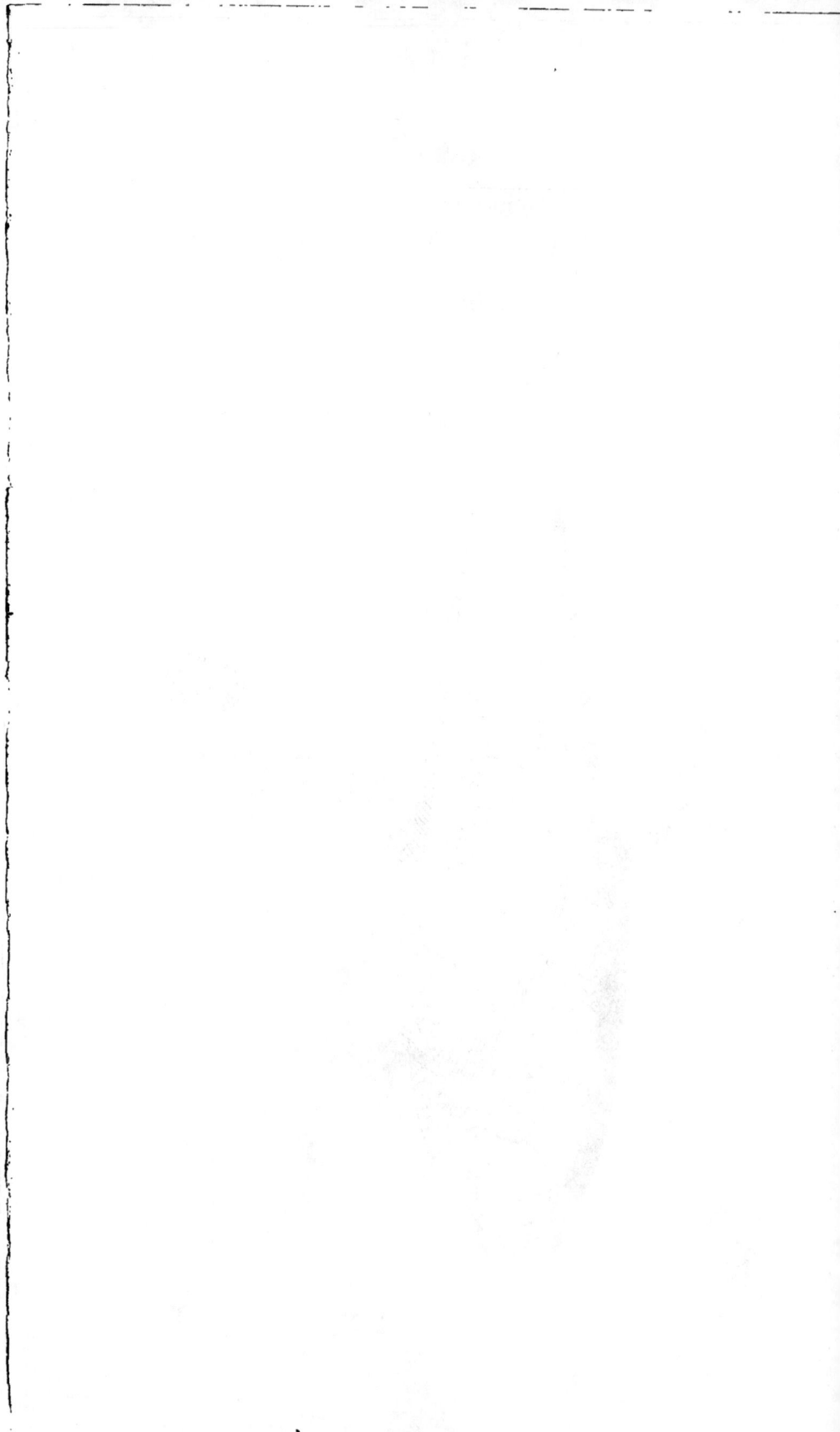

B. 14 — 13; D. 13; A. 70; P. 14; V. 7.

Quoique l'anale fasse plus de la moitié de la longueur du corps, la caudale non comprise, elle a
cependant cinq rayons de moins que celle de l'espèce précédente. La caudale est tout à fait semblable
à celle de l'espèce précédente, c'est-à-dire, que le
lobe supérieur est tronqué. J'ai observé ce caractère, qui n'avait point échappé à Buchanan, sur
une dizaine d'individus de différentes provenances,
conservés dans le Cabinet du Roi. Les écailles me
paraissent beaucoup moins adhérentes : il n'y en a
pas sur les nageoires. M. Dussumier, qui a vu ce
poisson frais, dit que le corps est argenté, bleu-
verdâtre sur le dos; la dorsale et la caudale sont
jaunes; l'anale et les ventrales incolores et transparentes; les pectorales, d'un vert très-foncé, ont
le filet blanc.

Le Muséum possède un assez grand nombre
d'échantillons de ce poisson, dont la taille
varie de six à sept pouces. Outre ceux que
nous tenons du voyageur cité plus haut, nous
en avons reçu par les soins de M. Duvaucel,
et d'autres se sont trouvés dans les collections
faites à l'embouchure du Gange par M. Reynaud. Ce professeur l'a entendu nommer *Ga-
loua*. Les couleurs qu'il nous a indiquées sont
assez semblables à celles que nous a indiquées
M. Dussumier, mais il dit que les nageoires
sont jaunes de soufre et que l'anale est bordée

d'une ligne rouge. Je ne trouve pas de différence dans les formes; il pourrait se faire cependant que la variété de couleur, signalée
par deux observateurs aussi exacts, fût constante et un caractère distinctif entre deux
espèces voisines. Je laisse ceci à décider aux
naturalistes qui observent les poissons sur les
lieux.

Je n'observe pas non plus de différence sensible entre ces individus pêchés dans le Gange
et ceux que le même officier de la marine
a pêchés dans l'Irrawaddi, à Rangoon, dans
le pays des Birmans. Il l'a entendu nommer
Na-tarot. Les exemplaires que j'ai sous les
yeux ne sont pas en très-bon état. Ils me paraissent avoir le dos un peu plus droit.

Ce poisson est, à n'en pas douter, de la
même espèce que le *Clupea telara* de Buchanan[1], qui observe que c'est un des poissons
que les Bengalis appellent *Phasa,* mais il a
adopté pour sa dénomination spécifique le
nom donné à ce poisson dans le district de
Dinajpur. Je ferai cependant observer que cet
auteur compte à l'anale soixante-quatorze
rayons, nombre que nous ne trouvons pas
sur nos exemplaires; mais ce qu'il dit de son

---

1. Buchanan, *Gang. fish.*, p. 241 et 382, pl. 2, fig. 72.

Clupea phasa peut me faire supposer que le nombre des rayons de l'anale varie dans ces spèces.

L'ANCHOIS PHASA.

(*Engraulis phasa*, nob.)

L'auteur de l'Ichthyologie du Gange a fait récéder la description de l'espèce que nous enons de rappeler, par celle d'un poisson rès-semblable, nommé *Clupea phasa*.

Il a le premier rayon de la pectorale très-long; la forme du corps semblable à celle du précédent; l'anale serait seulement un peu plus longue, puisqu'elle aurait de soixante-quinze à soixante-dix-huit rayons. Son caractère distinctif consiste dans la forme de la caudale, qui a les deux lobes pointus et en croissant.

D. 14; A. 75 — 78; C.? P. 13; V. 7.

Le bout du museau est transparent; le dos est brun olivâtre; les côtés et le ventre sont argentés; toutes les nageoires sont transparentes; la caudale seule est jaune, avec un liséré noir au lobe supérieur.

M. Buchanan dit que le nom de *Phasa* est commun dans tout le Bengale, que ce poisson est de la taille d'un petit hareng et d'une assez grande beauté.

J'ai rapporté cette description de M. Buchanan, telle que l'auteur l'a conservée, mais je doute beaucoup de la réalité de cette espèce,

car il me semble que les notes de l'auteur
n'ont pas dû être prises sur ce poisson avec
une grande exactitude, puisqu'il indique pour
nombre des rayons branchiostèges Br. 3.? Il
est bien clair qu'il avait mal écrit B. 13. L'espèce que je décris plus loin, sous le nom
d'*Engraulis tenuifilis* a bien les deux lobes
de la caudale pointus, mais l'anale n'a que
cinquante-un rayons; on ne peut donc pas
la comparer à l'espèce actuelle. C'est à cause
de cette variation dans la forme de la nageoire
de la queue, que je n'ai pas osé rejeter ce
Clupea phasa, mais je ne doute presque pas
que les ichthyologistes qui examineront de
nouveau les poissons du Bengale ne fassent
cette réforme.

L'ANCHOIS TATY.

(*Engraulis taty,* nob.)

L'espèce désignée sous ce nom malabare se
distingue de la précédente

par la brièveté de son anale entièrement écailleuse.
Le filet de la pectorale est aussi beaucoup plus long
que dans toutes les autres espèces; il atteint aux
deux tiers de l'anale, et il dépasse la moitié de la
longueur totale. L'anale ne fait guère que la moitié
du tronc, c'est-à-dire que, mesurée dans le corps
entier, elle y est comprise deux fois et un peu plus

des deux tiers. Son premier rayon répond au milieu de la nageoire du dos, tandis que dans les autres espèces il est beaucoup en avant du premier rayon de cette nageoire. La dorsale est couverte d'écailles comme l'anale.

D. 13; A. 52, etc.

Ce poisson a le corps assez trapu. La hauteur est trois fois et trois quarts dans la longueur totale. Les écailles sont grandes, caduques, et sont réticulées de stries hexagonales, élégamment disposées. Ce poisson, argenté et très-brillant, a le dos vert.

M. Leschenault dit que les nageoires sont ougeâtres, et M. Dussumier indique celles de on exemplaire d'un jaune vif. La caudale est)ordée de noir. On pêche cette espèce penlant toute l'année dans la rade de Pondichéry. Elle est bonne à manger : on la porte au narché sous le nom de *Taty pooroowa*.

Nos individus ne dépassent pas six pouces. e crois que l'on pourrait rapprocher de cette spèce un dessin envoyé de Malacca à la Compagnie des Indes par le major Farquhar. l représente le poisson avec son anale courte, es filets aussi longs. Le corps et les nageoires ont colorés en jaune; il y a du bleu sur la ète, une tache rouge et brillante derrière 'opercule et une bande longitudinale rougeâtre le long des flancs. Toutes les nageoires ont bordées de noir. Le dessin porte pour

nom malais *Eekan-Becang-Becang*. Je n'ose
vraiment pas établir une espèce d'après ce seul
document, cependant j'ai eu plusieurs fois
l'occasion de vérifier l'exactitude de ces dessins. Il me paraît donc assez probable, qu'un
poisson venant de Malacca et peint de couleurs si différentes deviendra le type d'une
espèce particulière.

L'ANCHOIS A FILETS DÉLIÉS.

(*Engraulis tenuifilis*, nob.)

J'ai encore à citer une espèce dont la forme
du corps est assez semblable à celle du précédent : elle a l'anale aussi courte,

mais les rayons de la pectorale sont beaucoup plus
courts, puisqu'ils ne dépassent pas le quatrième
ou le cinquième rayon de la nageoire de l'anus. Le
filet est d'une grande ténuité.

D. 13 ; A. 51, etc.

Le poisson, verdâtre sur le dos, est argenté sur
tout le reste du corps. La caudale était bordée de
noirâtre.

Les deux exemplaires que M. Reynaud a
rapportés de Rangoon sont longs de quatre
pouces et demi.

J'arrive maintenant aux espèces que M. Cu-

vier avait voulu réunir dans un genre particulier sous le nom de Thrisse; mais j'ai fait
déjà sentir que le prolongement du maxillaire
ne fournissait qu'un caractère artificiel, et que
le genre sur lequel il repose ne serait nullement caractérisé : c'est ce que les descriptions
suivantes vont encore mieux prouver.

Le MYSTE A ÉPAULETTES.

(*Engraulis malabaricus ,* nob.)

Pour justifier ce que je viens de dire, je
commence la description des espèces de ce
groupe par celle qui a les maxillaires les moins
prolongés.

C'est un poisson à corps assez court, mais plus
haut que tous les autres. La hauteur est trois fois et un
tiers dans la longueur totale. Le tronc est très-comprimé, car son épaisseur est comprise quatre fois et
demie dans la hauteur. La tête est petite et courte.
Le maxillaire dépasse de très-peu le bord de l'opercule; il n'atteint pas la pectorale. Cette nageoire est
petite et touche à peine à l'insertion de la ventrale.
L'anale commence au milieu de la longueur du corps.

B. 12; D. 13; A. 40; P. 13; C. 19; V. 7.

Ce poisson paraît avoir été verdâtre sur le dos,
argenté sur tout le reste du corps. Sur les côtés des
joues, des opercules et des maxillaires, il y a un fin
sablé de points pigmentaires rembrunis. Derrière

l'épaule, les premières écailles sont recouvertes d'une plaque adipeuse, couverte de lignes brunes rapprochées. Quand on l'examine à la loupe, on voit que ces lignes sont formées de points semblables à ceux de la tête. Leur réunion constitue une tache rembrunie très-caractéristique dans cette espèce. Les pectorales et les ventrales sont noirâtres; mais les rayons internes de cette dernière nageoire ne sont pas colorés. L'anale et la caudale ont une large bordure noirâtre. La dorsale, qui est pointue, a son premier rayon bordé d'un fin liséré noir. L'extrémité des derniers est aussi un peu rembrunie.

L'exemplaire que nous avons reçu de Bombay, par M. Roux, a six pouces de long. Les proportions le font ressembler sous tous les points au *Clupea malabarica* que Bloch a représenté à la planche 432. Bloch, cependant, ne lui donne que trente-huit rayons à l'anale, mais comme il ne compte que huit rayons à la membrane branchiostège, nous avons là une preuve qu'il ne faut pas lui demander tant d'exactitude. Ce poisson, que le missionnaire John avait envoyé à Berlin, a été aussi observé par Russell, qui en a donné une figure très-reconnaissable sous le n.° 194 de ses poissons de Vizigapatam.

ANCHOIS à épaulettes.

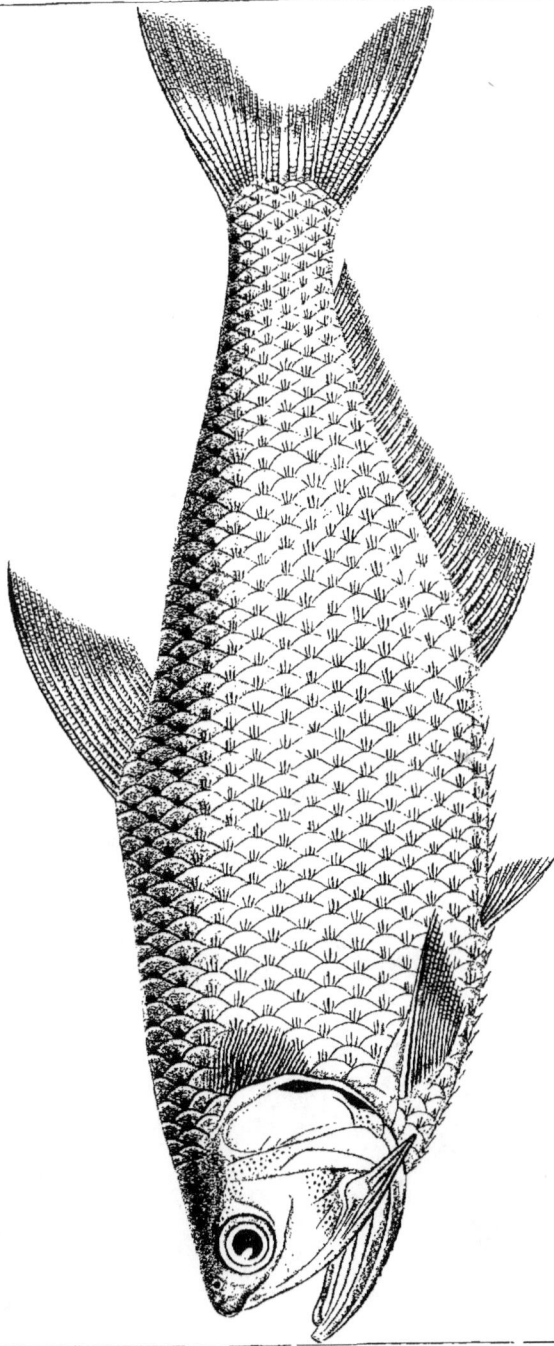

ENGRAULIS malabaricus. Val.

N.^{elle} Alberti del.

Annedouche sculp.

Le Myste purava.

(*Engraulis purava*, nob.)

Cette seconde espèce

a le maxillaire un peu plus long, car son extrémité touche à l'aisselle de la pectorale. Le corps est plus allongé. Sa hauteur est quatre fois et un cinquième dans la longueur totale. Les pectorales dépassent un peu l'insertion des ventrales, et l'anale est insérée un peu au delà de la moitié du corps.

B. 12; D. 13; A. 45; P. 14; V. 7.

La couleur est, suivant M. Leschenault, qui l'a observée fraiche, blanc, argenté sur tout le corps, avec des teintes azurées sur le dos. La dorsale et la caudale sont jaunes; les autres nageoires blanches.

La longueur des individus est de six à sept pouces. M. Leschenault dit que l'espèce est commune à l'embouchure de la rivière d'Arian-toupang, mais qu'elle est plus rare dans la rade. Les pêcheurs de la côte de Coromandel le désignent par le nom d'*Atou-poorouva*. Il est bon à manger, quoique le corps soit rempli d'arêtes. L'espèce a été observée longtemps avant par Sonnerat, qui en avait rapporté quelques peaux desséchées. C'est bien certainement l'espèce que Russell[1] a figurée sous le nom de *Peddah poorawah*.

---

1. Russell, *Corom. fish.*, pl. 190.

21.   5

Des individus de dix pouces de long faisaient partie des collections de M. Belanger. Mais il paraît que l'espèce devient encore plus grande et c'est même pour cela, selon M. Buchanan, qu'il a le nom indien cité par Russell et qui veut dire *grand Poorawah*. M. Buchanan [1] dit que le Purava atteint un pied de long, qu'il meurt aussitôt qu'il est sorti de l'eau.

L'ANCHOIS DE HAMILTON.

(*Engraulis Hamiltoni*, nob.)

Nous retrouvons encore sur cette côte un Myste

dont le maxillaire s'allonge encore plus que chez les espèces précédentes; car son extrémité dépasse sensiblement l'insertion de la pectorale. L'anale est courte et commence au delà de la moitié du corps, de sorte qu'elle paraît plus reculée que la dorsale. Le prolongement du maxillaire et ce rapport de position entre les nageoires font à l'instant reconnaître cette espèce; elle a, d'ailleurs, la tête plus grosse et plus longue; le corps un peu plus trapu.

D. 13; A. 37, etc.

M. Gray a figuré ce poisson à dos plombé, jaunâtre sur le reste du corps. La dorsale, les pecto-

---

1. *Clupea purava.* Ham. Buch., *Gang. fish.*, p. 238 et 382.

rales, les ventrales et la caudale sont jaunes; celle-ci est bordée de noir; l'anale est bleuâtre.

Nos individus ont de huit à neuf pouces de long. Nous en avons reçu plusieurs pris à Bombay par M. Roux. M. Leschenault l'a envoyé de Pondichéry, où on paraît le confondre avec l'espèce précédente. M. Dussumier l'a eu aussi à la côte malabare; enfin, j'en vois un autre exemplaire provenant des collections faites sur *la Zélée* par M. Leguillon, et un autre donné par M. Leclaucher, chirurgien à bord de la frégate *la Reine Blanche,* sans autre indication de localité.

Je conserve à cette espèce le nom que M. Gray [1] lui a imposé dans une récente publication, quoiqu'il ne soit pas le premier auteur qui ait fait connaître ce poisson. Russell en avait longtemps auparavant donné une figure, accompagnée d'un dessin très-reconnaissable, dans son Histoire des poissons de Vizigapatam. C'est, selon lui, le Poorawah des Indiens.

*L'*Anchois porte-moustaches.

(*Engraulis mystax*, nob.)

Il me paraît qu'il existe encore sur la côte

---

1. Gray, *Illust. of Ind. zool., by maj. gen. Hardwicke,* pl. 92, fig. 3.

de la presqu'île de l'Inde un autre Myste, voisin des deux espèces précédentes.

Il a, en effet, le maxillaire prolongé, de manière à dépasser l'insertion du premier rayon de la pectorale et sans avoir l'anale aussi longue que celle de l'*Engraulis purava;* elle l'est davantage que celle de l'*Engraulis Hamiltoni.* Enfin, ce qui est un caractère propre à l'espèce dont il s'agit, c'est que les pectorales sont assez prolongées pour embrasser, quand elles sont rapprochées du corps, les deux petites ventrales.

D. 13; A. 42; P. 13; V. 7.

La couleur est verdâtre, mêlée quelquefois de fauve; le tout glacé d'argent. Toutes les nageoires sont blanches, à l'exception de la caudale, qui est jaune, bordée de noir.

Ce poisson atteint un pied, sa chair est de bon goût, mais elle est remplie d'arêtes.

C'est sans aucun doute l'espèce qui a été figurée par Bloch [1], dans son édition de Schneider, où la longueur des maxillaires, celle des pectorales et le facies général du poisson ont été parfaitement représentés. Cependant Bloch, dans son texte, ne donne que trente-quatre rayons à l'anale, mais nous sommes habitués depuis longtemps aux erreurs de cet ichthyologiste.

---

1. Bloch-Schn., p. 426, n.° 14, pl. 83.

L'ANCHOIS DE DUSSUMIER.

(*Engraulis Dussumieri*, nob.)

M. Dussumier a encore rapporté une espèce particulière d'Anchois de la division des Thrisses,

dont les maxillaires s'allongent de manière à atteindre près des deux tiers ou des trois quarts de la pectorale. L'anale est courte; les ventrales sont petites et ne sont pas cachées par les nageoires de la poitrine. Le corps est trapu et haut de l'avant. La hauteur du thorax est comprise quatre fois et quelque chose dans la longueur totale.

D. 13; A. 35, etc.

Le poisson a le dos bleu verdâtre, et une large tache bleue foncée, sur la nuque, le fait tout de suite reconnaître. La caudale est jaune, bordée de noir.

Je ne vois pas de différence dans les autres parties du corps.

L'ANCHOIS SÉTIROSTRE.

(*Engraulis setirostris*, nob.)

Dans les espèces que nous venons de décrire, nous avons vu le maxillaire s'allonger successivement, commençant par dépasser la mâchoire inférieure, puis le bord de l'opercule; il atteignait ensuite dans d'autres espèces l'aisselle de la pectorale, dans une autre il l'a dépassée. L'espèce que nous allons décrire est caractérisée

par un allongement plus considérable encore de cet os; car son extrémité devient une sorte de filet grêle, qui dépasse de beaucoup les ventrales et touche presque à l'anale.

Ce poisson a un autre caractère remarquable : son museau, court et obtus, dépasse à peine la mâchoire inférieure. C'est vers le milieu du corps que l'on trouve la plus grande hauteur du tronc; elle y est comprise quatre fois et demie dans la longueur totale. La tête y est tout près de six fois. Tous les caractères de la dentition sont ceux des Anchois. Le ventre est dentelé. L'anale est courte.

B. 9; D. 13; A. 34; C. 19; P. 13; V. 7.

Je ne trouve que neuf rayons à la membrane branchiostège.

La couleur de notre poisson paraît argentée, avec une teinte verdâtre sur le dos. La caudale a conservé quelques traces d'une bordure noire.

Telle est la description d'un poisson que j'ai pu comparer au dessin conservé dans la bibliothèque de Banks, et dont mon illustre confrère, M. Robert Brown, m'a permis de prendre une copie. Nous retrouvons, dans la récente publication que M. Lichtenstein a faite des manuscrits de Forster, la description prise sur les lieux. Je crois que les différences

que l'on peut observer entre le savant compagnon de Banks et de Cook, et celles que je
viens de donner, peuvent tenir à la précipitation qui pousse naturellement un voyageur.
Les dents de notre poisson sont petites; mais
on ne pourrait pas dire avec Forster, qu'elles
n'existent pas. Il porte à onze ou à douze le
nombre des rayons de la membrane branchiostège; cette incertitude peut s'expliquer
par la difficulté qu'il a eue de voir cette membrane dont il dit *vix conspicua*. Elle est en
effet cachée entre les branches de la mâchoïre;
mais quand on les écarte suffisamment, on
peut l'étendre assez bien pour compter les
rayons; il faut seulement faire attention de ne
pas comprendre avec eux le sous-opercule;
erreur qu'il est très-facile de commettre dans
toute cette famille.

Je crois que Forster se trompe également,
en disant que le palais est lisse, du moins il
ne faut pas entendre que les palatins, qui se
portent tout à fait sur le côté quand on ouvre
largement la gueule, n'ont pas d'aspérités.
D'ailleurs nous sommes éclairés sur ce sujet,
parce qu'un des exemplaires de Forster avait
été donné par Joseph Banks à Broussonnet.
Celui-ci l'a fait graver dans sa Décade ichthyologique sous le nom de *Clupea setirostris*. La

figure qu'il en donne, convient sous tous les points à notre poisson, et nous voyons dans la description que l'ichthyologiste de Montpellier a bien reconnu les dents des mâchoires et les scabrosités du palais. Il y a cependant une légère différence entre sa description et la nôtre, puisqu'il porte à dix le nombre des rayons de la membrane branchiostège. Il est probable qu'il aura compris parmi eux le sous-opercule. Il n'avait certainement donné qu'avec beaucoup de doute le *Clupea Bœlama* de Forskal pour synonyme de son poisson. Gmelin, qui a accepté ce *Clupea setirostris*, a copié sans aucune hésitation ce synonyme. Bonnaterre et Lacépède ont suivi cette même erreur. C'est Bloch qui, dans son Système posthume, a rétabli le *Clupea Bœlama*, en laissant seul le *Clupea setirostris*.

Russell[1] a aussi observé ce *Clupea setirostris*, que les naturels lui ont donné sous le nom de *Yka-poorawah*.

Les individus que j'ai sous les yeux viennent de Pondichéry et de Suez : ils sont certainement identiques, et, autant que j'en puis juger sur ces exemplaires conservés depuis longtemps dans l'alcool, je leur trouve les

---

1. Russell, t. II, p. 80, n.° 201.

mêmes couleurs qu'aux autres mystes, et je vois même des restes de bordures noires à la caudale. Ce qui me paraît singulier, c'est que M. Leschenault ait confondu, dans son Catalogue, ce poisson avec celui décrit plus haut sous le nom d'*Aton*. Est-ce que les pêcheurs réuniraient sous une même dénomination deux poissons si différents? Ces hommes de la nature sont ordinairement plus habiles pour distinguer les espèces beaucoup plus voisines les unes des autres que celles-ci ne le sont. Tous nos individus ont six pouces de long.

L'ANCHOIS MYSTE.

(*Engraulis mystus*, nob.)

Il est évident qu'il faut placer à la suite de ce genre le *Clupea mystus* de Linné dont la première description a paru dans cette thèse des Aménités académiques [1], sous le titre de *Chineusia Lagerstrœmiana*. Elle avait été soutenue à Upsal en 1754 par Odhel. Il est certain que le poisson a, comme nos anchois de la division des Thrisses,

des dents au palais; les maxillaires prolongés. Les pectorales sont assez longues pour atteindre à la

---

1. *Amœn. acad.*, t. IV, p. 252, n.° 31.

dorsale; mais ce qui distinguera l'espèce actuelle de tous nos autres Thrysses, c'est que l'anale, très-longue, est réunie à la caudale, et celle-ci est arrondie. Linné dit que la membrane branchiostège a neuf rayons. Je ferais seulement remarquer que, dans la figure des Aménités académiques, la caudale et l'anale ne sont pas complétement réunies; mais le texte est trop explicite pour que l'on puisse douter de cette réunion.

Linné compte les rayons de la manière suivante:

B. 9; D. 12; A. 84; C. 11; P. 17; V. 6.

Je n'ai pas eu occasion d'examiner ce poisson d'après nature, mais les beaux dessins chinois que nous devons à la générosité de M. Dussumier, qui ont été cités plusieurs fois dans cet ouvrage et dont nous avons souvent vérifié l'exactitude, nous donnent une représentation de cette espèce, de manière à nous laisser désirer fort peu de chose. Il nous montre un poisson

à corps très-allongé, car la hauteur n'est guère que le septième de la longueur totale. Les maxillaires, prolongés, dépassent un peu l'insertion de la pectorale. Ces nageoires, terminées en pointe, atteignent à la base de la dorsale. A la vérité, cette petite nageoire est reportée tout à fait en avant sur le dos, au delà du quart de la longueur totale. Le ventre est dentelé; l'anale égale la moitié de la longueur du corps, en n'en comprenant pas la caudale.

La couleur est un verdâtre mêlé de quelques teintes
jaunes, glacées d'une couche d'argent des plus brillantes. Les nageoires sont quelque peu jaunâtres; la
caudale, arrondie et lancéolée, est jaunâtre.

Voilà donc le poisson de Linné entièrement reconnu; examinons maintenant comment il a été placé dans le *Systema naturæ*.
Il est bien clair qu'il a été la première pensée du *Clupea mystus*, mais en l'inscrivant
dans la dixième édition, Linné a tout de suite
gâté cette espèce en y associant le *Clupea
mystus* d'Osbeck, qui est un de nos *Coilia*.
Le *Clupea mystus* du *Systema naturæ* a donc
été frappé de nullité dès son apparition. Reproduit dans la douzième et dans la treizième
édition, il est devenu dans M. de Lacépède
le type d'un genre appelé *Myste* (*Mystus*),
caractérisé d'une manière un peu vague par
la réunion de l'anale à la caudale, par la carène d'un ventre dentelé ou très-aigu et par
plus de trois rayons à la membrane branchiostège. M. Cuvier a cité le *Clupea mystus*
comme une des espèces de son genre Thrysse,
mais comme contre son ordinaire, il n'est pas
remonté aux sources, il n'a point reconnu les
erreurs commises par Linné, et il a de plus
associé un poisson, qui a quatre-vingt-quatre
rayons à l'anale, avec le *Pedda poorawah* de

Russell, qui n'en a que quarante-cinq; d'où l'on voit que si le genre Thrysse pouvait être admis en ichthyologie, cette espèce viendrait toujours en altérer la composition.

CHAPITRE XIII.

Des COÏLIA.

Nous avons remarqué en signalant les caractères généraux des espèces comprises dans les diverses subdivisions des Anchois, la tendance que la nature montre à prolonger quelques-unes des parties de l'animal en filaments plus ou moins longs. Elle semble avoir accru ces prolongements filiformes dans le genre des Coïlia.

Ce sont des poissons qui ont les caractères généraux de nos Anchois. Ils ont comme eux la gueule très-fendue, les ouïes très-ouvertes, le museau saillant et soutenu par l'ethmoïde; les maxillaires, libres sur les côtés de la bouche, dépassent la fente de l'opercule et atteignent même au delà de l'insertion de la pectorale chez quelques espèces. La dorsale est placée sur le devant du corps. Celui-ci est le plus souvent prolongé en une queue très-grêle, comprimée et s'atténuant en pointe jusqu'à l'extrémité. L'anale réunie à la caudale, longue et basse, ajoute encore à cette forme caractéristique, mais nous la voyons cependant se modifier dans une espèce où la queue raccourcie, et la caudale élargie et arrondie, reviennent aux formes ordinaires des autres poissons. Mais ce qui nous a paru devoir nécessiter cette coupe générique, c'est que la pectorale porte au-dessus d'elle deux groupes de filets partant d'une base commune, mais tout aussi distincts des rayons de la nageoire que le sont ceux des Trigles et des Polynèmes. Je vois que quelques voyageurs ont cru à une sorte de ressemblance entre ces Coïlia et les Polymènes; mais il faut observer que dans ceux-ci les rayons libres sont au-dessous de la pectorale, tandis que dans le genre que nous traitons ils sont insérés au-dessus. Les connexions sont donc tout à fait différentes. C'est un nouvel exemple de la variation infinie que la nature sait créer avec les mêmes éléments.

La dentition de nos Coïlia et la disposition des viscères sont semblables à celles de nos Anchois, et surtout à celles des espèces dont le maxillaire prolongé constituait, dans les idées de M. Cuvier, le groupe des Thrysses. On peut seulement observer que les plaques pharyngiennes antérieures sont un peu plus visibles et hérissées de petites dents assez visibles. Il ne faut pas cependant donner trop d'importance à ce caractère, car il tend à s'effacer. Les Coïlia sont des espèces marines ou des

eaux saumâtres des bouches du Gange, de
l'Irrawaddi et des grands fleuves de la presqu'île de l'Inde.

Le Coïlia de Hamilton.

(*Coilia Hamiltoni,* nob.)

Je commence à décrire les espèces de ce
genre par celle que je trouve figurée, d'une
manière très-reconnaissable, dans les Illustra-
tions du général Hardwicke. La saillie du museau, la grandeur de la fente de la bouche,
la longueur des maxillaires, ressemblent tout
à fait aux Anchois; mais la forme du corps
est extrêmement différente,

parce qu'à partir de l'anale le poisson devient comprimé, et tellement aigu à l'extrémité du corps, que
c'est tout au plus si l'on peut mesurer la hauteur
de la queue à l'insertion de la nageoire terminale;
elle serait au plus le dixième de la plus grande hauteur du tronc, qui est comprise cinq fois dans celle
du corps, et ne mesurant pas la caudale; celle-ci est
courte et pointue. La tête est comprise six fois dans
la distance sur laquelle nous avons porté la hauteur du tronc. La dorsale naît au quart antérieur de
la longueur du corps; la ventrale est insérée en
avant du premier rayon de la dorsale; l'anale l'est
un peu au delà de la nageoire du dos; la pectorale,
insérée tout près du profil du ventre, a l'air d'être
formée de deux nageoires, l'une composée de deux

rayons, divisés chacun en trois filets qui atteignent au delà de la moitié de la longueur du corps; l'autre, très-petite, arrondie, échapperait facilement à l'observation.

B. 10; D. 14; A. 100; C. 11; P. 6 + 6; V. 10.

Les dents sont excessivement fines; il y en a de très-petites et qu'on n'aperçoit guère que par la dissection sur le chevron du vomer; puis il y a une ligne longitudinale sur le bord externe du palatin et peut-être en arrière sur le ptérygoïdien; car je crois que ces deux os sont soudés ensemble. Entre les arceaux branchiaux nous trouvons des ptérygoïdiens supérieurs plus visibles que dans les Anchois ordinaires, et qui sont garnis de petites dents. Ces os forment une petite plaque oblongue très-facile à observer dans cette espèce, à cause de sa dimension. Les écailles sont assez résistantes et très-élégamment recouvertes d'un réseau à mailles hexagonales, qui rappellent ce que nous avons observé sur notre *Engraulis edentulus*. On en compte soixante-huit rangées le long du corps. Il y a sous le ventre une carène dentelée, formée par seize chevrons très-aigus, et dont les épines sont très-acérées.

La couleur est un bleu verdâtre sur le dos, jaune sur tout le reste du corps.

Nos plus longs exemplaires ont sept pouces et demi. Nous avons reçu ces poissons de la rivière du Gange par les soins de MM. Reynaud et Belanger. Le premier de ces naturalistes nous a indiqué pour dénomination du pays le nom de *Teltabi*. La figure publiée par M. Gray[1] convient parfaitement sous tous les rapports.

Je ne doute pas que nous ne retrouvions dans cette espèce, le *Mystus Ramcarati* de Buchanan.[2]

Le Coïlia de Reynaud.

(*Coilia Reynaldi*, nob.)

Nous avons trouvé dans les collections de ce même voyageur trois autres Coïlias, qui ont l'anale encore plus longue que l'espèce précédente. La distance du bout du museau à cette nageoire est moindre que le tiers de la longueur totale.

D. 14; A. 110, etc.

Ce poisson a la queue plus effilée; le museau plus pointu; l'œil plus petit.

Je n'en ai que trois exemplaires : le plus grand a quatre pouces. Ils viennent de Rangoon sur l'Irrawaddi.

Le Coïlia de Dussumier.

(*Coilia Dussumieri*, nob.)

M. Dussumier nous a rapporté un assez

---

1. Gray, *Illust. of Ind. zool., by maj. gen. Hardwicke*, pl. 10, fig. 3, vol. 1.
2. Ham. Buch., *Gang. fish.*, p. 233 et 382.

grand nombre de coïlias, distincts des précédents

par la longueur et la largeur de leurs pectorales,
dont les rayons, libres, sont cependant un peu plus
courts. La dorsale me semble un peu moins pointue;
mais je ne vois pas d'autres différences dans les formes.

D. 14; A. 80; C. 11; P. 6 — 10; V. 7.

Les dents sont plus fines que celles de l'espèce
précédente. Les plaques pharyngiennes sont tellement petites qu'elles sont comme perdues dans la
muqueuse de la bouche; il faut la distendre fortement pour apercevoir le petit groupe de dents.

Il y a soixante-dix rangées d'écailles le long des
flancs. Les nervures de leur réseau sont un peu
plus lâches. C'est un beau poisson à corps jaune
doré très-brillant. Sur la moitié inférieure du corps
il y a deux ou trois rangées irrégulières de belles
taches nacrées qui rappellent tout à fait celles dont
la nature a orné un assez grand nombre de Lépi-
doptères.

Nos individus ne dépassent guère six
pouces. Les appendices du cœcum sont colorées en noir, et m'ont paru presque aussi
nombreuses que celles de notre anchois. Le
péritoine brille comme de l'argent poli ; la
vessie natatoire est simple, à parois épaisses,
fibreuses et nacrées. M. Dussumier en a pris
un assez grand nombre d'individus à Bombay,
et nous les a donnés comme un poisson bon

à manger. Il dit que les Maures de Bombay nomment ce poisson *Mandely*. Il est commun et abondant pendant toute l'année, et on estime sa chair, parce qu'elle a peu d'arêtes. Il l'a pris aussi à Mahé. M. Belanger l'a rapporté de Pondichéry.

Le Coïlia aux quarante rayons.

(*Coilia quadragesimalis*, nob.)

Nous voici arrivés à parler d'une espèce importante, parce qu'elle nous sert à fixer nos idées sur le *Clupea mystus* d'Osbeck, dont M. Richardson avait déjà apprécié les affinités. Ce poisson diffère des précédents

par une queue beaucoup plus courte, terminée par une caudale arrondie et large. La hauteur du tronçon de la queue, mesurée à l'insertion de la nageoire, est le tiers de la hauteur du tronc, qui est contenue quatre fois et trois quarts dans la longueur totale. La dorsale est placée sur le devant du corps, sur la fin du tiers antérieur. La pectorale est petite, courte, surmontée de ses deux rayons, divisés chacun en trois filets, dont le plus long égale la moitié de la longueur totale. L'anale commence à peine au-devant du milieu de la longueur; elle est raccourcie comme la queue; aussi n'a-t-elle plus que quarante-deux rayons, lorsque nous en comptons de quatre-vingts à cent dix dans les espèces précédentes. J'ai voulu rappeler ce caractère dans le nom spécifique donné à ce poisson.

B. 10; D. 15; A. 42; C. 25 et plus; P. 6 — 6; V. 8.

Ce poisson a le museau obtus; l'œil petit; le maxillaire ne dépasse pas l'angle de la mâchoire inférieure; il est tronqué. Les dents sont fines; les plaques vomériennes sont très-visibles. Les écailles sont semblables à celles des espèces précédentes.

La couleur est argentée et dorée, avec des reflets nacrés. Les nageoires sont jaunes, mêlées de verdâtre; celle du dos a une bordure verte. Les pectorales et leurs longs filets sont d'un très-beau jaune.

L'exemplaire du Cabinet du Roi a six pouces de long : il a été pris dans le Gange par M. Dussumier.

Le Coïlia de Gray.

(Coilia Grayi, Richard.)

Le docteur Richardson a décrit et figuré dans l'Ichthyologie du Sulfur[1] un Coïlia rapporté des mers de Chine, et que ce naturaliste aurait, sans aucun doute, beaucoup mieux fait d'appeler le Coïlia d'Osbeck; car c'est évidemment le *Clupea mystus* du Voyage en Chine.

C'est un poisson qui a la queue encore très-allongée, mais moins étroite à son extrémité que celle

---

1. Rich., *Ichth. of Sulfur*, pl. 54, fig. 1.

du *Coïlia Dussumieri*. Il a aussi la caudale plus large. Ce qui le distingue des précédents, c'est que les maxillaires dépassent de beaucoup l'opercule et l'insertion de la pectorale; celle-ci est à peu près aussi large que celle du *C. Dussumieri*. Les rayons sétacés me paraissent un peu moins longs; l'anale a aussi beaucoup moins de rayons.

B. 10; D. 12; A. 86; C. 20; P. vii—10; V. 7.

Les écailles sont grandes. La couleur est blanche.

Il est bien évident que c'est le *Clupea mystus* d'Osbeck; car il est le seul de nos Coïlias qui ait sept filets au-dessus de la pectorale. M. Richardson a donc cité avec raison l'espèce d'Osbeck sous son Coïlia de Canton; mais ce que nous avons dit plus haut, à l'occasion du *Clupea mystus* de Linné, prouve qu'il a eu tort de joindre à cette synonymie celle des Aménités académiques, et à plus forte raison, celle de Lacépède.

Nous trouvons une excellente figure du *Coïlia Grayi* dans les poissons de Siebold, publiés par MM. Temminck et Schlegel[1] : ces naturalistes l'ont appelé *Coïlia nasus*. La description qu'ils en ont donnée est, comme toutes celles de ce bel ouvrage, remarquable par son exactitude. Ils me pardonneront de ne pas prendre pour nom spécifique de cette espèce

---

1. *Faun. jap.*, *Pisc.*, p. 243, pl. 109, fig. 4.

celui qu'ils ont imposé, puisque tous les Coïlia mériteraient l'épithète de *nasus*.

Le Coïlia de Playfair.

(*Coilia Playfairii*, Richard.)

Le naturaliste qui a fait connaître l'espèce précédente, a aussi figuré et décrit, dans l'ichthyologie de ce voyage, un second Coïlia, qu'il a appelé *C. Playfairii*.

Cette espèce paraît avoir la queue un peu plus étroite que la précédente. Les rayons de la pectorale plus courts; les maxillaires moins prolongés; le nez un peu plus long, et ce qui le distingue de celui d'Osbeck, c'est qu'il n'a que six rayons à la pectorale. La largeur de la caudale le caractérise et empêche de le confondre avec nos *Coïlia* du Gange.

D. 12; A. 86; C. 21; P. vi — 14; V. 7.

Cette espèce vient des mers de Chine. Des individus sont conservés dans le *British Museum*.

Les voyageurs qui l'ont rapportée, disent que le brillant argenté des écailles est employé en Chine dans la fabrication des perles artificielles.

L'espèce se mange à Canton.

CHAPITRE XIV.

Du genre ODONTOGNATHE.

Le genre Odontognathe a été établi par
Lacépède d'après un poisson, que le Muséum
d'histoire naturelle avait reçu de Cayenne
par l'un de ses voyageurs-naturalistes, feu
Leblond. Les idées systématiques que cet
illustre naturaliste s'était faite sur les poissons,
l'ont empêché de saisir les véritables rapports
de ce curieux poisson, qui méritait bien, en
effet, de devenir le type d'un genre particulier, mais qui ne devait pas être rapproché,
il s'en faut, des anguilles. A la vérité, l'ordre
des apodes de M. de Lacépède est composé
de poissons si différents, si éloignés les uns
des autres, que celui-là pouvait bien aussi
y trouver place. Quoiqu'il ait décrit le poisson d'après nature et qu'il ait orné sa description de tous les charmes de son style, il
n'a pas nommé les pièces sur lesquelles il a
fait reposer ses caractères. La lame, longue,
large, recourbée et dentelée, placée de chaque côté de la mâchoire supérieure, entraînée
par tous les mouvements de la mâchoire de
dessous, n'est autre que le maxillaire. Si M.
de Lacépède ne se fût pas laissé dominer par

ses idées systématiques et qu'il eût consulté
la nature, au lieu d'écrire son ouvrage d'après
le catalogue de Gmelin, il se serait fort aisément aperçu que ces lames ne diffèrent pas
des maxillaires des Mystes, genre qu'il établissait plus tard, et il n'aurait pas dit que
l'Odontognathe avait un mécanisme particulier de mâchoire dont on ne trouve d'exemple
dans aucun poisson connu. Schneider a été
plus près de la vérité que M. de Lacépède,
en reconnaissant dans ces lames une des pièces
de la mâchoire des poissons, mais il n'a pas
su distinguer si ces lames appartiennent à
l'intermaxillaire ou au maxillaire; il est même
probable qu'il les a prises pour les intermaxillaires, de même qu'il considérait comme tels
les maxillaires des Clupées. D'ailleurs Schneider, trompé par la figure singulièrement altérée que Desène, fort mauvais dessinateur,
avait faite du poisson, a préféré composer un
nom nouveau au lieu d'accepter celui que
M. de Lacépède avait imaginé. La vérité est,
que ni l'un ni l'autre ne sont bons, mais
puisqu'ils sont faits, il vaut mieux tout sim-
plement les accepter, en exposant en quoi
consistent les caractères de ce genre. Les
Odontognathes ont le corps très-comprimé;
le ventre tranchant et très-fortement dentelé

depuis la gorge jusqu'à l'anus. Il n'y a certainement point de ventrales. La dorsale est si petite qu'on a peine à la trouver. L'anale est très-longue, étendue sous toute la carène de la queue, et se termine tout près de la caudale qui est fourchue. Les pectorales sont assez longues. La bouche est petite; la mâchoire inférieure dépasse un peu la supérieure : celle-ci, tronquée dans le milieu, est formée de deux petits intermaxillaires placés transversalement à l'extrémité du museau. Les deux maxillaires articulés à la suite de ceux-ci sont longs, très-mobiles, élargis un peu avant leur extrémité; leur bord antérieur se prolonge en une pointe assez aiguë, qui dépasse l'articulation de la mâchoire quand la bouche est fermée, ou que l'on voit libre et comme détachée au-dessous des branches de la mâchoire inférieure quand celle-ci est ouverte. De petites dents garnissent le bord des deux mâchoires; il y en a aussi sur les palatins, les ptérygoïdiens et sur la langue. Celles des mâchoires sont inégales et coniques, quoique petites; celles de l'intérieur de la bouche sont en râpe très-fine : il n'y en a pas sur le chevron du vomer.

Les Odontognathes ainsi caractérisés sont donc des poissons offrant une réunion de

caractères pris à plusieurs genres de nos Clupéoïdes. Les maxillaires sont semblables à
ceux de nos Anchois de la division des
Thrysses; les intermaxillaires et le système de
la dentition rappellent les caractères de nos
Harengules et de nos Pellones. Enfin, les
Odontognathes sont apodes comme les Pristigastres.

Je me suis déterminé à placer les Odontognathes à la suite des Anchois, à cause de la
disposition très-remarquable des maxillaires;
mais un naturaliste qui tiendrait compte en
première ligne de la saillie de la mâchoire
inférieure et de la troncature de la mâchoire
supérieure, qui est plus courte que l'autre,
pourrait très-bien rapprocher, comme l'a fait
M. Cuvier, les Odontognathes des Pristigastres.
Je n'attache pas à cette place une grande
importance, l'essentiel étant de présenter et
de discuter les affinités de ce genre avec ceux
de la même famille.

Les viscères des Odontognathes ressemblent
assez bien à ceux de nos Anchois, et l'épaisseur des parois de la branche montante semble
montrer de légères affinités avec le gésier évidemment musculeux que nous verrons dans
les espèces du genre suivant. On ne connaît
encore qu'une seule espèce d'Odontognathe,

que nous nommons d'après Lacépède et Schneider.

L'ODONTOGNATHE AIGUILLONNÉ, Lac.

(*Gnathobolus mucronatus*, Schneid.)

L'Odontognathe

a le corps très-comprimé et allongé, car l'épaisseur ne fait que le cinquième de la hauteur, qui est comprise cinq fois et demie dans la longueur totale. La tête égale ou est à peine plus courte que la hauteur du tronc. L'œil est assez grand. Les ouïes sont très-fendues. La membrane branchiostège n'a que six rayons. La bouche est petite; la mâchoire inférieure est plus avancée que la supérieure. Les maxillaires sont articulés à l'extrémité de petits intermaxillaires, armés de quelques petites dents. Les maxillaires sont libres, élargis en palette et prolongés sur les côtés de la bouche, de manière à ce que l'extrémité dépasse de beaucoup la branche de la mâchoire inférieure quand la gueule est ouverte. C'est sous ce rapport que ce poisson ressemble aux Anchois du groupe des Thrysses. Les maxillaires ne dépassent pas le bord de l'opercule; il a tout le bord hérissé de petites dents inégales, alternativement plus petites et plus grandes. Je ne crois pas qu'il y ait de dents sur le chevron du vomer; mais on en voit sur le palatin, sur le ptérygoïdien et sur la langue. Elles sont en râpe excessivement fines. La pectorale est longue et assez pointue. L'anale commence aux deux cinquièmes de la carène inférieure du corps; elle

s'étend jusque auprès de la caudale; elle est, par conséquent, très-longue, et égale, à peu de chose près,
la moitié de la longueur totale. La caudale est fourchue; le lobe inférieur est un peu plus long que le
supérieur. La dorsale est si petite qu'on ne l'aperçoit
qu'avec la plus grande attention. Les rayons sont
excessivement grêles; elle est reculée sur le dos et
vers la fin du second tiers du corps.

B. 6; D. 12; A. 82; C. 21; P. 12; V. 0.

La carène du ventre porte des écussons très-com-
primés, et dont la pointe, très-aiguë, en fait une véritable scie. On y compte vingt-quatre ou vingt-cinq
épines. Les écailles doivent être grandes et fines;
mais elles tombent si facilement que tous nos exemplaires sont dénudés.

La couleur est un argenté brillant, verdâtre sur
le dos. Le long des flancs il y a une bandelette longitudinale argentée, tracée depuis l'angle supérieur
de l'opercule jusque par le milieu de la caudale.

Le péritoine brille d'un bel éclat argenté, qu'on
l'aperçoit à travers les côtes. Il y a de nombreuses
appendices cœcales au pylore; une vessie aérienne
à parois très-minces, mais fortifiée en dessous par
le repli argenté du péritoine.

La longueur de nos individus varie de six
pouces à six pouces et demi. Ce petit poisson,
sur les mœurs duquel nous n'avons aucun
renseignement, nous est venu de Cayenne
par M. Poiteau; de Surinam par Le Vaillant.

Nous conservons encore dans le Cabinet

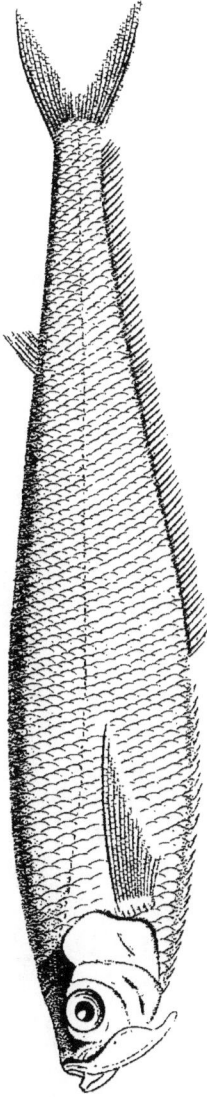

ODONTOGNATHE aiguillonné Lac.

Beckmann del.

GNATHOBOLUS *macrognatus. Schn.*

Annedouche sculp.

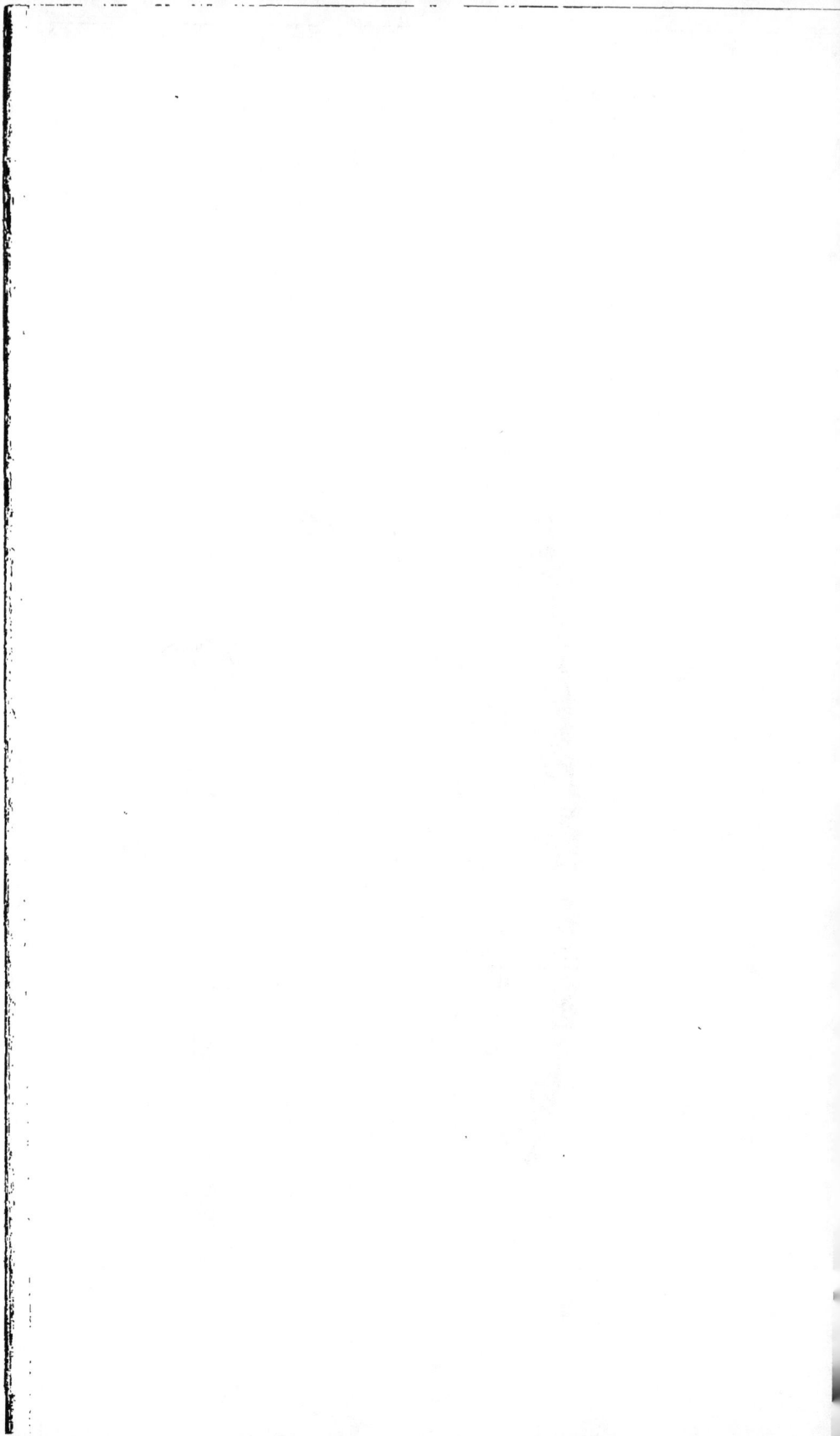

du Roi l'exemplaire qui a servi à M. de Lacépède. Il est maintenant fort mal conservé,
et il me paraît probable, autant qu'on peut
en juger par le dessin de Desène, que le
poisson était déjà un peu altéré lorsque M. de
Lacépède l'a reçu. Leblond l'avait envoyé sous
le nom vulgaire de *Sardine.*

CHAPITRE XV.

Du genre Chatoesse (*Chatoessus*).

Le genre que je vais décrire nous présente un second exemple des variations des caractères, qui semblent les plus nets et les plus tranchés dans les familles considérées comme naturelles. Tous les poissons qui composent la famille des Clupes ont les intermaxillaires petits, attachés à l'extrémité du museau et reçoivent sur leur extrémité la tête antérieure du maxillaire mobile sur ceux-ci. Dans les *Chatoessus,* la nature modifie tellement la composition de l'arcade supérieure de la bouche, que nous voyons se reproduire ici ce que nous avons déjà trouvé dans les Sclérognathes de la famille des Cyprinoïdes. L'intermaxillaire est très-petit, placé à l'extrémité du museau. Une lèvre fibreuse semble l'étendre et le continuer en se prolongeant jusque vers l'extrémité du maxillaire. Cet os est placé en arrière de l'intermaxillaire ; il s'articule sur la tubérosité de l'ethmoïde. Les poissons dont nous allons traiter n'ont donc plus une véritable bouche de Clupées ; cependant le maxillaire concourt, à cause de la brièveté de l'autre os, à border la bouche. Il

y a donc là une tendance évidente de la nature à reproduire une bouche de Cyprinoïde
de la même manière que nous pouvions dire
que les Sclérognathes n'avaient plus une bouche exactement conformée comme celle des
Cyprinoïdes.

Nous avons déjà vu au commencement de
cette disposition, dans le genre des Anchois,
chez lesquels le maxillaire s'articule plutôt sur
le bord postérieur de l'intermaxillaire qu'à son
extrémité. Si la forme de la bouche semble
éloigner d'abord les Chatoesses des autres Clupées, la nature les ramène dans cette famille
et les place auprès des Anchois par la saillie
de l'ethmoïde, par la disposition de leurs viscères remarquables à cause de leurs nombreux
cœcums. Il n'est pas jusqu'à leur ventre caréné
et fortement denté qui ne les ramène aussi
aux Clupées, quoique nous ayons vu ce caractère manquer dans plusieurs de nos Anchois. Ces considérations sont une nouvelle
preuve que l'on ne fait de bonnes familles
naturelles qu'en suivant la nature dans ses
variations et en ne s'arrêtant pas à un caractère unique qui, par sa rigoureuse application,
établit tout de suite une méthode artificielle
avec tous ses défauts. Le genre *Chatoessus*
sera donc caractérisé par une bouche petite

et sans dents; sous un museau saillant, elle est bordée supérieurement par de petits intermaxillaires attachés à son extrémité et placés un peu au-devant de la portion supérieure des maxillaires. Ceux-ci sont articulés derrière les premiers et sur la tubérosité latérale de l'ethmoïde. Une petite entaille se voit au milieu de la mâchoire; il y correspond une petite tubérosité de la symphyse de la mâchoire inférieure. Les deux mâchoires n'ont aucune dent et nous n'en avons pas trouvé dans l'intérieur de la bouche sur aucune des parties ordinairement dentées dans les genres précédents. La disposition singulière des arcs et des peignes branchiaux fournit un caractère singulier et très-commode pour caractériser le genre. L'arc se plie en deux chevrons, dont l'inférieur a la pointe tournée vers l'arrière et le supérieur vers l'extrémité du museau. De plus, une petite pièce cartilagineuse insérée au-devant de la réunion des arcs supérieurs et libre sous le palais porte une continuation des très-fines râtelures de la branchie et constitue une pointe pennée, dont la longueur est variable suivant les différentes espèces. Elles ont en général le corps haut, ovale et court; le ventre fortement dentelé; les pectorales et les ventrales petites et sans aucun

ayon remarquable. Mais cette sorte de tendance au prolongement de quelques parties,
qui nous a déjà frappé dans les genres précédents, reparaît ici dans quelques espèces qui
ont le dernier rayon de la dorsale prolongé
en filament. Ce caractère a peu de valeur,
car nous citons un presque aussi grand nombre d'espèces à dorsale sans rayon prolongé.

La splanchnologie des Chatoesses n'est pas
moins remarquable que la singulière disposition de leur bouche. La branche montante
de l'estomac a ses parois épaisses et renflées
en un véritable petit gésier, et les appendices
pyloriques attachées sur une grande longueur
de l'intestin sont courtes, branchues, très-nom-
breuses et réunies par un tissu cellulaire dense.
Elles forment ainsi une masse glanduliforme qui
remplit la plus grande partie de la cavité abdominale. Les ovaires sont formés d'une lame
repliée sur elle-même, flottant librement dans
la cavité abdominale, de sorte que les œufs
ne sont point enfermés dans un sac ovarien,
mais tombent avant l'éclosion dans la cavité
générale du péritoine. Tels sont les caractères
génériques des poissons de ce genre. Les naturalistes qui ont examiné les espèces à rayons
de la dorsale filamenteux ne portèrent leur
attention que sur ce caractère artificiel, et

21.

décrivèrent ces espèces comme appartenant aux Mégalops, c'est-à-dire dans notre manière de voir aux Élops, qui ont le dernier rayon de la dorsale prolongé. Or, rien n'est plus éloigné que les espèces rapprochées suivant cette manière de voir. M. Cuvier le sentit lorsqu'il publia la seconde édition du Règne animal, mais n'ayant pas étudié tous les détails de l'organisation de ces poissons, il caractérisa le genre très-vaguement, puisqu'il réunit des espèces qui ont les mâchoires égales et le museau non-proéminent, d'autres qui ont le museau plus saillant que les mâchoires. Les premiers sont les seuls que l'on puisse comparer aux harengs proprement dits; aussi il compose un genre qui réunit des espèces de genres fort différents, il n'associe pas même convenablement dans ses notes les espèces qu'il cite, puisqu'il réunit dans un même groupe le *Cailleu-Tassart* des Antilles et le *Megalops cepedianus* de Lesueur qui ne s'appartiennent nullement, et qu'à côté de ces deux espèces il met le *Peddah Kome* de Russell, lequel n'est autre que le *Kome* du même auteur ou que le *Clup. nasus* de Bloch, qui aurait dû avoir incontestablement pour associé le *Megalops cepedianus* de Lacépède. J'ai donc été obligé de réformer presque entièrement le genre du Règne animal, et si j'ai conservé le nom de *Chatoessus*, il devient maintenant employé dans une toute autre acception, et le genre dont je vais présenter la liste des espèces est différent de celui fondé sous cette dénomination. On peut faire dans ce genre deux divisions : la première comprendrait les espèces munies d'un filet dorsal et la seconde sera composée des espèces qui en manquent.

Le Chatoesse Cépédien.

(*Chatoessus Cepedianus*, nob.)

Je commence la description des espèces de ce genre par celle que M. Lesueur a dédiée à M. de Lacépède.

C'est un poisson de forme ovale et régulière. La hauteur est le tiers de la longueur totale. L'épaisseur du tronc est un peu moins du quart de la hauteur. La tête est petite, comprise cinq fois moins quelque chose dans la longueur totale. L'œil est de grandeur moyenne, à peu de distance d'un museau saillant, gros et obtus. La saillie est encore due au prolongement de l'ethmoïde. Les sous-orbitaires sont petits, un peu caverneux et en partie cachés sous la paupière adipeuse étendue sur l'œil. Le préopercule est très-grand et à bord tout à fait arrondi, sans angles. L'interopercule est étroit, mais long ; il suit la courbe de l'os précédent, et il remonte assez haut au-devant de l'opercule ; celui-ci est irrégulièrement quadrilatère, un peu sinueux en arrière. Le sous-opercule est assez large et en demi-croissant. Ces os portent un bord membraneux assez développé. La fente des ouïes est large. Il y a six rayons à la membrane branchiostège, dont les trois internes sont des stylets grêles, et les trois externes des lames aplaties. Les branchies portent des ratelures tellement fines et nombreuses qu'on pourrait dire facilement que l'arc branchial a une double série de lames pectinées. D'un autre côté, cet arc branchial se replie dans ce poisson deux fois sur lui-même. En effet, un premier arceau se porte de la langue vers la fente de l'ouïe; puis une seconde portion d'arc revient de ce point vers le haut du palais, d'où il en naît une troisième qui revient sous le crâne jusque sous l'articulation du mastoïdien. L'arc branchial est donc plié en un double chevron. Au second angle ou à l'angle supérieur et palatin, est insérée une pièce cartilagineuse qui se porte sous le palais vers l'ouverture de la bouche, parallèlement à la langue; elle est garnie de chaque côté de lamelles fines et pectinées, que l'on voit tout le long de l'arc branchial. C'est ce qui forme sous le palais cette pointe pennée très-singulière, mentionnée par M. Cuvier. L'opercule a sous sa face interne une branchie supplémentaire très-développée. Il n'y a, d'ailleurs, aucune dent sur la langue, sur le palais, ni aux pharyngiens. La nature a fait ici une nouvelle sorte de Lachnolayme. Il n'y a pas non plus de dents aux mâchoires. La bouche est très-petite,

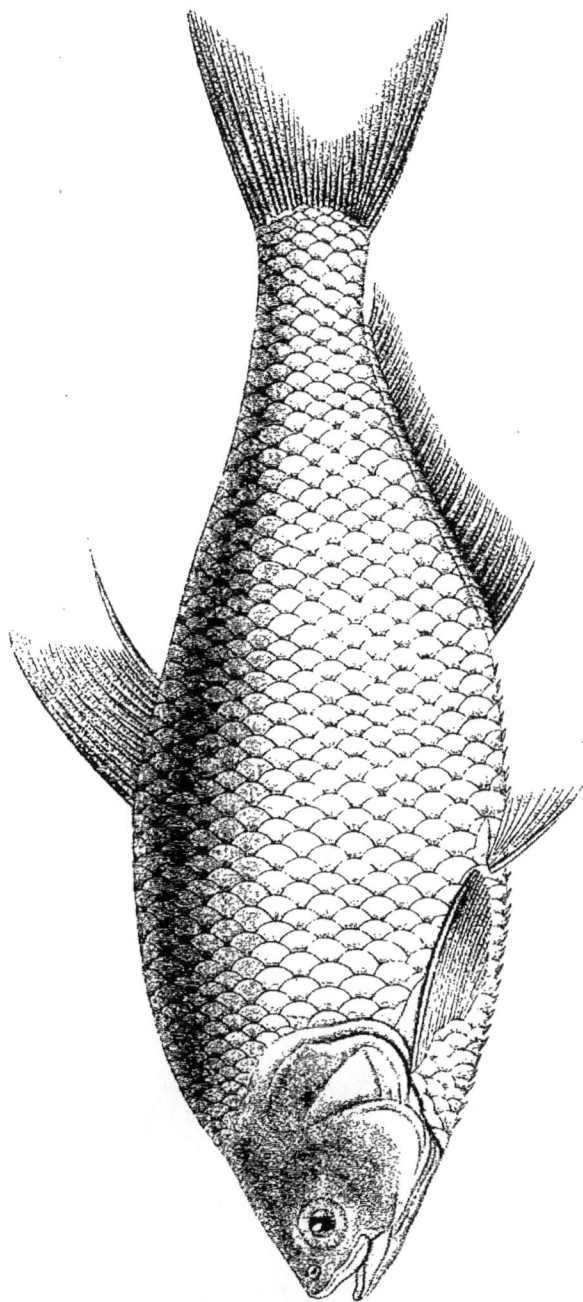

CHATOESSE Cépédien.

Dickmann del.

CATHOESSUS Cepedianus. *Val.*

Annedouche sculp.

fendue un peu en ogive; la mâchoire supérieure
porte une légère échancrure, dans laquelle se place
un petit tubercule élevé sur la symphyse de la mâchoire inférieure. L'arc de la mâchoire supérieure
est bordé par les intermaxillaires et un peu par les
maxillaires. L'intermaxillaire est petit, comprimé,
mobile, sans branche montante et articulé sur la
tubérosité ethmoïdale. Une lèvre un peu fibreuse
couvre ce petit os, et va rejoindre le maxillaire vers
l'angle de la bouche. Celui-ci est petit, aplati, articulé
librement derrière l'intermaxillaire; sa pièce accessoire est réduite à un très-petit stylet. Les deux ouvertures de la narine sont rapprochées l'une de l'autre
sur les côtés du museau. La ceinture humérale est
presque entièrement cachée sous le bord de l'opercule, de sorte que la pectorale est insérée très-en-
avant, elle a une large écaille dans son aisselle et
quelques autres, en dessous, complètent la gaîne
dans laquelle elle se meut. Cette nageoire est en
ovale très-allongé quand elle est repliée, et elle
touche à la ventrale. Celle-ci est triangulaire, assez
large, et a une petite écaille au-dessus d'elle. La
dorsale, petite et pointue de l'avant, est attachée un
peu en arrière de l'aplomb de la ventrale, et par le
milieu de la longueur du corps, en n'y comprenant
pas la caudale. Le dernier rayon se prolonge en un
filet couché le long du dos, qui dépasse la moitié
de la distance entre la dorsale et la nageoire de la
queue; celle-ci est fourchue. L'anale est longue et
basse, à peu près comme une nageoire de Brême.

B. 6; D. 12; A. 33; C. 19; P. 16; V. 8.

Les écailles sont de grandeur médiocre. Je n'y vois aucune strie remarquable. Nous en comptons cinquante-huit rangées entre l'ouïe et la caudale. Le ventre, comprimé et caréné, a, comme dans les Clupées, trente chevrons, dont la carène, très-épaisse et terminée en pointe, constitue une scie à très-petites dents.

La couleur rappelle celle de nos Cyprins, elle est verdâtre sur le dos et argentée sur le bas des côtés.

J'ai fait l'anatomie de ce poisson, et ses viscères digestifs offrent des particularités bien curieuses. Le pharynx est assez étroit et s'ouvre au fond d'un rétrécissement très-marqué; il se continue en un œsophage étroit et cylindrique, accolé sous la vessie natatoire. Arrivé à peu près au tiers de la cavité abdominale, il se recourbe vers le bas et se dilate bientôt en une petite poche qui est le commencement de l'estomac; mais les parois s'épaississent promptement, de manière à constituer une sorte de bulbe, qui rappelle, à quelques égards, l'estomac des Muges. Cette portion de canal digestif remonte presque jusque sous le diaphragme; elle serait, en quelque sorte, analogue à la branche montante des estomacs des poissons, qui s'épaississent ordinairement. Le pylore est à la partie antérieure, et le duodénum qui y prend naissance se courbe derrière le diaphragme, pour descendre jusqu'au fond de la cavité abdominale. Il donne dans tout ce trajet naissance à une immense quantité de petits cœcums ramifiés, retenus par un tissu cellulaire très-dense; ils sont plus longs à droite et à gauche de l'estomac,

qu'ils n'embrassent que vers la fin du duodénum.
Cela forme une masse glanduleuse, à laquelle je ne
pourrais comparer que celle des Thons. L'intestin
est d'ailleurs assez long, car il fait sous l'estomac et
entre les cœcums trois replis en spirale assez courts;
puis il descend vers l'arrière de la cavité abdominale,
où il se plie trois ou quatre fois de nouveau par
des anses assez longues avant de se rendre à l'anus.
Le foie est petit et divisé en lobules trièdres, allongés,
et qui suivent les premières circonvolutions de l'intestin. Un péritoine noir très-foncé sépare cette
masse viscérale de la vessie aérienne, qui est très-
grande, unilobée, arrondie en avant, pointue en
arrière; elle communique par un canal court, avec
la crosse de l'œsophage. De petites laitances blanches
se dessinaient sur le fond noir du péritoine. Je n'ai
rien trouvé dans l'estomac.

La longueur de nos individus est de treize
à quatorze pouces. Nous les avons reçus en
assez grande quantité de New-York par M. Milbert; de la Nouvelle-Orléans, par M. Despain-
ville; de Philadelphie, du lac Ponchartrain,
par M. Lesueur, qui l'a vu remonter dans le
fleuve, et jusque dans le Wabash; il s'en est
même procuré des individus en les retirant de
l'estomac de Cormorans, qu'il tuait sur la rivière ou de grands Pimélodes qu'il prenait
dans le fleuve : c'est la Sardine sur le lac Ponchartrain.

M. Lesueur a dédié cette espèce à notre illustre ichthyologiste, M. de Lacépède, sous le nom de *Megalops Cepedianus*.

Ce naturaliste nous en a envoyé des individus beaucoup plus petits, qui n'ont guère que cinq pouces et demi. Ceux-là étaient désignés par lui sous le nom de *Megalops bimaculata;* mais en examinant des individus de taille intermédiaire, nous avons la preuve que cette tache disparaît avec l'âge et qu'elle n'est qu'une sorte de livrée.

Le CHATOESSE NASON.

(*Chatoessus nasus,* nob.)

Nous trouvons dans l'Inde une seconde espèce de Chatoesse, qui se distingue au premier coup d'œil de celui de l'Amérique septentrionale

par son anale plus courte. Le dernier rayon de la dorsale est plus long; car je le vois atteindre à la caudale, non-seulement dans les individus que j'ai sous les yeux, mais dans les différents dessins bien faits que je puis consulter. Les épines de la carène du ventre sont plus fortes et plus pointues. La pectorale est un peu plus allongée. Je retrouve d'ailleurs dans cette espèce les autres caractères génériques de l'espèce précédente.

D. 14; A. 20; C. 23; P. 15; V. 8.

La couleur est un argenté très-brillant; le dos
seul est bleuâtre. Les viscères de ce poisson ressemblent à ceux de l'espèce précédente; mais il y a moins
de cœcums. Le péritoine est très-noir. Cette couleur
se remarque jusque sur la muqueuse de la bouche
et à la face interne de l'opercule, au-devant de la
branchie supplémentaire.

M. Leschenault nous a envoyé cette espèce
le la rade de Pondichéry. Ce poisson atteint
un pied de longueur. On le trouve sur la
ôte pendant toutes les saisons, et surtout à
l'embouchure de la rivière; mais il n'est pas
rès-abondant. Nous en avons trouvé une peau
lesséchée et mal conservée dans les collec-
ions faites au même endroit par M. Sonnerat.
I. Roux nous l'a aussi rapporté de Bombay.
Russell a figuré cette espèce, en en faisant un
louble emploi sous deux noms différents;
une première fois sous le nom de *Kome*, et il
roit que c'est le *Clupea thryssa* de Linné.
l y rapporte le poisson figuré sous le même
iom par Bloch à la planche 4o4; s'il avait
omparé avec un peu plus de soin sa figure
t celle de l'ichthyologiste de Berlin, il se
erait bien vite aperçu qu'elles ne se ressem-
olent que par le filet de la dorsale. D'ailleurs,
ious avons établi sur des données positives,
que le *Clupea thryssa* de Bloch est le Cailleu-

Tassart et du genre de nos Melettes. Russell
a donné une seconde fois, sous le nom de
Peddah-Kome, l'espèce dont il s'agit ici, en la
rapportant cette fois, avec raison, au *Clupea
nasus* de Bloch. Je crois aussi qu'il faut rapporter le *Chatoessus altus* figuré par M. Gray[1],
qui a le dos plombé, le ventre argenté, la dorsale verte, la caudale orangée et les autres
nageoires jaunes. Malgré ces différences de
coloration, je n'ose maintenir la distinction
établie par le savant zoologiste que je viens
de citer.

Le Chatoesse d'Osbeck.

(*Chatoessus Osbeckii,* nob.)

Il existe sur les côtes de la Chine plusieurs
espèces de *Chatoessus.* Le Muséum d'histoire
naturelle vient d'en recevoir une espèce

à corps un peu plus oblong, à museau beaucoup
plus court. Il a d'ailleurs l'anale courte du précédent.

D. 15; A. 24, etc.

Ce petit poisson nous paraît plombé sur le dos
et argenté sur le reste du corps.

Nos exemplaires ont près de quatre pouces.
Ils nous ont été envoyés par M. Callery.

---

1. Gray, *Illust. of Ind. zool., by maj. gen. Hardwicke,* pl. 91,
fig. 2.

Il me paraît hors de doute, à cause du
mbre des rayons de l'anale que j'ai sous les
ux, le *Clupea thryssa* d'Osbeck, que Linné
it confondu avec le Cailleu-Tassart des
tilles et même avec le *Chatoessus Cepe-*
nus des côtes de l'Amérique septentrio-
e. Je crois aussi qu'il faut rapporter à ce
isson le *Chatoessus thriza* du docteur Ri-
ardson, sans admettre, comme lui, que ce
t le *Clup. thriza* des Aménités académiques.

Le Chatoesse ponctué.

(*Chatoessus punctatus*, Temm. et Schl.)

Les savants auteurs du *Fauna japonica*[1]
t décrit et figuré une espèce de Chatoesse
i se rapproche du poisson de Bloch, tout
s'en distinguant
par le nombre des rayons de la dorsale et de l'anale,
et par des formes un peu plus allongées. J'extrairai
de la description détaillée qu'en a faite mon ami
Schlegel les principaux traits.

Le corps est plus allongé que celui des espèces
précédentes.

Voici les nombres des rayons des nageoires :

D. 18; A. 21; C. 20; P. 16; V. 8.

Je ne transcris pas le nombre des rayons des bran-

---

1. Temm. et Schl., *Faun. jap.*, *Pisc.*, pl. 109, fig. 1.

chies parce que je crois qu'il y a une faute d'impre
sion. A l'état frais, ce poisson, verdâtre, a des tein
bleuâtres sur le dos, jaunâtres sur les flancs,
blanches argentées sur le ventre. L'épaule est marqu
d'une tache noirâtre verticale. Il y a huit séries
points longitudinaux marquées sur les écailles de
partie supérieure. La dorsale et la caudale sont jau
tres et rembrunies ; les autres nageoires sont bleuâtr

Ces naturalistes nous apprennent que
poisson, long de huit à dix pouces, est le *K*
nosiro des Japonais. On le prend en abo
dance pendant l'automne et l'hiver des côt
sud-ouest du Japon. Il se retire principal
ment dans le fond des baies : on le mange s
salé soit séché.

Le Chatoesse tacheté.

(*Chatoessus maculatus*, Gray.)

M. Gray a ainsi nommé, dans la collecti
du British Muséum, un chatoesse que nous
connaissons que par les figures qui s'en tro
vent dans les collections de dessins faits à
Chine, et surtout aussi par la description d
taillée que nous en a donnée mon ami
docteur Richardson [1]. Tous les caractères gén
riques sont faciles à saisir.

---

1. Rich., Ichthyol. des mers de Chine, p. 308.

D. 16 ; A. 28.

La couleur est verdâtre sur le dos. Les taches sont ιoires. Le ventre est argenté. La dorsale est rosée; es autres nageoires sont pâles. La caudale, un peu ιlus jaune, est bordée de gris noirâtre.

C'est la seule espèce dont les nombres de l'a-e se rapprochent de ceux du *Clupea thryssa* ; Aménités académiques. Je m'étonne que ιteur de cette description n'ait pas parlé du ιlongement filiforme du dernier rayon de dorsale; aussi n'aurais-je pas hésité à rap-rter ce *Clup. thriza* à l'un de nos Chatoesses, ιsins du *C. humeralis,* si je n'avais trouvé e trop grande différence dans les rayons de ιale. Je ne serais pas étonné, que la descrip-ιn des Aménités académiques, ne se rap-rtât à une espèce qui manque encore à nos llections.

Le Chatoesse aqueux.

(*Chatoessus aquosus*, Richard.)

Je parlerais encore, d'après le docteur Ri-ardson, d'un Chatoesse qui lui a paru se pprocher du *Clupea nasus* de Bloch, sans rrespondre exactement à la figure de cet teur, ni à celle du *Kome* de Russell. Il a ιssi trouvé des différences dans le nombre des rayons des nageoires.

Voici comme il les exprime :

D. 18 ; A. 23 ; C. 29 ; P. 15 ; V. 8.

La hauteur du corps est la plus grande au-dev
de la dorsale et des ventrales, nageoires oppos
l'une à l'autre ; elle est contenue trois fois et tr
quarts dans la longueur totale. Il y a quarante-
écailles longitudinales le long des flancs. La car
du ventre porte vingt-huit épines, dont treize s
derrière les ventrales ; les dernières sont presc
effacées. Les parties supérieures sont vertes, à ref
argentés ; les inférieures argentées ou gris de pe
mêlé de laque et de bleuâtre. La caudale et l'an
vert olivâtre ; la dorsale et la ventrale plus pâ
La première de ces deux nageoires est un peu la
de carmin. Les pectorales sont jaunes.

M. Richardson a vu, dans le British M
séum un individu desséché, qui a été dép
par M. Reves sous les noms chinois de *Schw
hwa, Schwuy hwá, Schui wat.* Il est long
sept pouces trois quarts.

Le Chatoesse chrysoptère.

(*Chatoessus chrysopterus*, Richard.)

Le savant ichthyologiste [1] que je viens
citer, a aussi distingué, sous le nom que
lui conserve, un Chatoesse

---

1. Richardson, l. cit., p. 308.

qui a les mâchoires égales; la bouche petite, les écailles argentées, vertes sur le dos et bleu-lilas sur les côtés. Le sommet de la tête et les opercules sont verts. Les nageoires d'un beau jaune.

Cette espèce est établie d'après l'inspection d'une figure longue de neuf pouces.

Le Chatoesse chacunda.

(*Chatoessus chacunda*, nob.)

J'ai commencé la description des espèces de ce genre par celles qui portent un filet à la dorsale; mais je trouve dans les grandes eaux de l'Inde d'autres *Chatoessus* sans filet.

L'étude assez difficile de l'ouvrage de Buchanan me fait aussi penser que plusieurs espèces de ce genre ont déjà été indiquées par M. Hamilton Buchanan, qui les a considérées comme des espèces de Clupanodon, genre où il a réuni les Aloses et peut-être des Pellones, qui sont loin d'être des Clupées sans dents. Je vais commencer la description des Chatoesses sans filet, par celle dont j'ai eu le plus grand nombre d'exemplaires sous les yeux.

Elle a le corps ovale. La hauteur est deux fois et deux tiers dans la longueur totale. La tête est courte, elle est comprise quatre fois et deux tiers dans cette

même longueur totale. Le museau est saillant et
conique. La bouche est tout à fait en dessous. Le
tubercule de la symphyse est saillant et reçu dans
une échancrure de la mâchoire supérieure. Les intermaxillaires sont larges et longs. Les maxillaires
sont étroits et tout à fait rejetés derrière l'intermaxillaire. Les branchies sont entièrement conformées
comme celles des autres Chatoesses; mais, dans cette
espèce, la pointe pennée du palais devient très-courte.
Il y a de même une large branchie supplémentaire
sous l'opercule. La dorsale, écailleuse à sa base,
occupe la fin de la première moitié du corps. Ses
rayons antérieurs sont aussi hauts que la nageoire
est longue. La hauteur du dernier rayon mesure la
moitié de celle des premiers. La pectorale est petite
et ronde; la ventrale est insérée sous le milieu de
la dorsale. L'anale est basse et courte; la caudale est
profondément divisée en deux larges lobes, dont
le bord interne est arrondi en arc convexe. Ces deux
dernières nageoires sont toutes couvertes d'écailles.

D. 19; A. 20; C. 25; P. 15; V. 8.

Les écailles sont fermes, adhérentes, et à bord
finement cilié; il y en a trente-cinq rangées. Quoique
le ventre ne soit pas aussi tranchant que celui des
espèces précédentes, il est dentelé par vingt-huit
chevrons épineux et peu saillants. Tout le corps de
ce poisson est argenté, un peu verdâtre sur le dos.
Le dessus de la tête est d'un beau jaune doré. Une
tache noire assez grande existe sur le haut de l'opercule, et se conserve sur les exemplaires gardés depuis
longtemps dans l'alcool. La caudale est jaune.

M. Dussumier en a rapporté un grand nombre d'exemplaires : ils ont six pouces de long; c'est la taille ordinaire des individus de cette espèce.

Nous avons fait l'anatomie de ce poisson. Les viscères sont semblables à ceux des autres chatoesses; mais le nombre des cœcums est beaucoup plus considérable et ils sont plus longs. La vessie aérienne est moins grande. Ce poisson, abondant sur la côte malabare, est peu estimé à cause du grand nombre de ses arêtes. On le retrouve dans la mer des Moluques. MM. Kuhl et Van Hasselt en ont envoyé de Java, avec un très-beau dessin fait d'après le vivant. Ces voyageurs ont confirmé l'identité spécifique par la ressemblance des formes et des couleurs. Le major Farquhar a aussi dessiné ce poisson dans le détroit de Malacca; il avait inscrit pour nom malais *Ekan-Troobala.*

Il me paraît hors de doute que le *Clupanodon chacunda* de Buchanan se rapporte à l'espèce que je viens de décrire. Tout ce qu'il dit de la forme générale du corps, de la bouche, des mâchoires, dont la supérieure est entaillée et dont l'inférieure porte une petite arête, semblable à celle que l'on voit dans les espèces du genre Mugil, prouve que ce *Clu-*

21. 8

panodon chacunda est un *Chatoessus*. Comme dans la description détaillée que l'auteur donne des nageoires, il n'est pas fait mention que le dernier rayon soit prolongé, et qu'en parlant des couleurs, ce naturaliste signale la tache noire de l'épaule, il me paraît que l'on ne peut conserver aucun doute sur ce rapprochement; aussi ai-je peine à comprendre comment M. Buchanan a trouvé une telle affinité entre son poisson et le Kowal de Russell[1], qu'il ait pu se demander s'ils sont distincts. Le Chacunda se trouve dans les eaux saumâtres de l'embouchure du Gange; il atteint jusqu'à huit pouces de longueur et est peu estimé.

Le Chatoesse manmina.

(*Chatoessus manmina*, nob.)

M. Buchanan a distingué un *Clupanodon manmina*, qui me paraît extrêmement semblable au précédent. Je ne lui trouve d'autre différence que dans un petit nombre de rayons de plus à l'anale.

Voici l'expression des nombres comptés par M. Buchanan :

D. 14; A. 24; C. 19; P. 15; V. 8.

---

1. Russell, *Corom. fish.*, pl. 186.

L'espèce a d'ailleurs une tache noire sur chaque épaule.

En se rappelant les différences que nous avons trouvées dans le nombre des rayons de l'anale de l'Alose commune et de beaucoup d'autres Clupées, j'ai peine à croire que les naturalistes, qui reverront ces poissons vivants, les distinguent l'un de l'autre. Ce Manmina se trouve dans les eaux douces du Gange. Il ne devient pas plus grand que le Chacunda, mais il passe pour meilleur. Cela ne tient-il pas à la différence de séjour des deux poissons?

Je vois encore moins de facilité à distinguer des précédents le *Clupanodon chapra*. Celui-ci n'aurait que dix-sept rayons à la dorsale; il a de même vingt-quatre rayons à l'anale et une tache noire sur chaque épaule. Ce petit poisson a été trouvé dans les parties supérieures du Gange. Il me paraît que le *Clupea chapra* de M. Gray n'est ni de la même espèce, ni du même genre que le poisson désigné sous le même nom par M. Buchanan.

Le Chatoesse Cortius.

(*Chatoessus Cortius*, nob.)

Le *Clupanodon Cortius* des poissons du Gange est une espèce que l'auteur a regardée

comme si semblable au Manmina, qu'il a cru
inutile d'en signaler autre chose que le caractère spécifique.

Il consiste dans l'absence de tache à l'épaule. Il a
les mêmes nombres.

D. 15; A. 24, etc.

Ce poisson a été trouvé dans le Brahma-
putra, près de Goyalpara. Je ne m'étonnerais
pas que ce ne fût une simple variété des précédents.

Le Chatoesse Chanpole.

(*Chatoessus Chanpole*, nob.)

La seule inspection de la figure donnée
par Buchanan me fait croire que le poisson
décrit et figuré par cet auteur, sous le nom
de *Clupanodon chanpole,* appartient aussi à la
division des Chatoesses sans filet à la dorsale.

Cette espèce est facilement reconnaissable par la
série de taches que l'on voit le long des flancs;
mais comme il n'a vu que des individus de petite
taille, et qui ne dépassaient pas quatre pouces, je
ne suis pas très-sûr qu'il n'ait figuré un jeune
poisson.

En attendant d'autres renseignements, voici
l'extrait de la description :

C'est un poisson à museau un peu saillant, à
mâchoires presque égales. Le palais et la langue sont

lisses. Les écailles sont de grandeur moyenne, lisses, et très-adhérentes.

B. 6 ; D. 15 ; A. 21 ; C. 19 ; P. 13 ; V. 8.

La couleur est verte sur le dos, argentée sur le ventre. Il y a de trois à six taches noires, placées en ligne droite sur le haut des flancs. Les nageoires sont transparentes. La caudale est tachetée. On trouve cette espèce dans les marais du Bengale ; elle croit à environ quatre pouces, et est très-peu estimée.

Je ne crois pas qu'il faille distinguer de ce *Clupanodon chanpole* le *Clupanodon gagius,* qui aurait vingt-trois rayons à l'anale et la carène du dos plus aiguë. Je les considère comme des adultes de l'espèce précédente, puisqu'ils atteignent une taille double ; leur longueur ordinaire étant environ d'un empan. M. Buchanan les a trouvés dans les rivières et dans les marais du Behar septentrional.

Le CHATOESSE TAMPO.

(*Chatoessus Tampo,* nob.)

Je crois pouvoir indiquer, d'après un beau dessin du major Farquhar, une autre espèce de Chatoesse sans filament dorsal,

qui a le corps beaucoup plus allongé. Les lobes de la caudale beaucoup plus longs et plus aigus. Le poisson, verdâtre sur le dos, lilas sur le ventre, a

toutes les nageoires jaunes. La caudale a son croissant bordé de noir; mais je ne vois pas de tache
derrière l'opercule.

Le dessin est long de dix pouces. Il porte
pour nom malais *Ekan-Tampo*.

CHAPITRE XVI.

Du genre NOTOPTÈRE (*Notopterus*).

Les premières notions du genre dont nous allons traiter remontent au commencement du dix-septième siècle, puisque c'est dans l'ouvrage de Bontius, dont les observations datent de 1629, que l'on trouve la première figure d'un poisson de ce genre. Il est facile de reconnaître un Notoptère dans le *Tinca marina sive hippurus*[1]. Cet auteur ne donne aucun détail sur un poisson qu'il trouve très-curieux, et dit seulement qu'il l'a appelé *Tanche marine,* à cause de la lubricité de sa peau. Il est beaucoup moins certain que Renard ait représenté notre poisson; si cela est, la figure ou les figures qu'il en donne seraient très-mauvaises. Pallas a cru, d'après l'indication des noms malais, que le *Pangay* ou *Kapirat*[2] représentait le Notoptère qu'il recevait en effet de l'Inde sous le nom de *Ikan-pangayo*. Cette figure de Renard est une copie assez exacte de celle que nous trouvons dans le Recueil des figures originales, laissées par l'amiral Corneille de Vlaming.

1. Bontius, *Hist. nat. Ind.,* p. 78, ch. 25.
2. Ren., folio 16, n.° 90.

Les deux filets dessinés verticalement à la
hauteur du premier rayon de l'anale et les
traits longitudinaux n'existent pas sur le dessin
de l'amiral. Dans cette figure le poisson est
coloré en vert sur le dos, en gris argenté sur le
ventre; l'anale est un peu rembrunie. D'ailleurs
les deux traits, que l'on peut comparer aux
ventrales, sont plus gros et plus longs et un
peu moins avancés sous la gorge. L'amiral a
nommé son poisson *Papirat*. C'est à peu près
le même nom que celui de Renard, la seule
différence consiste dans la lettre initiale. A
côté de ce dessin, je trouve la représentation
d'un autre poisson que l'amiral a nommé *Pa-
bia* ou *Carbauw*. Celui-ci aurait deux barbil-
lons maxillaires, le premier rayon de la pectorale gros et prolongé, l'anale réunie à la
caudale, point de dorsale ni de ventrales. Ce
poisson, vert sur le dos, argenté ou doré sur
les flancs, porte sur l'anale et sur la caudale
des teintes jaunâtres. La reproduction de ce
dessin a lieu sous le même nom dans l'ouvrage
de Renard [1]. On pourrait croire que ce dessin
est une mauvaise figure de quelques-uns de
nos Siluroïdes; cependant l'absence de la ventrale et de la dorsale prouverait que la nature

---

1. Ren., fol. 16, n.º 91.

été copiée avec plus de négligence que dans beaucoup d'autres figures. Je ne me suis d'ailleurs arrêté sur ces deux dessins que parce que je les trouve aussi reproduits dans Valentyn[1], qui appelle le poisson *Ikan-marate* (poisson marate), en disant que le premier, le *Pangay* ou le *Kapirat* de Renard, est le mâle, et le second ou le *Pubia*, est la femelle. Si ces observations de Valentyn sont exactes, cela démontrerait que ses deux figures défectueuses appartiennent à une même espèce et elles pourraient bien être une représentation d'un Notoptère. Je ne fais ici cette observation que pour répondre à la note mise dans le Règne animal, au bas de l'article des Notoptères. Elle peut faire croire que l'on devra chercher dans un autre genre les poissons représentés dans les figures dont je viens de discuter la valeur. Je crois qu'il sera préférable de ne plus citer à l'avenir ces synonymes, à cause de leur incertitude.

Nous n'avons donc jusqu'à présent à mentionner que la figure de Bontius. Pallas[2] a reçu un exemplaire desséché de ce poisson, et par une vicieuse application des caractères lin-

---

1. Valent., Poissons d'Amboine, p. 506, n.º 512, et p. 507, n.º 513.
2. Pallas, *Spicil. zool.*, 7, p. 40, tab. 6, fig. 2.

néens, il a placé ce poisson dans le genre des
Gymnotes, et alors, critiquant le nom très-
exact imposé dans le *Systema naturæ* au
genre des Gymnotes, il a imaginé pour dénomination spécifique une très-forte antithèse,
et il a appelé son poisson *Gymnotus notopterus*. La description qu'il a faite de la seule
espèce qu'il possédait est, à quelques inexactitudes près, assez bonne. Pallas a cependant
commis une grave erreur, en ne voyant pas
les ventrales. Il ne donne que six rayons à la
membrane branchiostège, mais nous établirons
un peu plus loin que leur nombre est variable,
et d'ailleurs, quand il y en a huit, les deux
derniers sont difficiles à voir. La figure est
très-reconnaissable. Elle a été copiée par Bonnaterre dans l'Encyclopédie. Cet auteur, qui
ne connaissait pas du tout les poissons, a
désigné l'espèce dans le texte de l'Encyclopédie sous le nom de *Gymnotus kapirat*.
D'un autre côté, Gmelin a emprunté à Pallas
un *Gymnotus notopterus* avec les citations
de Bontius et de Renard. M. de Lacépède,
qui a principalement travaillé avec ces deux
ouvrages, a accepté ce poisson comme un
apode, puisque ses prédécesseurs l'y avaient
placé. Il a de plus cité, sans aucune critique,
le *Pangay* ou le *Kapirat* de Renard, ce que

a méthode aurait dû prévenir. Comme d'ail-
eurs il trouvait, dans Gmelin, une autre
espèce nominale, sous le nom de *Gymnotus
asiaticus*, pourvue d'une dorsale, il a cru pouvoir réunir dans un même genre ces deux poissons, et il a pris, pour dénomination, l'épithète
imaginée par Pallas : elle était admissible dans
les idées de ce grand naturaliste, qui voulait
l'opposer à la dénomination de *Gymnotus;*
mais elle est très-mauvaise pour nommer un
genre où il faisait entrer notre poisson, attendu
que la dorsale est ce qu'il y a de moins remarquable en lui. Pour désigner la première espèce, il a associé à l'expression de Notoptère
l'épithète spécifique empruntée à Bonnaterre,
elle est certainement non moins mauvaise que
celle du genre, en supposant qu'elle ait le
mérite de l'exactitude.

Quant à la seconde espèce de ce genre Notoptère, tout ce que je puis dire, c'est que le
poisson qu'elle représente est fort différent de
nos Notoptères, puisque c'est un poisson qui
aurait une dorsale étendue de la nuque à la
caudale, la tête lisse et déprimée, le tronc un
peu arrondi et la queue comprimée. Cette
espèce est tout à fait impossible à retrouver;
je pense qu'il faut la rayer des catalogues
ichthyologiques. On voit que j'en parle ici

uniquement pour réduire le genre de Lacé
pède à une seule espèce.

Bloch[1], qui avait reçu ce Notoptère de l
côte de Tranquebar et un autre des mers d
Chine, a mieux saisi les affinités de notre pois
son que les auteurs cités précédemment. Il n
dit pas pourquoi il n'a pas accepté le genr
Notoptère de Lacépède. Il a marqué dans s
courte description quelques-uns des princi
paux traits de l'espèce qu'il a nommée *Clupe*
cynura. Il a bien reconnu la double carèn
dentelée de l'abdomen, la présence des pe
tites ventrales, les huit rayons de la membran
branchiostège, les dentelures des deux carène
du limbe du préopercule et de la mâchoir
inférieure. L'exactitude de tous ces détails es
due à Schneider. M. Cuvier a repris dans l
Règne animal le genre Notoptère, en accep
tant l'idée de Schneider pour le placer dan
le groupe de ses Clupes.

Il s'est glissé quelques inexactitudes dan
les caractères généraux. Ainsi, les interoper
cules ne sont point dentelés, il n'a compt
qu'un seul rayon aux ouïes; mais malgré ce
fautes bien légères, la place du genre a ét
fixée en ichthyologie. C'est pour cela que j

1. Bloch, p. 426.

e conçois pas ce qui a décidé M. Buchanan
parler des Notoptères en leur appliquant le
om de *Mystus*, dénomination qui a d'abord
aru en ichthyologie pour désigner des Silu-
oïdes, et que M. de Lacépède a ensuite appli-
uée à des poissons voisins des Anchois. De
lus, M. Buchanan a composé son genre *Mys-
us* d'une espèce de Coïlia (c'est son *Mystus
Ramcarati*) du poisson de Pallas et d'une
ouvelle espèce de Notoptère, son *Mystus
Chitala*. M. Gray a adopté les idées de M.
Buchanan, en retirant la première espèce de
cet auteur pour en faire son genre Coïlia.

Bien que tant d'illustres naturalistes aient
déjà parlé des Notoptères, il est assez étonnant
de venir dire aujourd'hui que ces poissons
n'ont été ni étudiés ni complétement décrits,
et que leurs affinités ont été pressenties, mais
qu'elles n'ont pas encore été fixées. Les Notoptères sont en effet distincts de tous les
genres de Clupéoïdes à ventre dentelé, dont
j'ai parlé dans les chapitres précédents. Ils
ont de nombreuses affinités avec les familles
que j'ai tirées du groupe des Clupéoïdes. Je
n'hésite pas à dire aujourd'hui qu'ils consti-
tuent une famille distincte. Pour justifier cette
proposition, exposons d'abord les caractères
de ce genre.

Les Notoptères ont le corps très-comprimé
très-atténué près de la queue; le museau es
obtus, mais peu saillant; c'est à peine si l'eth
moïde dépasse les os du nez. A l'extrémit
sont placés en travers deux petits intermaxil
laires, qui portent les deux os maxillaires
libres comme dans les Clupées, mais composés d'une seule pièce. Ces os d'ailleurs s
retirent sous le sous-orbitaire et peuvent y
être cachés presque en entier. La mâchoire
inférieure est un peu plus courte que la supérieure; les branches sont larges, aplatie:
en dessous, creusées d'une caverne oblongue
dont les deux bords sont tranchants et dentelés. Les mâchoires ont des dents en petites
râpes rudes; il y en a aussi une longue plaque sur les palatins, un très-petit groupe à
l'extrémité du vomer, une plaque ovale sur
le sphénoïde, et de très-longues et très-cro-
chues sur les deux bords d'une langue assez
libre. Les deux premières pièces sous-orbitaires sont dentelées. Il y a aussi des dentelures sur les deux bords d'une large caverne
qui occupe tout le limbe inférieur du préopercule. L'interopercule est lisse et entièrement caché sous cet os. L'opercule est grand,
écailleux, sans épine ni dentelure, et ce qui
est très-remarquable, c'est l'absence de sous-

percule. Que l'on se laisse aller à donner de
importance à un seul caractère exclusivement
tous les autres, le naturaliste guidé par ce
rincipe se trouvera exposé à placer notre
oisson dans la famille des Silures. Outre les
avernes de la mâchoire inférieure et du limbe
lu préopercule, il y a aussi de grandes cavités
nuqueuses sur le crâne, qui se présentent
vec cinq crêtes longitudinales, l'une moyenne
u interpariétale et deux latérales de chaque
ôté. Une autre caverne également muqueuse
ouvre le surscapulaire. Un pore dont le con-
luit traverse, sous la peau, l'os que je viens
le nommer, d'autres pores percés sur le crâne
u sur le limbe du préopercule, laissent suin-
er des sécrétions muqueuses de ces organes
qui communiquent tous entre eux, car j'ai
u remplir d'injections toutes ces cavités en
oussant par le pore surscapulaire. Il faut bien
nsister sur ce point, pour que l'on n'en fasse
pas le méat d'une oreille externe.

Il n'y a qu'une très-petite dorsale; une très-
longue anale, réunie à une petite caudale; des
ventrales à peine perceptibles, réunies entre
elles; un petit appendice génital derrière l'anus.
Le ventre est très-comprimé et armé d'une
double série de dentelures. De nombreuses et
petites écailles couvrent tout le corps, les oper-

cules et une partie des joues. La ligne latérale
est droite et visible. Il faut joindre à ces caractères extérieurs ceux que nous offre une remarquable splanchnologie. L'estomac est glo-
buleux, mais un peu comprimé. Le cardia et
le pylore sont en avant, l'un au-dessus de
l'autre; celui-ci, du côté gauche, n'a que deux
cœcums. L'intestin remonte sous la vessie natatoire et embrasse comme dans un anneau
non fermé les viscères digestifs et ceux de la
génération. Les ovaires ne sont point renfer-
més dans un sac; les œufs tombent librement
dans la cavité abdominale. La vessie aérienne
est multiloculaire, étant divisée à l'intérieur
par plusieurs cloisons et même à l'extérieur
par des étranglements sensibles. Elle donne
en arrière deux longues cornes qui pénètrent
entre les muscles de la queue jusqu'au delà
des deux tiers de sa longueur; et en avant,
après s'être attachée jusque sous le crâne, elle
donne deux petites cornes qui pénètrent dans
l'intérieur de cette cavité en passant sous le
sac auditif qui contient la pierre de l'oreille
et en avançant jusqu'au troisième tubercule
du cerveau, exemple unique d'introduction
de cornes de la vessie dans le crâne, et qui
n'a encore été cité par aucun des anatomistes
qui ont voulu jusqu'à présent faire communiquer la vessie avec l'oreille.

Tels sont les caractères généraux des Notoptères. Qu'on les compare avec ceux déjà observés dans les différentes familles d'une classe aussi nombreuse que celle des poissons, et l'on trouvera des répétitions de caractères que la nature nous a déjà offertes dans les familles les plus éloignées les unes des autres. Ainsi les dentelures des sous-orbitaires, du sous-opercule, de la mâchoire inférieure, et les crêtes qui surmontent le crâne, sont empruntées aux diverses familles des Acanthoptérygiens. Il n'est pas jusqu'à la réunion des très-petites ventrales qui ne reproduise un des singuliers caractères de la famille des Gobioïdes. La dentition, et surtout celle du sphénoïde, nous ramène vers les Butyrins, en même temps que le caractère de la langue nous rapproche des Hyodons ou des Mormyres. Les Notoptères ont encore avec ces poissons une affinité notable par les grands trous latéraux du crâne.

Ce résumé me paraît justifier ce que j'ai dit tout à l'heure sur la nécessité de considérer les Notoptères comme une famille très-distincte, qui aurait pour faible mais unique caractère extérieur la double carène dentelée du ventre. La critique que j'ai faite des dénominations spécifiques, m'engage à les changer,

21. 9

quoiqu'elles aient été adoptées presque généralement. Je dédierai à Pallas la première de nos espèces, celle dont la connaissance lui est due. Pour rappeler les premières recherches de Bontius, mais sans vouloir indiquer que ce naturaliste a connu notre seconde espèce, je l'appellerai de son nom *Notopterus Bontianus,* et j'appellerai la troisième, ou le *Mystus Chitala,* du nom de M. Buchanan : ce sera mon *Notopterus Buchanani.*

Le Notoptère de Pallas.

(*Notopterus Pallasii,* nob.)

Les observations que j'ai présentées sur le nom de *Kapirat,* qui n'est peut-être pas exact, puisque, s'il faut en croire le manuscrit de l'amiral Corneille de Vlaming, on aurait dû écrire *Papirat,* m'ont engagé à donner à notre première espèce le nom du savant et illustre naturaliste qui, le premier, l'a fait connaître.

Le corps du Notoptère est d'une forme assez élégante ; il est haut de l'avant, et s'amincit graduellement jusqu'à l'extrémité de la queue. La ligne du profil supérieur, un peu concave à l'extrémité du museau, se relève par une courbe convexe jusqu'au delà de la nuque. Cette ligne du dos se continue horizontalement jusqu'à la dorsale ; elle s'abaisse brusquement en arrière de cette nageoire en se relevant un peu vers la queue qui devient un peu concave. La ligne du profil inférieur suit la direction d'un grand arc régulier ou une courbure à grand rayon qui se redresse graduellement depuis la ventrale jusqu'à l'extrémité de la queue. L'anale et la caudale, unies ensemble, suivent cette courbure, et comme le dos est un peu arrondi et que le ventre est très-comprimé, l'on peut dire que la forme générale ressemble à ces lames tranchantes et à pointes redressées que nous appelons sabre turc. La plus grande hauteur du corps se mesure au commencement de l'anale, elle fait, à très-peu de chose près, le quart de la longueur totale. L'épaisseur est le cinquième de la hauteur. La tête est de médiocre grandeur ; mesurée depuis le bout du museau jusqu'au bord membraneux de l'opercule qu'on a eu soin de bien étendre, elle est contenue cinq fois dans la longueur totale ; mais si l'on ne mesurait que jusqu'au bord osseux de l'opercule, elle y serait comprise six fois. Le museau est gros et obtus ; il fait une légère saillie à l'extrémité. L'œil est éloigné du bout du museau d'une distance égale à la longueur de son diamètre, lequel est compris cinq fois et un tiers dans la longueur de la tête, en allant toujours jusqu'à l'extrémité libre du bord membraneux de l'opercule. Le cercle de l'orbite est sur le haut de la tête, très-peu au-dessous de la ligne du profil, qu'il n'entame point. L'intervalle qui sépare les deux yeux est égal à leur diamètre. Les deux tiers inférieurs de la circonférence de l'orbite sont formés par cinq osselets sous-orbitaires, tous caverneux; le premier et le second, assez intimement réunis entre eux, semblent ne former qu'une seule pièce; on ne les distingue bien que par la dissection; leur bord inférieur est très-finement dentelé. Le cinquième sous-orbitaire est très-petit. Le préopercule est très-grand; il couvre plus de la moitié de la joue. Son bord postérieur est vertical, mince et lisse, sans aucune dentelure. La portion inférieure du limbe a une grande caverne oblongue, qui communique avec une plus petite, creusée au-dessus d'elle. Les deux bords de la caverne sont finement dentelés comme le sous-orbitaire. L'opercule est une assez grande plaque entièrement cachée sous les écailles qui couvrent la plus grande partie de la joue; il est irrégulièrement trapézoïdal, l'angle inférieur étant tout à fait arrondi. J'ai mis le plus grand soin à rechercher, par la dissection, le sous-opercule, et il m'a été impossible d'en apercevoir la moindre trace. Je ferai remarquer qu'au-dessous de l'opercule et derrière l'angle du préopercule il existe un petit groupe d'écailles. On pourrait aisément croire qu'il recouvre une des pièces de l'appareil operculaire, ce serait le sous-opercule.

L'observation de ce groupe d'écailles m'a fait chercher avec soin s'il n'existait pas au-dessous un très-petit sous-opercule, et je n'en ai point trouvé. C'est pour n'avoir pas pris toutes ces précautions que j'ai eu le tort de dire, dans la Zoologie du voyage aux Indes, que le sous-opercule était fortement réuni à l'opercule, et qu'ils ne formaient ensemble qu'une plaque couverte d'écailles. Cette disposition est si fréquente dans les poissons acanthoptérygiens, que j'ai cru à son existence dans cette espèce. L'interopercule existe; il a la forme d'une écaille de moyenne grandeur; sa portion postérieure est en arc arrondi. Cet os est entièrement caché par le large limbe du préopercule. L'appareil operculaire n'est donc composé dans ce poisson que de trois os, organisation dont je n'avais eu encore d'exemple que dans les silures. Le bord membraneux de l'opercule est très-large; il s'étend jusqu'au delà de l'épaule, et inférieurement il touche l'aisselle de la pectorale. La narine est assez grande; elle occupe tout l'espace compris entre le bord supérieur de l'orbite et l'extrémité du museau. On reconnaît sa place au-dessous de la crête latérale de l'ethmoïde. L'ouverture antérieure existe tout auprès de la lèvre supérieure, au-devant et à la base d'une papille charnue assez longue, que les auteurs ont figurée, et dont ils ont parlé comme d'un petit barbillon nasal. L'ouverture postérieure est assez loin, tout auprès du cercle de l'orbite, sur le bord convexe du petit os du nez. La bouche n'est pas très-grande. L'arcade supérieure est entièrement faite sur le plan d'une bouche de clupée, c'est-à-dire, que nous trouvons au milieu deux très-petits intermaxillaires, garnis de trois rangées de petites dents coniques. A leur extrémité est articulé un maxillaire composé d'une seule pièce, ayant un petit bourrelet à la partie postérieure, et qui se retire presque entièrement sous le sous-orbitaire quand la bouche est fermée; d'où il résulte que l'on n'aperçoit, dans l'état de rétraction des mâ-

choires, que la lèvre très-mince et les très-petites
dents attachées sur le bord du maxillaire. La mâchoire inférieure a ses branches courtes et assez
larges; elle est caverneuse, et les deux bords de
cette caverne qui suivent à peu près la direction de
celle que nous avons décrite sur le limbe du préopercule sont dentelées de la même manière. Quand
la mâchoire est relevée, elle est évidemment plus
courte que la supérieure; mais quand elle est abaissée,
elle paraît au moins égale, si ce n'est plus longue.
Les dents sont sur une bande étroite et sur plusieurs
rangs. Les externes sont un peu plus grosses que
celles de l'intérieur. Il est facile d'observer ensuite
les plaques de dents palatines et ptérygoïdiennes;
elles sont en râpe très-fine. Il y en a un très-petit
groupe sur l'extrémité du vomer; elles m'avaient
échappé dans la première description que j'ai faite
de ce poisson. Il en existe un groupe très-prononcé
sur la base du sphénoïde; celles-ci correspondent
à une grande plaque de dents qui couvrent tout le
corps de l'hyoïde dans le fond. Ces dents s'étendent
jusque sur l'extrémité de la langue, qui en a cinq
ou six, longues et crochues, et beaucoup plus fortes
qu'aucune des autres dents, dont nous avons déjà
parlé, et que celles qui suivent sur chaque bord de
l'os lingual. Les ouïes sont très-largement ouvertes.
La membrane branchiostège est assez large; elle
est soutenue, dans l'individu que j'ai sous les yeux,
par sept rayons. Je ferai cependant observer que le
nombre est quelquefois de huit, que d'autres n'en
ont que six, et que ces nombres varient du côté

droit au côté gauche. Ainsi, j'en ai compté six du côté gauche, et sept du côté droit sur un exemplaire; tandis qu'un autre en avait huit à gauche et six seulement à droite : c'est ce qui explique les différences que Pallas et Schneider ont trouvées. Les branchies sont petites, ne forment, comme à l'ordinaire, qu'un seul chevron. Les râtelures sont grosses et courtes. Je ne vois pas de dents pharyngiennes ni de branchies à la face interne de l'opercule.

Lorsqu'on soulève le bord membraneux de l'opercule on voit une assez large ceinture de l'épaule, composé d'un arc aplati qui est entièrement formé par la branche montante de l'huméral. Le scapulaire est très-petit, car il dépasse à peine l'angle supérieur de l'opercule. Ce scapulaire, très-court, vient s'articuler à l'extrémité du surscapulaire. Celui-ci est assez long et creusé d'une caverne fermée, de manière qu'il est entièrement fistuleux. La portion postérieure de l'os se prolonge en arrière en une sorte de cannelure ou de petit cuilleron recouvert lui-même par une membrane; ce qui rend cette partie de l'os très-lisse. On voit s'ouvrir à son extrémité un orifice oblong, qui est un des ports muqueux par lequel s'échappent les mucosités sécrétées dans les grandes cavernes susmastoïdiennes, celles de l'extrémité du museau, celles du sous-orbitaire, du limbe, du préopercule, et enfin, de la branche de la mâchoire inférieure. Toutes ces cavernes muqueuses communiquent entre elles. Je les ai toutes injectées par le pore surscapulaire. Cette préparation m'a prouvé que si la grande caverne susmastoïdienne recouvre le grand trou latéral du crâne ou le trou mastoïdien, cela n'établit pas une communication entre l'oreille du poisson et l'extérieur, et ne fait pas de ce trou l'ouverture d'une oreille externe, ni de la membrane une sorte de tympan.

La dorsale est très-courte, mais à peu près aussi haute que la moitié du tronc, mesurée sans elle; elle est placée au milieu de la longueur totale. L'anale et la caudale sont si intimement unies qu'il est difficile de distinguer ces deux nageoires. Cependant, si on admet que la caudale n'ait que onze ou treize rayons, on pourra dire que la longueur de l'anale répond à très-peu de chose près aux quatre cinquièmes de la longueur totale. Cette nageoire a une hauteur à peu près égale et constante dans toute son étendue; elle est couverte de très-petites écailles qui s'étendent aussi sur la caudale. Les pectorales sont ovales, assez pointues, et touchent au premier rayon de l'anale. Les ventrales sont excessivement petites, insérées tout près de l'anus, et paraissent se confondre facilement avec l'appendice externe des organes mâles qui forment une sorte de papille assez longue et facile à voir. Ces deux nageoires, si petites, sont réunies entre elles par leurs bords internes, circonstance qui rappelle la disposition des ventrales des Gobies. Il y a à chaque nageoire deux longs rayons bifides, et entre ces deux, un peu au-dessus, il y en a trois autres excessivement grêles. Cette singulière conformation ne se voit bien que par une dissection faite avec beaucoup de soin, à cause de l'épaisseur de la peau qui embrasse ces petits rayons. C'est pour n'avoir pas pris ce soin que je n'ai vu que les deux grands rayons, lorsque j'ai fait, il y a déjà longtemps, la description d'un notoptère pour la Zoologie du voyage de M. Belanger.

B. 7; D. 9; A. 100; C. 11 ou 13; P. 15; V. 5.

Le corps est couvert de petites écailles adhérentes, plus longues que larges; une d'elles, examinée à la loupe, montre des stries longitudinales et anastomosées, très-analogues à ce que nous avons déjà observé chez les Mormyres. La carène du ventre est très-comprimée; elle est bordée de chaque côté par une série d'épines saillantes, dirigées en arrière, laissant entre elles un creux ou un petit sillon longitudinal. Ces pièces, qui offrent bien quelque analogie avec les chevrons aiguillonnés que nous avons observés dans les clupées, sont cependant autrement faites par suite de leur disposition sur deux séries. L'épine, très-aiguë, en a une autre petite, plus courte au-dessus d'elle; celle-ci, cachée dans la peau ou par les écailles, ne se voit bien que par la dissection. Au-dessus de ces deux épines, il s'élève une lamelle triangulaire, pointue, ayant à peu près le septième de la hauteur du tronc. Cette partie, plate et comprimée, est fortement retenue dans l'épaisseur des muscles abdominaux. En même temps une sorte de petite apophyse interne ou de branche plus courte que l'épine, et mousse, se porte horizontalement sur le côté, remplissant avec sa congénère le fond du sillon, que les deux lignes dentelées laissent entre elles. La couleur du Notoptère est un vert bronzé sur tout le corps, avec des reflets argentés très-brillantes. L'anale est jaunâtre.

Les viscères de ce curieux poisson sont tout aussi singuliers que son extérieur. La cavité abdominale est petite, à peu près circulaire, mais très-comprimée. Son diamètre ne mesure guère que le septième de la longueur totale. Le foie occupe le côté droit; il ne donne aucun lobe dans le côté gauche, seulement une petite pointe vient faire saillie entre le diaphragme, au-devant de l'estomac. Ce viscère est un grand sac arrondi, un peu comprimé, qui remplit presque toute la cavité abdominale. L'œsophage, qui est court, s'ouvre sur la partie supérieure de ce sac semblable à l'amande d'un abricot. De la partie antérieure et inférieure, on voit naître l'intestin qui remonte à gauche de l'œsophage dans la cavité abdominale; il revient, en se contournant, passer sous la vessie; il suit, en arrière, le contour de la cavité abdominale, et redescend vers le bas du ventre pour venir s'ouvrir à l'anus, en faisant une légère sinuosité en S peu fermée. L'intestin ne fait donc aucun repli ni circonvolution. C'est une espèce de grand tonneau, ouvert par en bas, et qui embrasse l'estomac et les organes génitaux. Il y a au pylore deux appendices cœcales, toutes deux dans l'hypocondre gauche. La supérieure est un peu plus longue que l'inférieure; elle suit la courbure de l'intestin. En arrière de l'estomac on aperçoit facilement les organes génitaux. Les laitances sont comprimées, et l'ovaire présente un nombre assez considérable de plis, sur lesquels sont attachés des

œufs assez gros, qui doivent tomber dans la cavité
abdominale au moment de la ponte. Au-dessus des
viscères digestifs et immédiatement derrière le diaphragme, on aperçoit, en enlevant un très-mince
repli du péritoine, le rein qui est gros, trièdre, se
termine en une pointe dont la carène interne s'engage
dans un repli extérieur de la vessie; il se porte un
peu sous la colonne vertébrale, le long des reins
elle donne naissance à un uretère long, qui se courbe
pour suivre la configuration de la cavité intérieure
de l'abdomen. Il ne me reste plus qu'à parler de la
vessie aérienne, qui est une des plus curieuses que
j'aie encore examinées dans la classe des poissons.
Parlons d'abord de son exterieur : elle se présente
comme un grand sac aérien, à peu près cylindrique,
remplissant sous la colonne vertébrale le quart de
la cavité abdominale; elle s'infléchit un peu vers le
bas; puis elle donne deux très-longues cornes qui
embrassent de chaque côté les interépineux de l'anale
et s'étendent dans la cavité conique pratiquée entre
les muscles pour recevoir chaque corne jusque vers
la quarantième vertèbre. Il existe sur la surface externe des cornes un organe singulier, comme glan-
duleux, divisé par un nombre considérable de filets
blanchâtres, anastomosés entre eux en petits lobules, que l'on ne pourrait séparer par la dissection
qu'avec beaucoup de peine. Cet organe qui couvre
presque tout le bas de la corne, ne dépasse guère la
moitié de sa longueur. La partie antérieure de la
vessie présente d'autres particularités que je n'hésite
pas à dire plus curieuses. J'ai dit qu'à l'endroit du

rein on aperçoit un vestige d'étranglement. A cet
endróit naît le canal de communication entre la
vessie et l'œsophage. Ce conduit pneumatique est
très-court. En avant, la vessie se porte vers la tête,
et arrivée sous la troisième vertèbre, un nouvel
étranglement la divise et sépare une petite cavité
sphérique qui s'avance jusque sous le crâne; de là
elle donne deux cornes qui s'engagent dans l'intérieur
de la boîte cérébrale sous les mastoïdiens, en passant
entre l'os et le sac de l'oreille. Ces cornes s'avancent
dans l'intérieur de la boîte cérébrale jusque sur la
grande aile du sphénoïde, et atteignent la hauteur
de la scissure qui sépare le second tubercule, ou le
tubercule optique du cerveau, du troisième, derrière
lequel existe le cervelet. En pénétrant dans la boîte
cérébrale la vessie perd ses tuniques fibreuses, ou
plutôt c'est la seule tunique propre ou membraneuse
de la vessie qui s'avance ainsi dans la cavité du
crâne. On voit en dedans de la corne le sac qui
contient la pierre de l'oreille. Il y a donc ici communication médiate entre la vessie et l'organe de
l'ouïe; c'est le seul exemple que je connaisse d'une
communication aussi intime entre la vessie et l'organe de l'ouïe; car je n'hésite pas à répéter ici que
celle qui avait été annoncée dans l'Alose ou dans le
Hareng, et dans plusieurs autres poissons, n'existe
réellement pas. A l'intérieur, la vessie est non moins
remarquable par les nombreuses cloisons qui la
traversent. Il y en a une grande, longitudinale, qui
sépare en deux la grande cavité abdominale. Il y
a sous le rein une grande bride transversale; puis,

au-devant de cette bride, il y a une seconde cloison, également longitudinale, qui va jusqu'à la base du crâne; puis on trouve l'étranglement antérieur marqué en dedans par une nouvelle demi-cloison transversale, et enfin, comme la vessie embrasse la crête assez élevée du basilaire, la portion qui donne les cornes avancées dans le crâne est encore divisée par une demi-cloison verticale. La tunique propre de la vessie est une membrane excessivement mince; l'externe, fibreuse et argentée, adhère fortement aux côtes. On compte facilement dix ou douze impressions de ces os sur cet organe.

Cette description me paraît justifier ce que j'ai dit, en commençant, de la remarquable organisation de la vessie du notoptère.

L'étude du squelette du Notoptère nous montre des particularités non moins curieuses que celle de la splanchnologie.

La surface extérieure du crâne est creusée par de larges fossettes que l'on peut désigner de la manière suivante : quatre principales, oblongues, occupent toute la partie antérieure de la tête; les deux mitoyennes s'étendent depuis la suture des frontaux jusqu'à l'extrémité de l'ethmoïde, et on pourrait les diviser chacune très-facilement en une fosse frontale moyenne et en une fosse ethmoïdale. Les deux externes s'étendent depuis la région mastoïdienne jusqu'au-devant de l'orbite, en s'arrêtant à la fosse nasale. On peut encore désigner deux autres très-larges fosses sur l'interpariétal, et celles-ci s'étendraient

jusque sur les occipitaux. Ces larges cavernes du
crâne, recouvertes par la peau, sont remplies d'une
matière graisseuse ; elles sont chacune limitées par
des crêtes élevées sur les différents os de la voûte
supérieure du crâne. Les deux frontaux principaux
sont courts, et leur suture avec l'interpariétal n'est
guère au delà du cercle de l'orbite. Une crête moyenne
s'étend depuis cette suture jusqu'à la crête de l'ethmoïde. Le frontal antérieur me paraît petit et situé
un peu vers le bas, entre l'ethmoïde et le frontal
principal, à peu près comme dans les Carpes. Le
frontal postérieur est plus grand, et il porte sur les
côtés une crête assez élevée, qui s'étend en arrière
jusqu'à la suture du mastoïdien, près de l'articulation du préopercule. Les pariétaux sont étroits et
relevés en une crête qui se porte un peu sur les
côtés et recouvre les grands trous latéraux du crâne,
en s'unissant aux crêtes des occipitaux latéraux. Ils
se réunissent sur le devant derrière le frontal principal, et une crête transversale basse, mais très-
sensible, limite en avant la fosse pariétale, qui est
la plus profonde de toutes. Entre les deux pariétaux on distingue très-nettement l'interpariétal, dont
la crête triangulaire est très-haute et se porte en
arrière jusqu'au-dessus du trou occipital. Celui-ci
est formé comme à l'ordinaire par deux occipitaux
supérieurs, assez petits et un peu creux. Au-dessous
d'eux existent les occipitaux latéraux, dont la surface est très-caverneuse. Au-devant de ces deux os
et sous les pariétaux nous trouvons les mastoïdiens
qui portent une petite crête, dont on voit la suture

avec le pariétal sous la crête de celui-ci. Ces mastoïdiens ont en avant une très-profonde échancrure,
qui cerne près des deux tiers du grand trou pariéto-
mastoïdien, dont les côtés du crâne sont percés.
Une échancrure du frontal postérieur contribue
aussi à former le cercle de ce trou. Ce grand trou,
analogue à celui que nous avons observé dans
l'Alose et dans plusieurs autres Clupées, mais beaucoup plus semblable encore à ce qui existe dans le
Mormyre, est bouché par une couche peu épaisse
de cette mucosité graisseuse, qui remplit les cavernes
du crâne et sur laquelle passe la peau mince, nue
et sans écailles de la tête. Par ce trou on pénètre
largement dans l'intérieur de la cavité du crâne, et
l'on voit presque sans dissection, après avoir toutefois enlevé toutes ses parties externes, les canaux
semi-circulaires supérieurs, leur ampoule commune
et une portion du sac qui contient l'otolithe. On
peut aussi arriver au second tubercule du cerveau.
Enfin, c'est sur le bord inférieur et interne de ce trou
que rentre l'extrémité de la corne de la vessie aérienne.

Je viens d'indiquer les occipitaux supérieurs et
latéraux du crâne. Le basilaire vient compléter le
plancher de cette partie de la tête. Cet os est creusé
d'une gouttière assez profonde. A partir du condyle
les deux bords s'écartent et viennent se perdre sur
la portion moyenne de cet os; elle est lisse, mais
très-renflée sur les côtés. Sa suture avec l'occipital
latéral et avec le mastoïdien se fait au fond d'un
creux ou d'une demi-ampoule osseuse, au-devant
de laquelle est un large trou qui communique avec

l'intérieur du crâne. C'est dans ce canal que se trouve
logée la corne de la vessie qui pénètre dans le crâne.
La grande aile sphénoïdale s'articule par une suture
droite avec le basilaire, et complète à ce point de
jonction l'ouverture inférieure du crâne dont je viens
de parler. On retrouve, d'ailleurs, à leur place ordinaire, soit dans les mastoïdiens, soit dans la grande
aile, les trous pour la sortie des nerfs. Le sphénoïde,
armé de ses fortes dents, donne au delà de la petite
palette, sur laquelle elles sont implantées, une lame
triangulaire, qui s'articule avec le basilaire par une
espèce de suture écailleuse. La pointe de cet os
s'arrête dans le chevron de la gouttière du basilaire.
La lame par laquelle le sphénoïde vient se joindre
au vomer est assez large. Le jugal, le tympanal et
les autres pièces de l'arcade ptérygo-palatine ne m'ont
offert aucune particularité notable.

Je ne trouve que douze côtes abdominales. Les
apophyses horizontales de ces os sont assez longues.
Je compte quatorze vertèbres abdominales : les deux
premières ne me paraissent pas porter de côtes, et
le nombre total de la colonne épinière est de soixante-
dix-vertèbres. Les apophyses épineuses supérieures
sont longues et grêles; les inférieures sont un peu
plus courtes, et elles donnent toutes en avant une
lame osseuse et un peu caverneuse, qui semble réunir,
en dessous, presque toutes les vertèbres entre elles.
Les interépineux de l'anale sont d'autant plus courts
qu'ils appartiennent aux derniers rayons de la nageoire, et comme les premiers font plus des deux
tiers de la hauteur du corps, on conçoit aisément

comment ils donnent à la portion postérieure du tronc cette forme de lame de sabre. La ceinture humérale est fortement unie sous la gorge; d'ailleurs, les os qui la composent ressemblent à ceux des autres poissons. Les douze premières pièces épineuses de la double carène du ventre embrassent dans leurs chevrons les deux os de l'avant-bras. Les premières vertèbres n'ont pas d'osselets de Weber.

Nous avons reçu un assez grand nombre d'individus de ce curieux poisson par les différents naturalistes qui ont fait des collections dans la presqu'île de l'Inde pour le Muséum. MM. Leschenault et Belanger l'ont envoyé de Pondichéry; M. Dussumier l'a rapporté des étangs salés des environs de Calcutta; MM. Duvaucel et Victor Jacquemont des différentes parties du Bengale.

Le premier de tous ces voyageurs nous a dit que son nom malabare est *Eri-vale.* Suivant lui le poisson parvient à trois pieds de long, et M. Dussumier ajoute que les Indiens seuls mangent de ce poisson. Il me paraît probable que c'est l'espèce décrite et figurée par Pallas[1] sous le nom de *Gymnotus notopterus,* qui a été accepté, sans aucune modi-

---

1. Pallas, *Spec. zool.*, 7, p. 40, t. VI, fig. 2, copiée dans l'Encycl., fig. 83.

fication, par Gmelin, mais dont M. de Lacépède a fait son *Notoptère Kapirat*[1]. Bloch,
dans l'édition de Schneider[2], a mieux fait
connaître notre poisson, quoiqu'il l'ait placé
dans le genre des Clupées, sous le nom de
Clupea synura.

J'ai fait une description de ce *Notoptère
kapirat* dans l'Ichthyologie du Voyage aux
Indes orientales de M. Belanger[3], et j'y ai joint
une figure; mais, à cette époque, je n'avais pas
encore acquis sur ces poissons tout ce que l'é-
tude que je viens de faire m'a appris; je voulais
surtout distinguer l'ancienne espèce de Pallas
d'une autre, que M. Belanger avait rapportée,
et que je croyais alors nouvelle. Enfin, on
trouve encore une assez bonne figure de ce
poisson dans l'Ichthyologie de la Zoologie indienne du major-général Hardwicke par M.
Gray[4]; mais il a conservé les noms donnés par
Buchanan, de sorte que les espèces y paraissent
sous la dénomination générique fort impropre
de *Mystus kapirat*.

---

1. Lac., t. II, p. 190.
2. Bloch-Schn., p. 426.
3. Valenc. *apud* Belanger, Zool., voy. ind., p. 391, pl. 5,
fig. 1.
4. Gray, *Illust. of Ind. zool., by maj. gen. Hardwicke*, vol. 1,
pl. 91.

C'est, en effet, sous ce nom qu'elle a été décrite par Buchanan, dans l'Histoire des poissons du Gange : son nom bengalais est *Pholœ*. Il ne donne d'ailleurs aucun détail sur les mœurs de ces poissons qui habitent les étangs et les rivières de tout le Bengale, et dont la chair est si remplie d'arêtes qu'on ne peut pas la considérer comme une agréable nourriture.

Le Notoptère de Bontius.

(*Notopterus Bontianus*, nob.)

Je crois devoir répéter ici, qu'en dédiant cette espèce à la mémoire de Bontius, je ne veux pas affirmer que ce soit précisément ce poisson qui ait été mentionné par ce voyageur-naturaliste; mais comme, parmi les exemplaires que nous possédons, l'un est originaire de Java, j'ai tout lieu de penser qu'il est très-possible que le naturaliste hollandais ait vu cette espèce.

Elle se distingue de la précédente, par ce que le museau s'allonge un peu et devient concave. La tête est un peu plus longue; l'œil est plus grand; le museau est un peu plus long. Les écailles du préopercule sont sensiblement plus larges, et elles le sont beaucouup plus que celles du corps. Les fosses muqueuses temporales sont plus allongées. Les dentelures de la mâchoire inférieure sont presque nulles; celles du préopercule sont beaucoup plus fines. La pectorale est sensiblement plus allongée. Je ne vois pas de différence notable dans la dentition, si ce n'est que le petit groupe de dents placé sur le chevron du vomer est assez distinct.

B. 8; D. 8; A. 110; C. 11; P. 14; V. 5.

Les épines de la carène du ventre sont beaucoup plus petites. Les écailles le sont aussi davantage, car nous en comptons deux cent quatre-vingts entre l'ouïe et la queue. La ligne latérale est bien marquée. La couleur me paraît avoir été uniforme et sans taches, verdâtre sur le dos, argentée sur le reste du corps. L'anale était jaunâtre.

Tels sont les caractères de ce poisson, long d'un pied au moins, qui est originaire de l'Irrawaddi. Il en a été rapporté par M. Reynaud en 1829.

Parmi les collections faites à Java par MM. Kuhl et Van Hasselt il y avait plusieurs exemplaires de cette espèce, et M. Temminck, directeur du Musée royal de Leyde, a bien voulu en céder un exemplaire pour les collections du Cabinet du Roi. Je ne trouve pas cette espèce mentionnée dans les auteurs.

Le Notoptère de Buchanan.

(*Notopterus Buchanani,* nob.)

La troisième et grande espèce de Notoptère

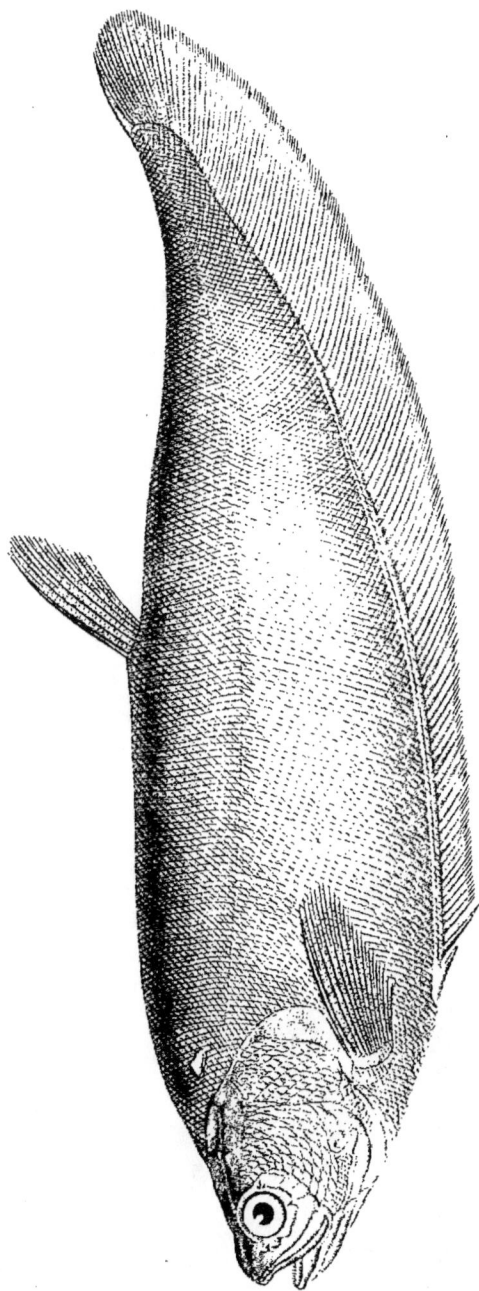

NOTOPTÈRE de Bontius.

Mlle Alberti del

NOTOPTERUS Bontianus. Val.

Annedouche sculp.

a déjà été décrite par Buchanan[1] sous le nom très-impropre de *Mystus chitala*. Cet auteur a exagéré, dans sa diagnose, la petitesse des dentelures de la mâchoire inférieure. Ces carènes dentelées existent; on ne peut donc pas dire, pour la séparer du *Notopterus Pallasii*, que ses mâchoires ne sont pas armées. Nous avons d'ailleurs pour garant de la synonymie présentée dans cet article, l'opinion de M. Gray; car ce zoologiste a publié, dans la Zoologie indienne, sous le nom de *Mystus chitala Buchanani*, le Notoptère que nous allons décrire avec détail.

Ce Notoptère est remarquable par la saillie de son museau et par la convexité de son dos; cependant la hauteur du tronc n'est que le quart de la longueur totale, ce qui dépend de ce que l'allongement du corps entier est dû à celui de la tête, qui n'est comprise que quatre fois et un tiers dans la longueur totale. Les fosses muqueuses surtemporales, mastoïdiennes et préoperculaires sont oblongues et plus larges. L'angle du préopercule est beaucoup plus arrondi. Deux bords de la fosse muqueuse et celles de la mâchoire inférieure sont très-fins, à peu peu près comme dans l'espèce précédente. Il en est de même de la dentition. La pectorale est arrondie et un peu plus courte que celle du *Not.*

---

1. Buch., *Gang. fish.*, p. 236 et 382.

microlepis; elle ressemble davantage à la nageoire de notre première espèce.

B. 8; D. 9; A. 110; C. 11; P. 14; V. 5.

Les écailles sont proportionnellement plus grandes : nous en comptons deux cent quarante le long des flancs. Le vert du dos descend par larges bandes sur les flancs. Le reste du corps est argenté. Il y a cinq taches noires rondes de chaque côté de la queue, quelquefois un nombre plus considérable.

L'individu a près de quinze pouces.

J'ai trouvé un autre exemplaire de cette espèce dans les collections du British Muséum. Il a deux pieds et demi de longueur : il a été rapporté de Calcutta par le major-général Hardwicke, qui le tenait du docteur George Finlayson, médecin de l'armée anglaise et naturaliste de l'expédition en Cochinchine et à Siam. Sur le dessin que j'ai examiné à la compagnie des Indes, il y a de chaque côté de la queue neuf ocelles jaunes à centre noir.

Nous en possédons un autre grand exemplaire qui a été envoyé du Bengale par M. Belanger, et j'en ai un individu parfaitement bien conservé, long de quatorze pouces, qui faisait partie des collections de M. Alfr. Duvaucel. Ceux-ci ont, comme le poisson de M. Finlayson, huit ou neuf ocelles de chaque ôté de la queue ; mais, de plus, les flancs sont couverts de gros points noirs épars et irréguliers. Comme je n'ai pas vu sur ces exemplaires les traces de bandes noires que M. Gray a représentées sur son poisson, j'avais pensé qu'il fallait distinguer spécifiquement cette variété. Les études nouvelles que je viens de faire me font changer d'opinion à cet égard.

La figure, publiée dans la Zoologie de M. Belanger donne la forme exacte du corps ; mais on a eu tort de laisser indiquer des écailles sur le bord membraneux de l'opercule. J'avais nommé cette variété *Notopterus maculatus.*[1]

La figure du *Mystus chitala,* donnée par M. Gray[2], est excellente; elle n'a pas le corps couvert de gros points, mais des bandes interrompues descendent le long du dos pour s'évanouir au-dessus de la ligne latérale, et d'autres, plus longues et plus étroites, prennent naissance à cette ligne et s'évanouissent au bas des flancs.

Buchanan a observé dans cette espèce quatre rayons aux ventrales. Le nom indien sous le-

---

1. Valenciennes, *apud* Belanger, Voyage aux Indes : Poissons, pl. 5, fig. 2.

2. Gray, *Illust. of Ind. zool. by maj. gen. Hardwicke*, vol. I, pl. 91, fig. 1.

quel on lui a donné ce poisson est *Chitol.* Il
dit qu'on le trouve dans tous les grands fleuves
du Bengale et du Behar; que sa taille est
d'environ deux pieds, mais que souvent il en
a vu des individus plus longs. Le ventre de
ces gros notoptères est très-savoureux, mais
leur dos contient trop d'arêtes. D'ailleurs, un
fort préjugé existe contre son usage comme
aliment, parce que les Indiens supposent que
ce poisson recherche avec avidité les débris
de corps humains.

LIVRE VINGT-DEUXIÈME.

DE LA FAMILLE DES SALMONOÏDES.

La famille dont je vais écrire l'histoire se compose d'un nombre assez considérable d'espèces de poissons aussi utiles que recherchés, célèbres par la qualité de leur chair, par la richesse des produits économiques que l'abondance de ces espèces sur certaines côtes peut procurer à l'homme. Elle est pour le naturaliste un sujet d'étude non moins varié et non moins attrayant que celui de toutes les autres familles dont nous nous sommes déjà occupés. Ces différentes raisons ont appelé l'attention sur ses nombreuses espèces qui nous entourent; car les poissons de ce genre habitent la mer, nos grands fleuves, nos grands lacs, nos rivières et jusqu'à nos plus petits ruisseaux. Nous les voyons s'élever dans nos montagnes jusqu'à la région des neiges perpétuelles. Il faut signaler l'abondance de ces espèces dans tous les pays de l'Europe. Elle me paraît aussi grande dans les régions froides et tempérées de l'Amérique septentrionale, et dans toutes les eaux douces de l'Asie boréale. Mais dans les vastes régions de l'Amérique méridionale la nature y a un peu modifié les formes de nos Salmonoïdes d'Europe. Leur absence presque complète, dans les eaux de l'Inde et de l'Afrique, doit être remarquée par le physicien qui s'occupe de la distribution des espèces sur la surface de notre globe. C'est à peine si nous trouvons cette famille représentée dans le Nil, dans l'Inde; on n'y trouve que ces espèces de Saurus, associés aux Saumons, à cause de leur nageoire adipeuse, mais qui me paraissent s'en distinguer complètement par la structure de leur mâchoire.

Nos Truites européennes ont été décrites par la plupart des naturalistes qui ont traité avant nous de l'ichthyologie; mais ils se plaçaient à un point de vue si élevé, ou plutôt les caractères assignés par ces savants étaient si peu précis, que la plus grande difficulté existait pour classer des poissons qui se ressemblent entre eux presque autant que le font nos Cyprins ou nos Clupées. Il faut toujours recourir aux premiers travaux d'Artedi pour connaître de la classification des poissons. Nous trouvons dans ce célèbre ichthyologiste les trois genres des Corrégones, des Osmères et des *Salmo*, qui auraient composé une fa-

nille naturelle au moment de leur création,
i les études de ce temps avaient dirigé l'attention des esprits vers l'établissement de ces
groupes, les seuls qui conduisent à une distribution philosophique des êtres. Ce qui
me paraît remarquable, c'est que cet auteur
ne fait aucune mention de la nageoire adipeuse de ces trois genres. Il caractérise les
Corrégones par le nombre des rayons de la
membrane branchiostège, qu'il fait varier de
sept à dix, par l'extrême petitesse des dents
et par la position de la dorsale, un peu plus
avancée que les ventrales. Ce genre comprend
des espèces voisines les unes des autres; car
les Ombres et les Lavarets de M. Cuvier diffèrent très-peu. Le genre des Osmères n'aurait
que sept ou huit rayons branchiostèges, de
fortes dents aux mâchoires, à la langue et au
palais; la dorsale et la ventrale insérées au-
dessus l'une de l'autre à une même distance
de l'extrémité du museau. Son genre est mal
composé, car il y réunit l'Éperlan et le Saurus. Je viens de dire tout à l'heure que cette
espèce est tellement différente des Éperlans,
qu'elle me paraît devoir sortir de la famille
des Salmonoïdes.

Enfin, les Saumons sont caractérisés par
une membrane branchiostège soutenue par

douze ou dix-neuf rayons, par des dents semblables à celles des Osmères, par une dorsale insérée comme celle des Corrégones. Les deux premières espèces qu'il ait réunies n'ont que dix rayons branchiostèges. Outre ce défaut dans la constitution du genre, toutes nos Truites y sont associées. Il y avait toutefois dans ce travail d'Artedi les éléments d'une classification que Linné a un peu altérée, en n'établissant qu'un seul genre Salmo, divisé 1.° en Truites tachetées (TRUTTÆ *corpore variegato*); 2,° en Osmères qui auraient la dorsale opposée à l'anale; mais il est évident qu'il y a ici une faute de copiste, que Linné voulait, comme Artedi, parler des ventrales; cela n'empêche pas que cette faute ait été copiée et recopiée jusque dans la treizième édition du *Systema naturæ*; 3.° en Corrégones, troisième division, qui a les dents à peine visibles; et 4.° enfin, en Characins, que l'on doit en partie à Gronovius, qui n'aurait eu que quatre rayons à la membrane branchiostège. M. de Lacépède n'a rien changé à ces divisions, seulement il a repris les noms de genre d'Artedi, en constituant la division des Characins comme un genre distinct, et en établissant un cinquième genre, celui des Serrasalmes, parce qu'il a tenu compte de la

dentelure de la carène de leur ventre, analogue à celle que l'on voit sur la partie inférieure des Clupées. En empruntant cette espèce à Pallas, M. de Lacépède n'a pas senti
les affinités plus grandes qui réunissent ce
genre aux espèces inscrites parmi ses Characins.
Ceux-ci forment une réunion générique tout
à fait artificielle que M. Cuvier a heureusement subdivisée dans un de ses plus beaux
mémoires sur l'ichthyologie. Il l'a inséré dans
le tome IV des publications du Muséum. Ce
mémoire, celui qu'il avait fait quelque temps
auparavant sur l'Argentine, ont préludé à la
distribution des nombreuses espèces déjà indiquées dans Linné ou dans Lacépède, et dont
il a formé la famille des Salmonoïdes. Cet illustre savant l'a composée d'abord des premiers
genres d'Artedi en acceptant ses Salmo, ses
Corrégones, et en corrigeant le genre des Osmères, puisqu'il en retirait les Saurus; mais de
plus, il y replace les Argentines, dont Brunnich
avait très-bien vu l'adipeuse, quoique Linné
ne l'ait pas rangée parmi les Salmo. Puis viennent dans cette première édition les Characins, qui auraient dû peut-être faire une
seconde famille distincte, facile à caractériser
par l'absence des dents linguales. Ces Characins comprennent les genres des Curimates et

des Anostomes, créés par M. Cuvier; des
Serrasalmes, mieux caractérisés par leurs dents
tranchantes que ne le faisait M. de Lacépède,
et dont il a eu soin de retirer des espèces qui
y avaient été mal à propos associées; des
Piabuques, des Tétragonoptères, des Mylètes,
des Hydrocyns, des Citharines. Enfin viennent les Saurus, les Scopèles, les Aulopes, les
Serpes et les Sternoptyx.

Cette classification n'a subi que très-peu
de modifications dans la seconde édition du
Règne animal. Toutefois on peut voir que
mon illustre maître distingue un peu plus
nettement la famille des Characins, de ce
qu'il appelle le genre *Salmo* de Linné.

L'étude que j'ai faite de ces nombreuses
espèces me fait croire que les divisions de-
viendront plus nettes et plus claires, si l'on
subdivise la famille des Salmonoïdes en plusieurs autres. Je n'établirai pas leur caractère
essentiel sur la présence seule de l'adipeuse,
méthode qui nous conduirait à une classification artificielle; mais en tenant compte des
différents caractères qu'Artedi ou M. Cuvier
avaient déjà indiqués, j'y ajouterai ceux qu'il
faut tirer de la forme et de la constitution
des mâchoires. Je vois, en effet, une famille
naturelle dans tous les poissons qui ont l'ar-

:ade de la mâchoire supérieure formée par les maxillaires et les intermaxillaires, de nombreux rayons à la membrane branchiostège, quelle que soit d'ailleurs la variation des dents. Tous ces poissons ont une grande vessie natatoire simple, sans étranglement. Ils réunissent donc la plupart des caractères de nos Clupées sans aucune dentelure à leur ventre épais et arrondi. Les dents sont souvent nulles ou très-petites; leur gueule en est souvent hérissée sur tous les os; elles sont coniques et sur un seul rang, et quand ils en ont aux mâchoires et aux palatins, il y en a aussi sur la langue. Les Characins feront une seconde famille caractérisée par un petit nombre de rayons à la membrane branchiostège; par une bouche très-petite, garnie de dents très-variées, presque toujours sur plusieurs rangs et cependant nulles sur la langue. Leur vessie natatoire est divisée comme celle des Cyprins, en deux lobes; leur arcade dentaire est formée par les mêmes os que les Salmones. Enfin, je ferai une troisième famille des genres Saurus et de ceux que M. Cuvier y a associés et qui ont la bouche bordée par l'intermaxillaire, mais chez lesquels le maxillaire ne concourt pas à la formation de l'arcade supérieure de la bouche. Ces familles ne correspondent pas, comme on le voit, à celles que le prince Charles Bonaparte a indiquées dans son Prodrome d'ichthyologie. La seconde correspond davantage à celle que MM. Müller et Troschel ont présentée dans leur tableau des genres des Characins, en en retirant les Érythrins et les Macrodons, ainsi que je l'ai déjà fait dans un de mes précédents volumes.

Occupons-nous maintenant du premier de ces groupes. J'ai dit tout à l'heure comment M. Cuvier a composé son grand genre des Saumons. Aux Argentines, aux Corrégones, il a ajouté les Loddes, ce poisson si célèbre pour la pêche de la morue, sous le nom de Capelan. J'ai démontré qu'il faut y joindre les Salanx, qui, dans le Règne animal, avaient été placés dans la famille des Lucioïdes. Après avoir retiré les espèces qui composent ces différents genres, il restait les espèces les plus communes, les plus grandes, désignées dans le monde sous le nom de Saumons et de Truites. La distinction entre toutes ces espèces était extrêmement difficile. En m'appliquant à l'étude de leurs caractères pour rechercher ceux qui doivent les distinguer, je crois avoir été aussi heureux dans la recherche des caractères de ces espèces que je l'ai été pour les Clupées. En effet, Wil-

lughby et Artedi avaient bien déjà observé
que le Saumon ou le Huch ont le milieu du
palais lisse, mais cette observation avait aussi
peu frappé les naturalistes, et était restée tout
aussi inaperçue que celle d'Artedi l'avait été
pour la langue et le palais dentelé des harengs.
Mon savant ami, le docteur J. Richardson, a
publié, en 1836, son bel ouvrage de la Faune
de l'Amérique septentrionale. L'ichthyologie
y a été traitée avec le plus grand soin, et
ce savant zoologiste a rendu à cette branche
de la zoologie un très-grand service par les
descriptions pleines d'exactitude qui nous
font connaître un grand nombre d'espèces
nouvelles. Dans son travail sur la famille des
Saumons, il a parfaitement saisi l'importance
des caractères que l'on doit tirer de la dentition du vomer. Il a nettement distingué les
Truites, qui ont deux rangées de dents, de
celles qui n'en ont qu'une seule au vomer, et
il a également remarqué avec beaucoup de
sagacité que le Saumon a le milieu du palais
lisse. Mais il a suivi trop fidèlement la classification du Règne animal qui lui servait de
guide. N'ayant pas osé donner à ces caractères
de dentition une valeur générique, il a décrit
dans ce genre *Salmo* les espèces à palais lisse,
mêlées avec celles qui ont une ou deux ran-

gées de dents; en un mot, il n'a donné au caractère de la dentition qu'une valeur spécifique. Je suis cependant heureux d'avoir trouvé dans son ouvrage l'indication de tous ces caractères, car elle vient confirmer complétement les observations que je faisais de mon côté, en m'efforçant d'exposer avec quelque clarté une distribution de ces nombreux Salmonoïdes. J'avais déjà acquis la certitude de la netteté de ces divisions, lorsqu'en voulant compléter la synonymie de ces espèces, j'ai consulté l'ouvrage que je cite, et j'ai eu le plaisir d'y trouver l'exposition de la dentition vomérienne de nos différentes espèces.

La variation des dents sur le vomer avait aussi frappé M. Nilsson, car il dit que cet os porte des dents, tantôt dans toute sa longueur, tantôt sur sa partie antérieure seulement, ce qui le conduit à faire deux divisions du genre. L'une, sous le nom de *Truttæ*, a des dents en série flexueuse sur toute la longueur du vomer; et la seconde, ses *Salvelini,* a la partie antérieure du vomer seulement dentée, mais je ne crois pas qu'il ait appliqué ces principes justes avec une sévère exactitude, car il commence la liste de la première division par le *S. salar,* qui a certainement le corps du vomer tout à fait lisse.

En faisant attention à ce caractère, on peut en déduire celui de deux autres groupes dont l'un aura pour chef de file la petite Truite de nos rivières, l'autre celle des grands lacs ou la Truite argentée, et ces deux groupes qui pourront constituer de véritables genres sont eux-mêmes distincts d'un troisième qui aura pour type le Saumon. Je ferai donc les trois genres suivants : 1.° celui des Saumons (*Salmo*), dont le corps du vomer n'est hérissé d'aucune dent, cet os n'en porte que sur son chevron; de sorte que l'intervalle entre les deux palatins est lisse et recouvert par une muqueuse épaisse. 2.° Je distingue un second genre sous le nom de Forelles (*Fario*), caractérisé par une simple rangée de dents sur le corps du vomer et au-delà de celles du chevron. 3.° Le genre des Truites (*Salar*), armé sur le vomer d'une double rangée de dents. J'emploie ces dénominations dans le sens où je les trouve dans Ausone, quoique Linné les ait appliquées, comme il ne lui est arrivé que trop souvent, d'une façon tout arbitraire à des espèces différentes.

Ces trois divisions vont rendre facile la distinction d'espèces qui avaient été jusqu'à présent difficiles à caractériser, parce qu'elles avaient été placées dans un genre beaucoup trop grand et par conséquent mal limité.

Je ferai observer que je ne parle ici que des poissons adultes, car des expériences intéressantes de M. M. John Shaw tendraient à démontrer que le très-jeune Saumon a deux rangs de dents vomériennes. Je ne suis pas certain cependant qu'il ait bien déterminé l'espèce qui a servi à ses curieuses expériences. Mais ces variations de dentition n'étonneraient pas les zoologistes. Les caractères des genres et des familles ne doivent être assis que sur des observations faites d'après des individus adultes.

Il y a peu de recherches à faire pour établir la synonymie ancienne du Saumon, car les Grecs ne nous ont laissé, dans leurs écrits, aucun passage qui se rapporte aux espèces de ce genre. Quant aux auteurs latins, Pline [1] emploie une seule fois la dénomination de *Salmo*. Dans ce passage où il parle de la préférence que l'on donne à certains poissons, il dit que dans l'Aquitaine le *Salmo fluviatilis* est préféré à tous les poissons de mer. Mais Ausone, dans son poëme sur la Moselle, devient plus précis, car il désigne trois espèces

---

1. Plin., *Hist. nat.*, liv. IX, ch. 18, p. 512, éd. d'Hardouin *ad us. Delphini.* Paris, 1723.

de Salmones par des épithètes qui en rendent l'application assez facile. Comment douter du poisson dont il parle sous le nom de *Salar*, lorsqu'il dit[1] :

> *Purpureisque* Salar *stellatus tergora guttis.*

Il est impossible de désigner plus clairement les petites Truites tachetées de rouge de nos rivières. Il entend certainement nommer le Saumon dans ce vers[2] :

> *Nec te puniceo rutilantem viscere* Salmo
> *Transierim.*

Et plus loin il appelle du nom de *Fario* ce que nous appelons, encore de nos jours, la Truite saumonée, puisqu'il lui applique les épithètes suivantes[3] :

> *Teque inter species geminas, neutrumque, et utrumque,*
> *Qui necdum salmo, nec jam salar, ambiguusque*
> *Amborum medio* Fario *intercepte sub œvo ?*

Le mot de *Trutta*, qui a été employé aussi par Linné, est de la basse latinité, et il me paraît inutile d'en chercher ici l'origine.

---

1. Aus., *Mos.*, v. 88.
2. *Ibid.*, v. 97.
3. *Ibid.*, v. 128.

CHAPITRE PREMIER.

Du genre SAUMON (*Salmo*, nob.)

Les observations que je viens de présenter sur la dentition des différentes espèces de salmonoïdes, nous ont donc conduit à diviser en plusieurs groupes le genre des Saumons que les observations de M. Cuvier avaient déjà considérablement réduit. Je réserve donc comme genre des Saumons proprement dits les espèces qui ont quelques dents à l'extrémité du vomer, mais dont le corps de l'os est lisse. Ce sont d'ailleurs des poissons qui ont le corps en fuseau, une tête assez grosse, une gueule bien armée, souvent assez fendue; armés de fortes dents sur la plupart des os qui concourent à la constitution de la gueule. Les deux intermaxillaires sont courts et plutôt couchés sur les côtés du museau qu'à son extrémité transversale. Les maxillaires sont articulés à leur suite; ils ne sont composés que d'un seul os. La mâchoire inférieure est forte et terminée le plus souvent par un petit tubercule prenant dans certaines espèces un développement considérable. De fortes dents coniques et sur un seul rang sont implantées sur ces os. Outre le petit groupe de dents sur le chevron du vomer, il y en a aussi une seule rangée sur les palatins, sur les ptérygoïdiens et sur la langue : il y en a deux rangs. Les nageoires, comme dans tous les salmonoïdes, se composent d'une première dorsale, suivie à une distance assez grande d'une adipeuse plus ou moins épaisse. La caudale est large et coupée carrément ou très-peu échancrée. Ces poissons ont le corps couvert de petites écailles minces et comme perdues dans l'épaisseur de la peau ou du cuir lardacé de l'animal. Les saumons ont un canal intestinal très-court. On ne peut distinguer l'œsophage de l'estomac proprement dit. A la suite de sa première courbure, la branche montante à parois musculeuses, assez épaisses, est entourée de nombreux et de longs cœcums. Le foie épais, mais peu long, occupe la partie antérieure de l'hypocondre droit. La vésicule du fiel, attachée aux viscères par un canal hépatocystique très-court, repose sur la courbure du duodénum. Le canal cholédoque est gros et court. L'intestin est étroit et descend à l'anus sans faire aucune circonvolution. La rate est très-grande, située vers l'arrière de l'abdomen au delà de l'estomac. Les laitances occupent la partie antérieure de la cavité; elles communiquent avec le canal qui porte au dehors la sécrétion prolifique de ces organes par de très-longs canaux déférents; il est facile de suivre leur marche par une simple insufflation. Les ovaires sont composés de petits feuillets portant les germes ou les granules qui, en se développant, deviennent les œufs. Ces feuillets flottent librement dans la cavité abdominale, de sorte que les œufs détachés de l'ovaire tombent dans cette cavité avant d'être pondus. On sait que cette singulière disposition existe dans plusieurs autres familles. Dans toutes les espèces que j'ai disséquées, j'ai constamment trouvé une vessie natatoire très-grande, simple, à parois minces et comme fibreuses, et ouverte à la partie antérieure du pharynx par une communication presque directe et sans conduit pneumatique.

Tels sont les principaux traits de l'organisation des saumons, et à l'exception de ce qui tient à la dentition vomérienne, ils sont aussi communs aux différentes espèces des deux genres suivants.

Je vais exposer dans ce chapitre et dans une suite de descriptions détaillées les caractères des diverses espèces qui ont le corps du vomer lisse et sans dents. Je tâcherai d'y rapporter les synonymes les plus probables que chaque espèce devra recevoir. Mais on

onçoit que ce travail laissera quelquefois une
ncertitude regrettable.

Plusieurs de nos espèces d'Europe, confon-
lues arbitrairement sous le nom de Saumons
u de Truites, viennent se placer dans ce
enre : ce sont le Saumon ordinaire, le Bécard
u *Salmo hamatus* de Cuvier, le Huch ou
Salmo hucho, l'Ombre chevalier ou *Salmo
umbla*, le *Salmo salvelinus* et quelques au-
res espèces moins connues. Enfin, le Cabinet
lu Roi en possède un autre des eaux douces
le l'Amérique septentrionale. Ce genre Sau-
non est donc tout autrement constitué que
celui du Règne animal. Je n'ai pas cru cepen-
lant devoir employer une autre dénomination, afin de ne pas délaisser des noms passés
en quelque sorte dans notre langage ordinaire, quoiqu'il soit bien entendu que je vais
l'employer désormais dans une acception
toute différente de celle que lui a donnée
M. Cuvier, et par conséquent plus éloignée
encore de celle de Linné.

Le Saumon commun.

(*Salmo-Salmo*, nob.)

Je commence ces descriptions par celle du
Saumon ordinaire, à cause de la grande im-

portance de ses produits. C'est l'espèce parfaitement caractérisée qui vient en abondance pendant toute l'année approvisionner les grands marchés de Paris. Voici la description détaillée que j'en ai faite après avoir comparés entre eux un grand nombre d'individus qui ne m'ont offert aucune différence notable, par conséquent aucune variété zoologique à signaler.

Le Saumon a le corps en fuseau allongé : c'est le profil du ventre qui est assez courbe, la ligne du profil du dos étant presque droite. Sa plus grande hauteur, au-dessous de la première dorsale, est un peu moins de six fois dans la longueur totale, et son épaisseur, au même endroit, est à peu près dix fois et demi dans cette même longueur totale. La longueur de la tête est égale à la hauteur du corps, prise au-dessous de la dorsale; elle est entièrement nue, recouverte d'une peau lisse, sans écailles. Le museau est pointu; le dessus du crâne arrondi, lisse et recouvert par la peau, qui est nue, sans écailles. La distance du centre de l'œil au bout du museau fait les deux cinquièmes de la longueur de la tête, et la hauteur verticale du centre de l'œil au sommet du crâne fait un peu du septième de la longueur de la tête. Il est rond, et son diamètre égale le neuvième de la longueur de la tête. Le maxillaire, dont la longueur égale le cinquième de la longueur de la tête, est armé de quatre dents, dont la première est la plus courte, et les autres

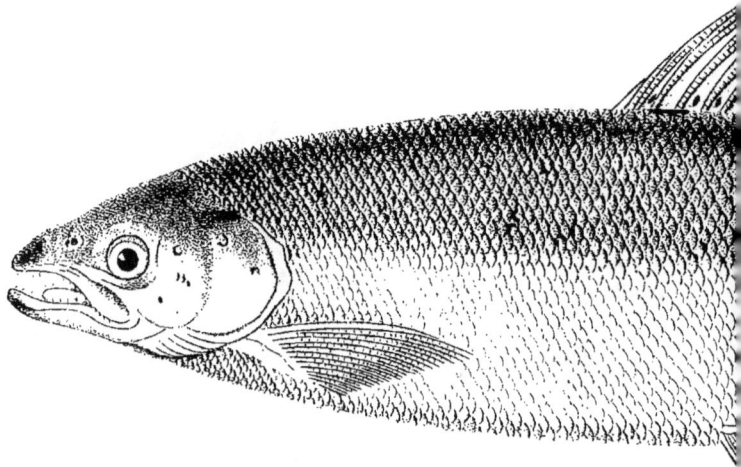

LE SAUMON.

Dickmann del

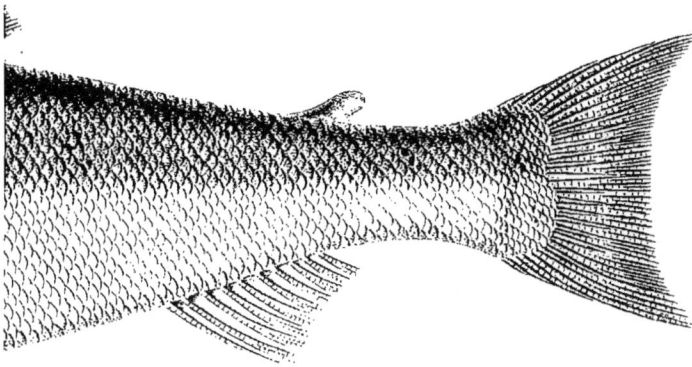

SALMO Salmo. Val.

Annedouche sculp.

vont en augmentant. L'intermaxillaire égale en longueur la distance du bout du museau au bord antérieur de l'œil. Il se réunit antérieurement un peu en avant de la pointe postérieure du maxillaire. Le premier quart de son bord supérieur est caché sous la peau de la tête. Son second quart se retire quand la bouche est fermée sous la première pièce du sous-orbitaire; l'autre moitié est libre et se termine par une pointe très-mousse. Il porte huit à neuf dents, qui diminuent vers la commissure; les premières sont aussi grandes que les dernières du maxillaire.

Le sous-orbitaire est composé de quatre pièces : les deux premières sont égales entre elles, étroites et un peu plus courtes que le maxillaire. La troisième trapézoïde est située au-dessous et en arrière de l'œil; elle est du double plus grande que l'une des précédentes; la quatrième, plus large et plus longue que la première, mais plus petite que la troisième, est située en arrière et au-dessus de l'œil. Ces quatre pièces, recouvertes par la peau, sont difficiles à observer. Huit à neuf pores suivent la courbure des pièces du sous-orbitaire.

Le préopercule est médiocre, à bord lisse, ayant une légère échancrure un peu au-dessus de son angle inférieur, qui est très-arrondi. L'opercule, l'interopercule et le subopercule sont tellement réunis entre eux qu'on peut à peine les distinguer. Ils forment à eux trois une pièce à bord postérieur, lisse et arrondi, dont la plus grande largeur fait à peu près le quart de la tête.

Les branches de la mâchoire inférieure sont plus grandes d'un douzième que la moitié de la longueur de la tête. A la partie supérieure de leur symphyse il y a un tubercule charnu, relevé en forme de petit crochet; elles ont chacune quinze à seize dents, qui diminuent de grandeur et de force en allant vers la commissure. On compte cinq pores sous chacune d'elles, et en dessous elles sont écartées l'une de l'autre.

La langue est très-libre, arrondie à son extrémité, charnue, et porte trois à quatre dents de chaque côté, aussi fortes que celles de la mâchoire supérieure. Il y en a deux ou trois à l'extrémité antérieure du vomer ou sur le chevron de cet os; mais il n'y en a aucune sur le corps de l'os. On en compte seize à dix-sept sur chaque palatin; elles sont plus petites que celle que l'on voit sur la partie antérieure de l'intermaxillaire. L'os mastoïdien est long, étroit, recouvert par la peau comme le crâne; il suit, dans sa courbure, le bord de l'opercule. L'os de l'épaule, un peu plus haut que lui, est plus large. Son bord postérieur donne, le long de la pectorale, un angle aigu, en forme de pointe mousse, qui sert à former le haut de l'aisselle de cette nageoire. Les deux ouvertures des narines sont l'une auprès de l'autre. L'épaisseur d'une seule membrane les sépare. La distance du bout du museau, à bord postérieur de la seconde, fait le quart de la longueur de la tête; celle-ci est du double plus large que l'antérieure, qui est linéaire, et qui ne s'aperçoit pas au premier coup d'œil.

L'ouverture des ouïes est très-grande. Leur membrane est soutenue par onze rayons plats, imbriqués les uns sur les autres. Ils croissent en longueur et en largeur depuis le premier jusqu'au dernier.

La partie antérieure de la première dorsale est aux deux cinquièmes de la longueur totale. Sa longueur est égale au neuvième de la longueur totale, et sa hauteur en fait à peu près le douzième; elle est trapézoïdale. On y compte treize rayons mous, dont le troisième atteint seulement l'extrémité de sa hauteur. Les trois premiers sont simples; les dix autres sont branchus; ils vont tous en diminuant de hauteur, dont le dernier est les deux cinquièmes du troisième et quatrième.

La seconde dorsale ou l'adipeuse est placée un peu en arrière des quatre cinquièmes du corps; elle est deux fois plus haute que large. L'anus s'ouvre aux deux tiers du corps. Tout près de lui commence l'anale, qui se termine sous le milieu de l'adipeuse. On lui compte onze rayons mous, dont les deux premiers sont simples et tous les autres branchus. Le troisième est le plus long, et il est triple du dernier. La longueur de la queue, depuis l'adipeuse en dessus, et depuis l'anale en dessous jusqu'à la racine de la caudale, est à peu près le sixième de la longueur totale. Elle entame cette caudale par trois lignes à peu près égales entre elles, dont l'une, à l'extrémité, est perpendiculaire à l'axe du corps, et les deux autres font avec celle-ci deux angles obtus, égaux entre eux. La caudale est coupée en croissant; elle compte vingt rayons, dont les deux externes, en dessus et en dessous, sont simples. Il y en a, en avant d'eux, six en dessus et cinq en dessous.

La pectorale est petite, étroite, allongée; sa longueur est le dixième de la longueur totale, et sa hauteur n'est que le tiers de sa longueur. On y compte quatorze rayons, dont le premier est simple, et les autres branchus. Son aisselle est lisse, sans écailles, excepté au milieu, où il y a une saillante ovale et molle; elle prend naissance dans l'échancrure inférieure de l'os de l'épaule, un peu en avant du premier sixième de la longueur totale.

Les ventrales, situées un peu en avant de la première moitié de la longueur totale, et sous le milieu de la dorsale, sont presque triangulaires; elles ont dix rayons mous, dont le premier est simple. Une épine molle, égale au tiers de leur longueur, se voit attachée à leur angle externe et antérieur.

Leurs écailles sont petites. On en compte plus de cent trente dans la longueur, et plus de quarante dans la hauteur; elles sont presque rondes et striées par des lignes concentriques.

La ligne latérale est un peu au-dessus du milieu de la hauteur du corps; elle est droite et marquée par un petit trait relevé sur chaque écaille.

La couleur est bleu d'ardoise sur le dos; elle s'éteint sur les flancs, qui sont légèrement argentés, et en dessous il est d'un blanc argenté tout nacré. Le dessus de la tête est plus bleu que le dos; les intermaxillaires et les joues sont argentés, et le dessous de la gorge est d'un blanc mat. De gros points noirs épars sont sur le dessus de la tête, autour du bord supérieur de l'œil et sur l'opercule; mais il n'y a pas sur le préopercule. Tout le dos et les flancs sont marqués par des ocelles, dont les bords inégaux en font, en quelque sorte, autant d'étoiles noires. Il y en a à peu près cinq rangs au-dessus de la ligne latérale, entre la tête et la dorsale; près de celle-ci il n'y en a plus que trois rangs au-dessus de la ligne latérale, et aucune tache au-dessous d'elle, et vers l'adipeuse jusqu'à la queue, seulement deux rangs au-dessus de la ligne latérale.

La dorsale est grise, un peu teintée de noirâtre vers son bord supérieur, et ayant entre la base de chaque rayon une série de petites taches noirâtres.

La pectorale est noirâtre à sa partie supérieure et en dessous à sa pointe. Cette teinte s'éteint par degrés, de manière qu'elle est blanche sur sa moitié antérieure et inférieure. Les ventrales sont noirâtres, plus pâles que les pectorales sur leur première moitié externe et supérieure; le reste et le dessous est tout blanc, avec une teinte couleur de chair à leur base inférieure. L'anale est grise à son bord libre. La caudale est d'un gris foncé presque noir; elle n'a aucunes taches.

Après cette description des parties extéeures, nous allons parler de la splanchnologie.

A l'ouverture de l'abdomen on voit le lobe gauche du foie occupant près de la moitié de la longueur de la cavité. Il est oblong, sans divisions, et d'une couleur rouge très-foncée. Le lobe droit n'est qu'une

petite partie transversale de ce viscère, attachée sous
le diaphragme. La vésicule du fiel est énorme, et
remplit tout l'espace compris entre cette traverse et
le premier pli de l'intestin. Depuis la vésicule jusqu'au quart postérieur de l'abdomen on n'aperçoit
que les appendices cœcales, adhérant à la première
partie du duodénum. J'en compte soixante, unies
parallèlement les unes aux autres et dans une direction un peu oblique, par une cellulosité graisseuse
très-riche en vaisseaux sanguins. Leur grandeur est
fort inégale; les plus longues sont en général les
plus voisines du pylore. L'œsophage se prolonge
sans se dilater, et en ligne droite au-dessus du foie
jusque vers le tiers postérieur de la cavité abdominale. A cet endroit, l'œsophage et l'estomac, car
on ne peut les distinguer, se recourbent pour se
diriger en avant et constituer la branche montante;
celle-ci, arrivée à peu près au tiers de la longueur
mesurée plus haut, éprouve un étranglement qui
marque le pylore, et aussitôt commencent les appendices. Le rang le plus voisin du pylore s'attache
en cercle autour de l'intestin; mais les rangs suivants n'adhèrent qu'à la face inférieure du canal.
L'autre face est nue et a des parois aussi épaisses
que celles de l'estomac. Au delà des cœcums l'intestin se recourbe et se rend directement à l'anus.
Dans ce trajet, ses parois s'amincissent; son diamètre
se rétrécit pendant un certain espace; puis il augmente
un peu au delà de la petite valvule, analogue à celle
de Bauhin, pour former le rectum et pour marquer
ainsi les gros intestins.

La rate est de grandeur médiocre, suspendue derrière la courbure de l'estomac. La vessie aérienne est longue, simple; elle occupe toute la longueur de la cavité abdominale. Les ovaires, situés en avant, sont dans la moitié antérieure de l'abdomen. Leur couleur est d'un bel orangé. Les reins occupent toute la longueur de la cavité abdominale.

La longueur la plus ordinaire des saumons, qui viennent sur nos marchés, est de deux pieds et demi à trois pieds. Il nous arrive cependant d'en voir de plus grands. Ceux de cinq pieds sont très-rares.

Le mâle de cette espèce se reconnaît extérieurement par le tubercule de la symphyse de la mâchoire inférieure. Mais je n'ai jamais vu ce tubercule se relever et devenir cette espèce de crochet, si saillant, qui caractérise l'espèce que nous avons appelée *Salmo hamatus*. J'ai observé plusieurs centaines de saumons dans le but de vérifier ce caractère, de m'assurer de sa constance, et je n'ai jamais vu la plus légère variation dans ces nombreux individus qui, je ne crains pas de le répéter, abondent sur nos marchés, et nous sont par conséquent si connus. Ces saumons nous viennent de Dieppe, de Fécamp, d'Abbeville, et en général des pêcheries établies sur les côtes de la Manche et de la mer du Nord. C'est

21. 12

l'espèce que j'ai retrouvée en abondance sur
les marchés de la Belgique, de la Hollande,
d'Angleterre et de Berlin. C'est donc là l'espèce de l'Océan septentrional.

Je me crois en mesure d'établir que le saumon prend aussi des taches rouges et qu'il
change de couleur en même temps que le
bon goût de sa chair vient à s'altérer lorsqu'après être remonté dans les rivières il est
en état de frayer. J'ai pris dans l'Autie, petite
rivière de Picardie qui se jette dans la baie
de la Somme auprès du Crotoi, un individu
de l'espèce du saumon pendant que j'exami-
nais avec mon ami, M. Baillon, les espèces de
ces côtes. Les pêcheurs nous ont donné ce
poisson sous le nom de *Truite guilloise.*
Cette femelle avait le dos et les flancs couverts de grandes taches rouges irrégulières ;
on en voyait aussi sur les joues et sur la caudale. La dorsale, grise, avait quelques taches
noirâtres. L'adipeuse noire n'avait aucune
tache rouge. Les autres nageoires étaient blanches et sans taches. Cette femelle avait le
ventre gros et saillant, rempli d'œufs prêts à
être pondus. La tête et le dos se couvrent de
tubercules que les pêcheurs désignent sous
le nom de *galle,* et qui disparaissent après
la ponte. J'ai conservé cet individu pour les

ollections du Cabinet du Roi; il a trente
ouces de long. Aujourd'hui qu'il est dessé-
hé et que par l'effet de la préparation les
aches rouges ont disparu, il est impossible de
listinguer ce poisson de nos autres saumons.
Cette similitude confirme la détermination
pécifique que l'on peut en faire par l'appli-
ation du caractère tiré de l'absence de dents
ur le corps du vomer. D'ailleurs ces couleurs
ont passagères, car les pêcheurs nous ont
ffirmé que le poisson, après avoir frayé, re-
ourne à la mer; qu'il perd ses taches rouges
près un court séjour dans l'eau salée, et qu'il
eprend sa couleur argentée. Sa chair rede-
ient aussi plus ferme et de meilleur goût.

Le frai rend quelquefois le saumon si ma-
ade, que l'on rencontre des individus cou-
erts de taches rouges, et flottant à la surface
e l'eau sans faire aucun mouvement. On
eut les prendre alors facilement à la main.
'en ai rencontré plusieurs dans cet état sur
i Somme.

Les pêcheurs m'ont également affirmé que
es saumons remontent de toute la côte dans
es eaux douces qui s'y versent, depuis la fin
e mai ou le commencement de juin jusqu'à
i fin de septembre. On ne prend jamais
endant ces mois aucun Bécard; ceux-ci n'en-

trent généralement dans les rivières que depuis octobre jusqu'à la fin de février.

Quoique bien commun sur nos côtes et
dans toute la mer du Nord, et qu'on puisse,
sans aucun doute, dire que je parle bien ici
de ce qu'on peut nommer *Salmo salar au-
torum*, il n'en est pas moins très-difficile d'établir avec certitude la synonymie de cette
espèce, parce que celles qui l'avoisinent ont
été confondues avec elle. Il est constant que
Bélon n'a pas représenté notre Saumon, et
je crois même qu'il n'a décrit que l'espèce
suivante. Rondelet[1] a consacré le chapitre II
de ses poissons fluviatiles aux saumons, distinguant le poisson désigné sous ce nom des
grandes Truites dont il a traité dans le livre
De piscibus lacustribus; mais la figure placée
en tête de ce chapitre est tellement grossière,
que l'on ne peut véritablement y reconnaître
notre espèce avec quelque certitude. Il croit
que le Bécard, dont la mâchoire inférieure
porte cette espèce de crochet remarquable,
est la femelle des saumons à mâchoire sans
tubercule. Il observe, avec raison, que le
saumon vient de l'Océan, et que ceux-là se
trompent qui pensent que l'on prend des

---

1. Rondelet, *De pisc. fluv.*, p. 167, ch. 2.

aumons dans le Rhône. Ce sont là les seules observations que l'on pourrait appliquer avec quelque justesse au poisson dont nous écrivons l'histoire. La figure que Salviani[1] a donnée du saumon est encore plus difficile à reconnaître, et cependant c'est elle qui a été copiée dans l'Encyclopédie, pl. 54, fig. 3, pour donner une idée de ce poisson. Gessner[2] a laissé une figure originale du saumon, mais également si grossière, qu'il est inutile d'en parler longuement. Celle du folio 825 représente le Bécard.

Si nous arrivons maintenant à Willughby[3], nous trouvons des observations curieuses et importantes sur les saumons; mais cependant il est facile de voir qu'il n'avait pas une idée nette de l'espèce dont il parlait; car, entre autres il lui donne une queue fourchue.

En rappelant les assertions de Rondelet ou de Bélon sur le crochet de la mâchoire inférieure, attribuée uniquement à la femelle, il rapporte, d'après des lettres manuscrites du docteur Johnson, que le mâle seul du saumon a la mâchoire assez relevée pour percer l'extrémité du museau, et il ajoute, d'après

1. Salv., *Aquat. hist.*, p. 100.
2. Gesn., *De aquat.*, p. 824.
3. Will., p. 189, liv. 4, §. 10.

d'autres observations, que cette courbure de la mâchoire n'arrive qu'au mâle épuisé par le frai; mais il observe de suite que ces auteurs se trompent, cette conformation étant, suivant lui, aussi commune chez les saumons sains que sur ceux qui sont malades; d'ailleurs il ne reconnaît déjà aucun usage à cette singulière disposition de la mâchoire. Comme cet auteur a copié la figure de Salviani, on voit qu'il est assez difficile de fixer les caractères de l'espèce dont il a voulu parler.

Je crois que tous ces naturalistes ont donné à Artedi l'idée, que le saumon ordinaire avait souvent le museau proéminent sur la mâchoire inférieure, de sorte que je n'ose appliquer à aucune des deux espèces celle qui commence le genre d'Artedi, ou ce qui est la même chose, le *Salmo salar* de Linné. D'ailleurs, en se reportant au *Fauna suecica*, on voit que celui-ci confondait bien certainement nos deux premiers saumons sous une seule et même dénomination. Comme Bloch a fait la même chose, et que la figure 20 de sa grande Ichthyologie laisse beaucoup trop à désirer, je crois justifier par là la dénomination nouvelle que j'applique à notre espèce du Saumon, au lieu d'employer celle de *Salmo salar*.

Si de ces auteurs généraux nous passons à ceux qui ont écrit des faunes particulières, nous trouverons aussi nos espèces confondues. Il faut rapporter à notre Saumon la figure donnée par Duhamel[1], ainsi que la description publiée dans le grand Traité des pêches. Il l'appelle, dans sa description, le *franc Saumon*, afin de le distinguer du Bécard, sur lequel, comme nous le verrons plus loin, il n'a pas une opinion suffisamment établie. Comme le saumon remonte dans toutes les rivières, il n'est pas étonnant de voir ce poisson cité dans la Faune du Maine-et-Loire par M. Millet[2], qui, cependant n'a pas distingué le bécard du vrai saumon, et dans celle de l'Auvergne par M. Delarbre.[3]

Les auteurs suisses qui ont écrit sur les poissons des eaux en communication avec le Rhin, citent le saumon dans leurs travaux ichthyologiques; mais il ne paraît pas dans le travail de M. Jurine sur les poissons du Léman, et nous ne le voyons pas cité par les autres auteurs riverains de la Méditerranée. Ainsi, nous le trouvons dans le Mémoire de Nenning, sur les poissons du lac de Constance et dans l'Ich-

---

1. Duh., Traité des pêches, 2.e partie, pl. 1, fig. 1.
2. Millet, Faune de Maine-et-Loire, t. II, p. 703.
3. Delarbre, Essai zool. sur l'Auvergne, p. 272.

thyologie helvétique de Hartmann. Je crois
aussi devoir rapporter à notre saumon la pl. II
de l'Histoire des Salmones de M. Agassiz, qu'il
a donnée sous le nom de Saumon du Rhin,
femelle. Le poisson devait être encore jeune,
je le juge par les taches assez nombreuses qui
existent autour de la ligne latérale; les adultes
en ont beaucoup moins sur le dos et sur la
tête, et ils n'en ont plus qu'une ou deux sur
le blanc de la région pectorale. Le corps du
poisson me paraît aussi trop allongé, les pectorales trop noires. Je suis sûr que le célèbre
ichthyologiste à qui je me vois forcé d'adresser
cette légère observation reproduira, dans son
Histoire des poissons de l'Europe centrale, de
nouvelles planches de cette espèce, quand il
aura saisi les caractères de la dentition.

Ce poisson reparaît dans toutes les Faunes
de l'Allemagne et de l'Angleterre; ainsi Scho-
nevelde[1], dans ses Poissons des duchés de
Schleswig et de Holstein ; Wulf[2], dans les
Poissons de la Prusse; Siemssen[3], dans son Histoire des poissons du Mecklenbourg, citent
le Saumon. Celui-ci a cru que le mâle avait
la mâchoire inférieure redressée, tandis que

1. Schon., *De salmone*, p. 64.
2. Wulf, *Ichthyol.*, p. 34, n.° 42.
3. Siemssen, *Fische Meckl.*, p. 51.

ans les femelles, outre l'absence de ce cro-
het, il a remarqué que le palais ne porte
u'une seule paire de dents, ce qui me sem-
lerait faire croire que cet auteur avait déjà
ait attention à la dentition vomérienne de
e poisson; mais la direction qu'il tenait de
loch, l'a empêché de faire des observations
lus complètes sur la nature. Si nous remon-
ons vers le Nord, nous trouvons le saumon
ans Müller [1]. Nous avons déjà aussi cité le
Fauna suecica; nous retrouvons de même le
aumon dans le *Fauna groenlandica* [2]; mais
Fabricius [3] le donne comme un des poissons
es plus rares du Groenland : il dit qu'il ne l'a
amais vu, mais qu'on lui a rapporté qu'il
araissait auprès de Gotthaab et dans quelques autres golfes des parties méridionales du
Groenland. Il cite des voyageurs autour du
ercle arctique, comme Eggede, Anderson.
M. Reinhardt inscrit le saumon dans son Ich-
hyologie du Groenland; mais j'ai lieu de
croire qu'il repose sa citation sur les observations de son prédécesseur, Fabricius. M.
Nilsson [4] compte aussi le saumon dans son

---

1. Müller, *Prod. faun. dan.*, p. 48, n.° 405.
2. *Fauna groenl.*, p. 170, n.° 123.
3. Fab., *Faun. groenl.*, p. 170, n.° 123.
4. Nilss., *Prodr. Ichth. Scand.*, p. 2.

Ichthyologie scandinave, en le confondant
avec l'espèce suivante. Les expressions de sa
diagnose le confirment en même temps qu'il
passe sous silence notre seconde espèce. M.
Ekström[1] a aussi écrit une histoire du Saumon dans les Poissons du Mörkö. Le saumon
existe également en Islande ; il est déjà inscrit
dans l'Histoire naturelle de l'Islande par Mohr[2]
et par Olafsen[3]. M. Faber, dans l'ouvrage plus
récent sur les poissons de l'Islande, s'est également étendu sur le Saumon ; mais je vois
qu'il a suivi les errements de ses prédécesseurs, en ce qui concerne la distinction des
deux sexes. Pour terminer cette revue des
auteurs qui ont écrit sur le Saumon, il nous
reste à parler des Ichthyologistes anglais.

Ce poisson, si important dans ces contrées,
a été l'objet des recherches de Pennant, qui
s'est étendu beaucoup plus sur les habitudes
de l'espèce qu'il n'a essayé de bien en asseoir
les caractères, parce que, dit-il, le saumon est
un poisson si connu, qu'une très-courte description est suffisante. Je crois aussi devoir
rapporter au saumon la planche d'Albin[4] inti-

1. Ekstr., *Die Fische von Mörkö*, p. 186.
2. Mohr, *Island*, p. 74, n.° 133.
3. Olafs., *Island. Reise*, p. 91 et 343.
4. Albin, *Hist. of escul. fish. by Eleaz. Albin.*

alée : *The salmon trout* de Berwick, sur la
Tweed. Turton[1], Flemming[2] ont également
cité le saumon dans leurs ouvrages.

Je trouve aussi un *Salmo salar* dans le
Manuel de M. Jenyns, qui a profité des observations de M. Richardson, en inscrivant dans
sa diagnose que les dents sont insérées à
l'extrémité antérieure du vomer; mais qui a
suivi M. Agassiz, en croyant que le *Salmo
hamatus* de Cuvier est l'adulte, et que le
Salmo Gœdenii est le jeune âge de cette espèce.

M. Yarell, dont je me plais toujours à citer
l'élégant ouvrage, a donné une fort longue et
très-intéressante histoire du Saumon; mais il
ne me semble pas que sa figure montre les caractères de notre espèce avec autant de netteté
que la plupart des autres planches de son ouvrage; elle a trop de taches, elle n'est pas assez
argentée, et elle me semblerait représenter
plutôt la seconde espèce qu'un véritable saumon, si je ne faisais attention à la forme de
la caudale. Le saumon est encore cité par
Low, dans la Faune des Orcades.

Il faut ajouter à la liste de ces auteurs an-

1. Turt., *Brit. Faun.*, p. 103, n.º 91.
2. Flemm., *Anim. Kingsd.*, p. 179, n.º 40.

glais la figure du saumon publiée par Mme Lee dans l'Histoire des poissons de la Grande-Bretagne sous le nom de Saumon de la Severn. Les couleurs sont fort exactes.

A cette liste, déjà si nombreuse des auteurs qui ont décrit ou figuré le saumon, je dois ajouter les magnifiques figures que sir William Jardine a publiées, et je les indique comme étant, entre toutes, celles qui donneront aux naturalistes l'idée la plus exacte de l'espèce dont il s'agit dans ce chapitre.

Le saumon se trouve aussi en Espagne. Cornide [1] dit que cette espèce entre dans toutes les rivières de la Galice.

Ces nombreuses citations nous montrent le saumon comme l'une des espèces les plus communes sur les côtes septentrionales de l'Europe baignées par l'Océan. Il devient plus rare dans les latitudes élevées du Groenland ; mais ce séjour devait nous faire présumer que l'espèce se trouve aussi sur les côtes de l'Amérique septentrionale, et c'est ce que nous confirment les auteurs qui nous ont fait connaître les poissons de ces contrées. Dans la Zoologie arctique, Pennant [2] dit que le saumon se pêche

---

1. Cornide, *Ensayo de los peces de Galicia*, p. 75.
2. Penn., *Arct. zool.*, t. II, p. 392, n.° 165.

équemment dans toutes les parties septen-
ionales de l'Amérique; mais il devient plus
are à mesure que l'on s'approche du sud. Il
e croit pas qu'on les trouve au delà de New-
York; cependant Mitchill[1] le donne comme
n des poissons dont le marché de New-York
st fourni communément; ils viennent de la
ivière de Connecticut, et aussi ils sont apportés de celle de Kennebec, dans l'État du
Maine, conservés dans la glace. Les Américains
ppliqueraient la méthode qui aurait été
rouvée par M. Richardson de Perth. Il est le
premier, suivant Noël de la Morinière, qui
it imaginé de transporter les saumons à de
grandes distances dans des caisses pleines de
glace. Ces observations sont confirmées dans
l'excellent ouvrage de M. Richardson[2]. On y
voit que le saumon abonde dans les rivières
du Labrador, du Canada, de Terre-Neuve,
de la Nouvelle-Écosse et de la Nouvelle-
Angleterre, et dans les eaux de New-York
qui tombent dans le Saint-Laurent; il croit
même qu'autrefois le saumon s'avançait sur
les côtes plus méridionales de l'Atlantique;
car il rapporte un passage de son célèbre et

1. Mitchill, *Fish. of New-York*, p. 434.
2. Rich., *l. cit.*, p. 145, n.° 61.

malheureux compatriote Hudson, qui avait vu, au mois de septembre 1609, une grande quantité de saumons dans la rivière qui porte son nom. Les marchés de New-York sont fournis de poissons originaires de Kennebec, rivière de l'État du Maine : ils remontent le Saint-Laurent et ses affluents jusque dans le lac Ontario, où on les trouve dans toutes les saisons et où ils atteignent une taille considérable. Les observations de M. Richardson sont confirmées par celles de M. Dekay[1], dans son Histoire des poissons de New-York, et par M. Storer[2], dans son Synopsis des poissons de l'Amérique septentrionale.

Nous voyons le saumon s'avancer aussi vers l'est de l'Europe ; car M. Nordmann[3] le cite dans la Faune de la Russie méridionale. Pallas[4], avant lui, a aussi mentionné le saumon dans son *Zoographia rosso-asiatica*. Il a préféré le nom de *Salmo nobilis* à celui du *Systema naturæ*. Il dit que le poisson est abondant dans la Baltique, l'Océan septentrional et dans la mer Blanche, qu'il est plus rare dans les fleuves qui versent leurs eaux dans la Cas-

---

1. Dekay, *Fish. of New-York*, p. 241, pl. 38, fig. 122.
2. Storer, *Synopsis of fishes of North-America*, p. 192.
3. Nordm., *Faun. pontica*, p. 515.
4. Pallas, *Zoogr. ross. asiat.*, t. III, p. 342, n.° 244.

ienne et dans la mer Noire, et qu'il a été à
eine observé en Sibérie. Le saumon remonte
e la Caspienne principalement dans le Terec
t le Cyrus, et de la mer Noire dans le Danube
endant les mois d'hiver. Guldenstædt l'avait
éjà cité comme un des poissons de la Cas-
ienne. La rareté du saumon en Sibérie et le
lence que Pallas tient à l'égard du séjour de
otre espèce dans les mers du Kamtchatka,
ie laissent quelque doute sur la présence du
iumon dont nous traitons ici dans les eaux
u Japon, de l'Asie boréale et du Kamtchatka.
e suis fort tenté de croire que l'on aura pris
our lui, quelques-unes des grandes truites
ncore peu connues des naturalistes, qui abon-
ent dans ces rivières septentrionales.

Notre saumon est connu dans presque toute
Allemagne sous le nom de *Lachs,* dénomi-
ation à laquelle on ajoute quelques adjectifs
our indiquer son état de maigreur ou d'em-
onpoint, son temps de frai, et pour désigner
ussi les individus qui ont été pris dans la mer.
Ce nom allemand se conserve en Suède, en
Norwége, dans le Danemark, on l'écrit seulement d'une manière un peu différente : *Lax.*
On dit aussi *Salm,* nom qui, comme celui de
France, d'Angleterre, dérive évidemment de
la dénomination latine. Les pêcheurs de ces

différents pays ont aussi quelques dénominations particulières suivant l'âge; ils disent *Smolt* pour désigner les très-jeunes, et *Grilse* pour les individus âgés d'un an. D'ailleurs toutes ces dénominations changent beaucoup dans les différentes contrées. On trouve encore dans Pallas une synonymie vulgaire du saumon que je crois inutile de répéter ici, parce qu'elle me semble s'appliquer plutôt à ces animaux que le commerce transporte chez ces peuplades qu'elle n'indiquerait un vérirable séjour de l'espèce dans ces pays.

Le saumon est un poisson de mer qui remonte dans les rivières. On ne connaît pas les retraites de ce poisson dans le fond de l'Océan. Il est remarquable que les pêcheurs qui vont au large, soit en traînant leurs filets, soit en se laissant dériver avec eux, prennent très-rarement des saumons. Ces animaux ne mordent pas non plus aux appâts des lignes de fond. Cependant on cite des observations qui prouvent que ces poissons fréquentent les bords de la mer, puisqu'on les prend quelquefois dans les mares que la mer forme en se retirant. On en voit échoués sur le sable après de gros temps; enfin on en trouve dans les parcs tendus à la côte. Je ne m'étonnerais pas que les habitudes des saumons n'aient quelque analogie avec celles des truites, et qu'une fois entrés dans la mer, ces poissons n'aiment à se retirer dans des grands trous creusés le long de la côte, ainsi que nos truites le font dans toutes les rivières. C'est au moment où le saumon remonte avec ardeur dans les fleuves, pressé par le besoin d'y frayer, que l'on en fait partout une pêche qui dans quelques lieux est très-abondante. L'espèce affectionne certaines côtes ou certaines eaux; ainsi elle entre abondamment dans la Somme, tandis qu'il n'en paraît que des individus isolés dans la Seine. Comme ceux-ci ne sont pas arrêtés à l'embouchure de ce fleuve par des filets, ils y remontent assez haut. J'en ai pêché un, long de trois pieds et demi, à Argenteuil près de Paris. On en a vus beaucoup plus loin, car il est certain qu'on en a pris dans la Seine à la hauteur de Provins. Je trouve dans les notes de Noël qu'on a pêché auprès de Caudebec un saumon du poids de quatre-vingts livres. Le même naturaliste dit que le saumon entre quelquefois dans la Marne. La Loire nourrit un grand nombre de saumons. Ils se distribuent dans les différents affluents de ce grand fleuve. J'ai tout lieu de croire que l'on désigne dans le centre de la France, sous le nom de *Tacon,* de jeunes saumons qui ont

encore la livrée de leur jeune âge. Au Pont-
de-Cé près d'Angers, il y a des pêches régulières productives de cette espèce de poisson.
Il pénétrait autrefois dans toutes les petites
rivières qui viennent se rendre à la mer sur
les côtes de Bretagne, surtout dans le Blavet
et à Chateaulin. Dans le siècle dernier les produits de ces pêches étaient un revenu considérable pour le gouvernement de cette province. Des barrages nécessités par certains
travaux hydrauliques ont fermé ces rivières,
et depuis, les saumons ont cessé de se présenter sur les côtes en aussi grande abondance.
C'est une perte véritable pour le pays.

Cette migration instinctive des saumons
pour passer de la mer dans les fleuves, leur
fait franchir non-seulement les piéges qu'on
leur a tendus, mais des chutes d'eau assez
élevées. On cite le *Saut du saumon* dans le
comté de Pembroke, où la rivière du Zing
tombe perpendiculairement et de très-haut
dans la mer. Le voyageur s'arrête souvent
pour admirer la force et l'adresse avec laquelle
les saumons franchissent la cataracte pour
passer de la mer dans la rivière.

Il y a deux autres sauts très-renommés en
Irlande, l'un à Leixlif, l'autre à Bally Shannon.
Les pêches qu'on fait en cet endroit sont très-

productives. On prétend même que si on les interrompait, le nombre des poissons augmenterait sensiblement et qu'on en prendrait de beaucoup plus grands. Twess observe que pendant les guerres de 1641 la pêche du saumon fut suspendue; elle ne recommença qu'à la paix et on prenait alors auprès de Londonderry des saumons qui n'avaient pas moins de six pieds de long. On trouve dans le récit de ce voyageur des détails curieux sur la manière dont les saumons franchissent la chute du Shannon. Il est difficile de se faire une idée de la force employée par ces poissons pour s'élancer à près de quatorze pieds hors de l'eau ou décrire une courbe de vingt pieds au moins pour atteindre le sommet de la chute. Leurs premières tentatives restent ordinairement sans succès, mais loin de perdre courage, ils font de nouveaux efforts jusqu'à ce qu'ils aient atteint la partie supérieure de l'eau; alors ils disparaissent dans le fleuve. On voit auprès de la chute, ajoute Twess, des Marsouins et autres gros poissons bondir dans l'eau, et animer beaucoup cette partie de la côte. Les Marsouins y sont attirés par l'abondance de la proie qu'ils peuvent se procurer avec facilité. Le nombre de ces mammifères marins y est si considérable qu'il y aurait peut-être du profit à établir une pêche régulière de ces petits cétacés.

C'est vers le printemps que le poisson commence à passer de la mer dans les fleuves ; il y reste jusque vers l'automne ; il retourne pendant l'hiver dans le fond des mers pour revenir l'année suivante dans les eaux qu'il a quittées l'automne précédent. Il paraîtrait même, d'après des expériences rapportées par Duhamel, que le saumon saurait retrouver l'endroit où il s'était établi. Cet auteur cite des essais semblables à ceux que l'on a faits sur les hirondelles. Ces Salmones entrent dans l'eau douce pour y frayer, et les femelles déposent leurs œufs, soit dans les grands fleuves, soit dans leurs affluents, et souvent très-loin de la mer. Dans la Suède et autres contrées septentrionales, il arrive quelquefois que les rivières gèlent de bonne heure, et alors les saumons passent très-bien l'hiver dans l'eau douce. On prétend encore que le bruit, ou les différents corps flottant sur la surface de l'eau, effraient le saumon et lui font souvent abandonner la rivière dans laquelle il voulait monter. Les femelles, au moment de frayer, creusent des sillons dans le sable pour y déposer leurs œufs ; elles ont même l'instinct de disposer des anfractuosités ou des sortes de nids au milieu des pierres, pour mettre à l'abri les petits qui doivent en éclore. Les mâles viennent alors dans ces endroits y abandonner leur laitance. Les deux sexes paraissent tellement épuisés par cette ponte, qu'ils se laissent en quelque sorte entraîner par le courant pour retourner vers la mer. Tous les auteurs s'accordent à dire que la chair devient mauvaise après la ponte.

La pêche du saumon se fait sur quelques fleuves dans des pêcheries sédentaires, mais on emploie aussi très-souvent la seine pour les prendre. D'ailleurs, l'industrie des pêcheurs fait un peu varier les moyens de poursuivre ces poissons suivant la localité. Le saumon est vorace, il croit avec rapidité. Sa nourriture consiste en poissons, et l'on dit qu'il préfère l'Ammodite (*Ammodytes tobianus*). Sir William Jardine regarde ce petit poisson comme un très-bon appât. Bloch a reçu du Wesel un saumon qui pesait quarante livres. Pennant en cite du poids de soixante-quatorze livres en Écosse. On en a trouvé en Suède du poids de quatre-vingts livres. La pêche du saumon est une branche d'industrie considérable dans l'économie politique de certains pays. Elle a surtout fixé l'attention dans le Nord de l'Europe. Pennant

cite des rivières où l'on prend quelquefois
sept cents saumons d'un seul coup de filet,
et l'on rapporte que dans la Ribble on en
prit une fois trois mille cinq cents. Quelques pêcheries d'Angleterre fournissent, année
moyenne, plus de deux cent mille saumons.
La pêche est plus considérable en Écosse et
en Norwége; il n'est pas rare qu'on porte à
Berghem deux mille saumons frais en un jour.

Elle varie selon que le poisson entre dans
les fleuves à une époque plus ou moins hâ-
tive, parce que la saison de la montée du
saumon change suivant la température des cli-
mats. Il n'entre pas dans les fleuves en bandes
nombreuses comme beaucoup d'autres, mais
en petites troupes, à la tête desquelles on
distingue les plus gros qui sont des femelles.
Elles sont suivies des mâles de la plus grande
taille, puis les petits saumons viennent ensuite. La succession de ces troupes est cependant assez rapide pour que dans certaines
occasions on voie apparaître un très-grand
nombre d'individus.

La brise qui souffle de la mer est favorable
à cette montée; on l'appelle en quelques endroits *vent du saumon.* Fischer cite qu'après
une brise assez forte et soutenue pendant
plusieurs jours, il entra dans la Dwina un

rideau si considérable de saumons qu'on en prit par milliers pendant plusieurs semaines. Les annales anciennes ont conservé le souvenir de saumons venus en abondance dans le Rhin, dans l'Elbe, et de ce fleuve jusque dans la Moldaw, où ces poissons lâchèrent une immense quantité de frai. On remarque en Islande que vers la S. Jean, dans les grandes marées de la pleine lune, il entre plus de saumons dans les rivières de cette île, lorsque le vent souffle du sud, que par des vents différents.

La pêche du saumon qui serait d'un grand produit pour les Islandais, paraît cependant presque nulle dans beaucoup d'endroits de cette île, parce que le manque de bras et peut-être aussi la pauvreté des habitants ne leur permet pas d'établir ces caisses percées de trous avec lesquelles on arrête le saumon. Souvent la rapidité du courant ou l'escarpement des berges sont des obstacles. Dans d'autres parties les paysans négligent la pêche du saumon, parce que le fond des baies est infesté par les Phoques. Cette considération ne devrait pas être un obstacle sérieux, car le produit de ces mammifères serait avantageux.

La pêche est exploitée avec plus de succès dans la Laponie danoise; elle est en général

plus considérable dans la Laponie orientale
que dans les contrées occidentales de cette
terre. La pêche s'en fait avec des caisses
comme en Islande, mais elle n'y est pas
suivie avec autant d'ardeur, que l'abondance
du poisson semblerait y engager les habitants,
parce qu'ils préfèrent pêcher le Dorsh. Il paraît
que ce Gade donne des bénéfices plus considérables. En Norwége la pêche du saumon est
d'un produit remarquable. On se sert souvent
de filets sédentaires placés à l'embouchure des
fleuves; on leur fait décrire des lignes variées
où le poisson s'égare comme dans des ton-
nares. Il y a des exemples où l'on en a pris
trois cents en une seule marée. C'est principalement dans le district de Drontheim ou
de Christiansand que la pêche norwégienne
est exploitée en grand; elle n'a pas autant
d'importance dans les parties septentrionales.
Outre la pêche faite sur le bord de la mer,
on prend aussi le saumon dans les fleuves
de l'intérieur des terres. Elle est surtout
très-animée mais très-périlleuse dans celle
de Moudahl, auprès du fameux pont appelé
Bielands-Broë. On sait qu'il est posé sur
d'énormes fragments de rochers restés debout
en forme de piles et élevés de trente-six à
quarante pieds au-dessus du niveau ordi-

aire. A la fonte des neiges l'eau s'élève quel-
uefois jusqu'au cintre des arches. C'est un
pectacle effrayant que de voir avec quelle
rdeur les pêcheurs se hasardent sur une
imple et frêle embarcation, en s'exposant à
ous les dangers de la chute de cette énorme
masse d'eau, s'échappant avec fracas du haut
u rocher et tombant en large cascade. Les
êcheurs cherchent à profiter des contre-cou-
ants qui les portent sur de grands trous au
pas de la chute et où les saumons se rassem-
lent volontiers. Quand ils sont assez heureux
our se maintenir, ils font souvent une cap-
ure considérable. Le Danemarck proprement
lit, le Jutland et le Holstein ne sont pas
ussi bien pourvus de saumons. Il y a cepen-
lant quelques golfes où on en pêche encore
ine assez grande quantité, mais toutes les
ôtes de la Baltique en sont extrêmement
iches. On prend cette espèce dans les eaux
louces ou salées du golfe de Finlande, et en
emontant au nord, dans celles de la Laponie
uédoise. Le golfe de Bothnie coupé par des
nses, des baies ou des embouchures de
leuves assez nombreuses, est extrêmement
avorable à cette pêche. Il y avait autrefois
les pêcheries considérables dans le Halland,
mais elles ont bien déchu de leur ancienne

prospérité, parce que beaucoup d'embouchures de rivières se sont ensablées ; le saumon trouvant les rivières ainsi barrées n'a pu
gagner les chutes des cascades, ni déposer son
frai sur les sables où il se réunissait auparavant. Ce poisson est très-commun sur les côtes
méridionales de la Baltique, tant en Poméranie
qu'en Livonie. La Dwina est très-renommée
pour les pêches qu'on y fait presque toujours
au moyen d'enceintes fixes. Au fond du golfe
de Finlande, la quantité d'eau courante qui
s'y verse, y appelle le saumon ; par la Newa
il pénètre dans le lac Ladoga. La moyenne
des pêches est assez variée. L'Elbe est de tous
les fleuves de la Basse-Allemagne celui qui a
le plus de saumons. Il y en a moins dans le
Weser et dans l'Ems. Toutes les rivières de
la Hollande jusqu'à l'Escaut sont abondamment pourvues de ce Salmonoïde. La pêche
a une grande importance à Schoonhaven sur
la Meuse ; dans le Rhin, l'Yssel, le Wahl, le
Lech on le prend dans des clayonnages garnis
de filets. Mais le saumon est l'objet d'une
pêche bien plus considérable tant en Écosse
qu'en Irlande ; elle est moins productive en
Angleterre. Dans la Tweed elle commence en
Décembre et se soutient pendant neuf mois.
Beaucoup de pêcheries sont établies sur les

ux rives jusqu'à quatorze milles de son em-
uchure. Presque tous les produits s'empor-
nt à Berwick. Les pêches du Tay sont aussi
nommées. On regarde l'entrée précoce du
ll-Trout (*Fario argenteus,* nob.) comme
présage d'une bonne pêche. Il y a en Ir-
nde, dans la rivière de Ban, une pêcherie
nsidérable. L'embouchure de la rivière re-
rde le nord et les filets sont placés au pied
s promontoires, de manière à ce que les
umons s'y engagent en filant le long de la
te.

Les nappes ont souvent plusieurs centaines
mètres d'étendue. On les met à l'eau jour
nuit, pendant tout le temps de la saison
pêche, qui dure environ quatre mois.
heure la plus favorable est celle de la marée
ontante. On pêche moins de saumons dans
eaux salées des côtes de France baignées
r la Manche ou par l'Océan. Il est rare
l'ils s'approchent assez près du rivage pour
re pris dans les parcs, excepté sur les grèves
mont Saint-Michel, où l'on peut tendre des
ets au reflux des marées de morte eau. A
mbouchure de nos rivières ou le long de leur
urs on emploie presque toujours des nappes
dentaires, mais aussi, suivant les localités,
peut employer la seine ou le tramail.

Cette industrie n'a pas beaucoup d'importance
dans la Seine ni dans l'Orne, puisque ce
fleuves n'ont que très-peu de poissons. Dan
la Loire elle mérite une haute considération
Le poisson remonte dans ce fleuve en asse
grande abondance vers les équinoxes. Le
pêcheurs de Belle-Ile trouvent donc du profi
à poursuivre cette espèce. Au-dessus de Nante
on voit des pêcheries établies au Pont-de-Cé
à Tours et à Saumur. Le saumon passant dan
la Vienne et l'Allier, y devient l'objet d'une
pêche assez considérable. Cette dernière rivière est, dit-on, barrée dans toute sa largeu
au pont du Château par une digue haute de
plus de deux mètres au-dessus des moyenne
eaux. Je regarde ces procédés comme de
moyens de destruction plutôt que comme
une pêche aménagée avec une sage économie
Le saumon entre aussi dans la Charente, la
Gironde et l'Adour. On en prend une asse
grande quantité depuis Agen jusqu'à Toulouse.
Dans l'Adour et dans les Gaves qui descenden
des Pyrénées occidentales, on distingue deux
montées de saumons; l'une commence en
janvier et dure jusqu'à la fin d'avril; la seconde s'opère en juillet et en août, mais on
dit que ceux-ci sont moins gros et moins bons
que ceux de la précédente montée. On a jus-

l'à présent essayé, mais inutilement, de
ansporter le saumon vivant, ou même de le
nserver dans des viviers; mais en général
s expériences ont très-mal réussi. L'abon-
nce des individus a nécessairement obligé
employer des moyens conservateurs pour
tiliser cette grande quantité de poissons pris
la fois. Ces moyens varient suivant les loca-
tés. On le sèche, on le fume, on le sale ou
n le marine. Dans l'Asie septentrionale on
fait geler, et l'on peut, par ce moyen très-
mple, le transporter à des distances considé-
bles. Cette manière prompte et économique
uit à la qualité de la chair. Pour les fumer
faut choisir les individus de taille moyenne;
ils sont maigres, ils éprouvent une dessiccation
op prompte; s'ils sont trop gras, l'abondance
e l'huile nuit au succès de la préparation.
Le saumon de la Baltique, qui tient le milieu
ntre ces deux qualités, est fumé en Livonie.
Hambourg en reçoit des cargaisons que le
ommerce distribue, sous le nom de Sau-
nons de Hambourg, dans tout le monde.
Pour le fumer, on le saupoudre de sel après
l'avoir fendu pour en retirer les viscères et la
colonne vertébrale. Après être resté dans le
sel pendant environ trente-six heures, on
l'expose à la fumée que produit un feu entre-

tenu avec des brindilles de chêne, d'aune et
de genévrier. On préfère dans quelques endroits la fumée du piment royal (*Myrica
gale*). En Écosse, en Irlande et en Norwége
on sale presque tous les saumons. On peut
remarquer cependant que l'accroissement de
la pêche de la morue sur le banc de Terre-
Neuve a dû donner une concurrence défavo-
rable à celle du saumon.

Je viens de présenter l'histoire du saumon
adulte, mais on peut se demander si l'animal
ne change pas d'aspect avec l'âge. M. Agassiz
a cru devoir établir que le *Salmo Gœdenii*
de Bloch était le jeune âge de notre espèce.
Les poissons que j'ai reçus d'Allemagne, sous
ce nom, ne confirment pas cette hypothèse.
On verra plus loin qu'ils ont, comme le saumon, le corps du vomer sans dents, mais
celles qui sont sur le chevron sont tout à fait
différentes. Je crois qu'il faut regarder comme
de jeunes saumons les poissons qui ont été
représentés dans le grand et bel ouvrage de
sir William Jardine, sous le nom de *Salmo
albus* ou de *Herling de Solway*. M. Fleming,
qui a admis cette espèce, l'appelle *Salmo
Phinock,* et dit que c'est un poisson qui
atteint rarement un pied de long, que la
chair est rougeâtre, qu'il entre dans les ri-

eres vers le mois de juillet : on le prend
rement dans les filets tendus dans les eaux
umâtres; les individus sont pourtant très-
mbreux dans les rivières qu'ils fréquen-
nt pour frayer dans les mois d'août et de
ptembre. Tous ces traits me paraissent con-
nir parfaitement au saumon, et ce qui me
rsuade encore plus, c'est que nous recevons
r nos marchés de vrais saumons, tels que je
caractérise, qui n'ont pas plus d'un pied à
natorze pouces, et qui sont tout à fait sem-
ables à la figure que j'ai citée plus haut. Cette
pèce a été inscrite dans le *British Fauna*
Turton, sous le nom de *Salmo Phinock*.
eming croit que c'est le *Salmo albus* de Pen-
nt, espèce nominale adoptée par M. de La-
pède[1]. Mais Fleming pense que ce peut être
ussi le *Salmone Cumberland* de Lacépède; les
otes de Noël de la Morinière prouvent que
tte description a été faite sur notre Forelle
u Truite de mer (*Fario argenteus,* nob.).
[M. Jenyns et Yarrell n'admettent point
tte espèce qu'ils regardent comme un jeune
e première année de leur Truite de mer
Sea Trout). La dentition peut seule décider
tte question, mais je n'hésite pas à répéter

---

1. Lacép., t. V, p. 695 et 696.

que la figure de Jardine me confirme dans ma première détermination.

M. John Shaw a publié un mémoire fort intéressant sur le développement et la croissance du frai d'une espèce de salmonoïdes, qu'il regarde comme des jeunes saumons. Il a même eu la complaisance d'en envoyer au Cabinet du Roi plusieurs exemplaires de différents âges. Il a représenté l'animal au moment où il sort de l'œuf, à peine âgé d'un jour et ayant encore son vitellus attaché sous l'abdomen. Il nous le montre à deux, à quatre et à six mois. Tous ces individus ont à cet âge le dos ponctué de noir, les flancs traversés par des bandes ou de grosses taches noirâtres, au nombre de douze ou quinze, et le long de la ligne latérale; entre elles on voit des points rouges. A un an les taches deviennent confluentes avec le brun du dos, et elles ne forment plus que six à sept bandes noires transversales qui tendent à se perdre ou à s'effacer dans la couleur générale. Il y a encore des points rouges. A cet âge le poisson est, selon M. Shaw, celui que les Anglais nomment *Parr*. Les individus sont tout à fait semblables à ceux que nous recevons du Rhin sous le nom de *Saumoneaux*. Je ne saurais les distinguer des petites Truites que j'ai reçues

es différentes rivières de France. Mon con-
ère, M. Rayer, a eu la bonté de m'en faire
essiner plusieurs d'après le vivant. Ces petits
oissons avaient été pêchés dans une des pe-
ites rivières du Calvados, la Seule d'Anctoville,
ui se jette à la mer. J'en ai reçu d'autres des
ffluents de la Loire sous le nom de *Tacon*.
Ion ami, le docteur Bardinet, m'en a envoyés
les rivières du Limousin et du centre de la
France. J'en ai reçu d'autres par les soins de
I. Bonafoux, conservateur du Musée de la
ille de Gueret. Ces individus se ressemblent
ellement, qu'il est impossible de les distin-
uer les uns des autres. Tous ces poissons
nt deux rangs de dents vomériennes. Si
I. Shaw a bien déterminé l'espèce dont il
 suivi le développement, et que les jeunes
u'il a représentés soient ceux du saumon, on
era obligé de reconnaître que les caractères
xtérieurs que nous pouvons saisir entre les
dultes de ces différents Salmonoïdes n'exis-
ent pas dans le jeune âge. Il reste maintenant
e s'assurer si les poissons décrits par le zoo-
ogiste anglais ont, comme ceux de nos rivières
le France, cités plus haut, une double rangée
le dents vomériennes : je ne puis croire qu'il
n soit ainsi. Le Parr ou le Saumoneau a, dans
ous les cas, donné lieu à l'établissement de

21.　　　　　　　　　　14

plusieurs espèces nominales, que l'on ne devra point conserver.

Le *Salmo salmulus* de Turton, accepté par MM. Yarrell et Jenyns, d'après les anciens documents de Willughby, de Ray et de Pennant, ne me paraît reposer que sur des jeunes Salmonoïdes. La *Salmone Rille* de Lacépède est établie d'après des notes, accompagnées d'un dessin que Noël avait envoyé à cet illustre savant. C'est évidemment une jeune Truite, que l'on pêche en abondance dans la Rille jusqu'à Pont-Audemer. En étudiant avec soin les notes du correspondant de Lacépède, je trouve qu'il regarde le Saumoneau du Rhin et du Loiret comme semblable à celui de la Rille. Il remarque que ce sont des petits poissons nés dans les eaux douces, qui regagnent la mer aussitôt que leurs forces leur permettent d'entreprendre le voyage. Il en dit autant du Saumoneau de la Semoy, rivière qui se jette dans la Meuse au-dessus de Charleville. Quant au saumon de la Rille, ce poisson paraît aimer les eaux froides, comme la Truite; M. Noël assure qu'on ne le prend facilement qu'en hiver. Dans une autre partie de ses notes, Noël dit que l'on retrouve des individus de cette prétendue espèce dans les petites rivières de Cornouailles; qu'on les pêche dans toutes les eaux

ui ne sont pas salées et infectées par le lavage
es mines d'étain, ces eaux-mères devenant
tales à toute espèce de poisson. Il reconnaît
lors que sa Salmone Rille est de la même
pèce que le *Salmlet* de Pennant.

Pour revenir au mémoire de M. Shaw [1], cet
abile et patient observateur a aussi figuré le
aumon à l'âge de dix-huit mois. Ce poisson
essemble encore au Parr, mais il est déjà plus
rand; puis nous le voyons représenté à l'âge
e deux ans. Ce Parr est alors converti en
molt ou en jeune Saumon; il n'a plus de
andes transversales, ni de taches rouges; il
 pris évidemment les couleurs du Saumon
dulte; il devient impossible de le distinguer,
auf la taille, du *Salmo albus*, figuré par Wil-
am Jardine. Ce qui me fait craindre que
 habile naturaliste écossais n'ait pas bien dé-
erminé l'espèce sur laquelle il a expérimenté,
'est que le Cabinet du Roi possède des jeunes
e l'espèce de la Truite de Baillon (*Salar*
Bailloni, nob.) qui ressemblent tout à fait aux
igures citées plus haut. Les observations de
I. Shaw ont été consignées dans le Supplément
ux poissons d'Angleterre, que M. Yarrell a
lonné en 1839; il admet que les jeunes du

---

1. Shaw, *Transact. societ. Edimb.*, vol. 14, et *Edimb. New-
hilos. journ.*, juillet 1836 et janvier 1838.

Saumon ont à un certain âge l'apparence des Parr, mais il pense que les *Salmo Trutta* et *S. eriox* ressemblent aussi au Parr dans leur premier âge. Ce naturaliste persiste à croire que le Parr est une espèce distincte. Il discute longuement les variations que peuvent offrir ces jeunes de différents âges. La lecture des observations de ce très-judicieux naturaliste me fait soupçonner que ces espèces de Salmonoïdes se ressemblent presque toutes dans le jeune âge, ou, ce qui me paraît plus probable, que ces ichthyologistes n'ont pas pu distinguer ou déterminer zoologiquement les poissons qu'ils ont examinés. Tout en félicitant M. Shaw de ses patientes et utiles observations, je lui demande de vouloir bien consacrer quelque temps encore pour éclairer, par de nouvelles recherches ces questions importantes de l'histoire naturelle du Saumon et des Truites, et j'ajouterai même de la physiologie générale en ce qui concerne le développement des poissons.

Le Bécard.

(*Salmo hamatus*, Cuv.)

M. Cuvier a introduit, dans la seconde édition du Règne animal, d'après le travail que nous avions commencé sur la famille des

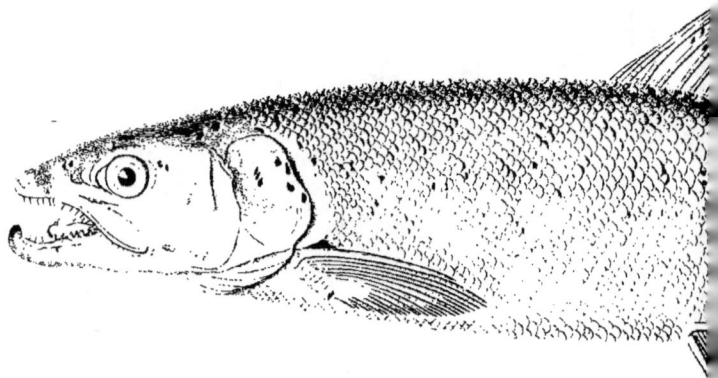

LE BÉCARD.

Dickmann del.

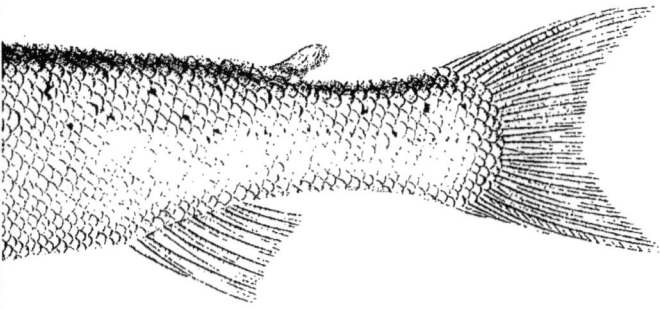

615

SALMO hamatus. Cuv.

Annedouche sculp

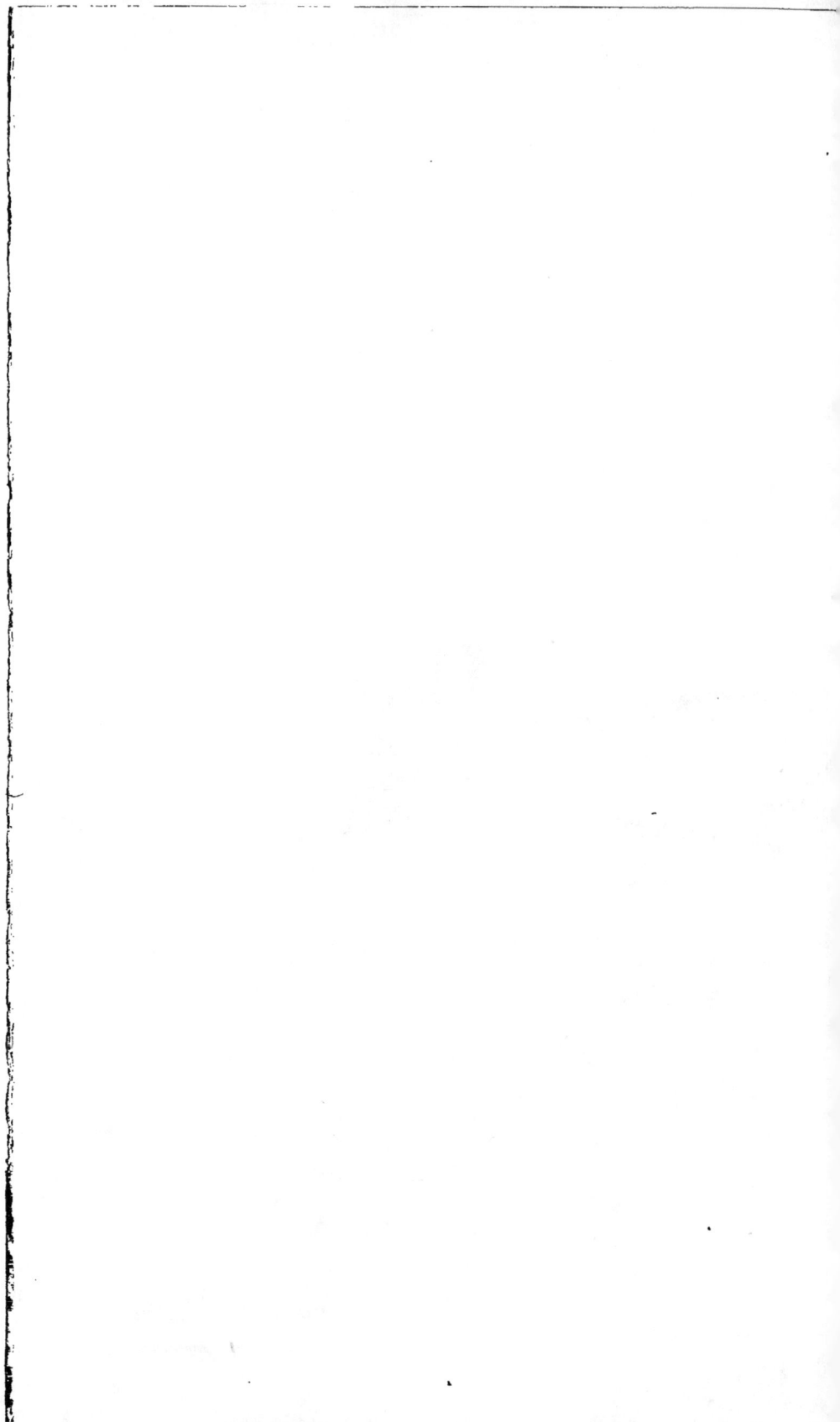

ruites, l'espèce du Bécard, qu'il a appelé *Salmo hamatus*. Ce saumon est remarquable par la grandeur de sa gueule, armée de fortes dents. Cela dépend de la longueur des intermaxillaires et d'un allongement correspondant des branches de la mâchoire inférieure. Le vomer et les palatins sont aussi plus saillants au-devant de l'orbite et sur l'extrémité du museau. Les intermaxillaires ont, en effet, une longueur égale aux deux tiers de celle des maxillaires. Ils sont couchés sur les côtés de la bouche, séparés entre eux par une membrane lâche. Le voile supérieur de la bouche est très-large, très-grand, et réunit les deux os par leur face interne. Au-devant, il existe un enfoncement considérable qui reçoit le tubercule de la mâchoire inférieure. Ces intermaxillaires portent sept ou huit grosses dents. Les dents du maxillaire sont un peu plus petites que les précédentes. La branche de l'os dépasse légèrement en arrière le bord postérieur de l'orbite. Les palatins ont une seule rangée de dents parallèles à celles du maxillaire. Il n'y a qu'une seule dent sur le chevron du vomer. Nous l'avons vérifiée sur plusieurs exemplaires, et le reste de l'os est complétement lisse, et le palais est recouvert d'une muqueuse extrêmement épaisse. La mâchoire inférieure est très-longue, de sorte que l'ouverture de la bouche égale souvent la moitié de la longueur totale de la tête, ou en fait au moins les trois septièmes. Les os de la mâchoire sont élargis, rugueux et un peu redressés auprès de la symphyse, qui porte sur le frais un tubercule fibro-cartilagineux,

dur et résistant, et qui pénètre dans l'enfoncement
de la mâchoire supérieure décrit plus haut. Quand
la gueule est fermée et que le tubercule de la mâchoire inférieure est rentré dans la cavité qui doit
le recevoir, on doit dire, pour faire connaître la
physionomie du poisson, que la mâchoire supérieure
dépasse l'inférieure; que le museau, large et arrondi,
est relevé en bosse, tandis qu'il y a un creux, si
la mâchoire inférieure est un peu abaissée. Le profil
du front devient concave au-dessus de la narine;
puis il se relève sensiblement jusque vers le dos.
Par la jonction de l'intermaxillaire et du maxillaire,
la mâchoire supérieure forme un arc très-élevé, qui
laisse toujours un vide très-grand entre elle et la
mâchoire inférieure, de sorte que, quand la gueule
est fermée, on aperçoit toujours la langue; celle-ci
correspond à l'échancrure de la valvule du palais et
à celle de la mâchoire inférieure, qui est non moins
large. C'est donc un de ces poissons auxquels on
donnerait, avec raison, l'épithète d'*Anadromus*,
ou dont on pourrait dire *ore hiante*.

Le globe de l'œil est petit. Le diamètre de l'iris
est compris treize fois dans la longueur de la tête.
L'orbite, beaucoup plus grand, est bordé par une
adipeuse fort épaisse, faisant un angle assez aigu sur
le devant de l'œil. Le bord de cette partie ne touche
point le globe, et l'intervalle est rempli par une
duplicature de cette paupière adipeuse; ce qui forme
une membrane épaisse, analogue à celle que nous
avons observée dans les Aloses; mais celle-ci ne
cache pas le cercle coloré de l'iris. Les sous-orbi-

taires sont étroits. Le premier ne dépasse pas l'ouverture postérieure de la narine, et il touche au
quart antérieur du maxillaire. Les quatre ou cinq
autres osselets sous-orbitaires sont très-minces et
cachés dans l'épaisseur de la peau. Au-dessus de
l'œil il existe un sourcilier, caché sous une peau
muqueuse extrêmement épaisse. Cette peau du crâne
recouvre aussi les petits nasaux et s'étend jusqu'à
l'extrémité du museau, en formant sur toute la tête
de l'animal un tissu fibreux, comme lardacé, d'une
très-grande épaisseur. La fente de l'ouïe est arrondie.
Le bord du préopercule descend presque droit aux
quatre cinquièmes de la longueur de la tête. L'opercule, le sous-opercule et l'interopercule forment,
par derrière, une assez large plaque à bord très-
mince, de sorte que la suture qui sépare les os est
presque linéaire; elle est cependant facile à voir.
Le bord membraneux de l'opercule est si petit qu'il
n'y aurait pas beaucoup d'exagération à le dire nul.
La membrane branchiostège a tous ses rayons libres
et visibles à côté les uns des autres, sous l'isthme
de la gorge. Il y a onze rayons. La langue, qui est
charnue, arrondie et très-grosse, porte trois dents
de chaque côté. L'épaule ne se montre en dehors
que par un arc osseux, formé par l'huméral, le
scapulaire étant presque entièrement caché sous le
bord de l'opercule, et le surscapulaire étant perdu
pour la plus grande partie sous la peau muqueuse
de la tête. La pectorale, insérée dans une fossette
axillaire assez creuse, presque sous la ligne inférieure du profil, est arrondie quand elle est étalée.

Quand elle est fermée et collée contre le corps, sa plus grande longueur est égale à la moitié de celle de la tête. La ventrale, plus triangulaire et un peu plus courte que la précédente, est insérée sous le milieu de la longueur totale; elle porte dans son aisselle un appendice fibro-cartilagineux, à peu près de la longueur du tiers de la nageoire, sur lequel je n'aperçois pas d'écailles. La dorsale répond au milieu de la longueur du corps, en n'y comprenant pas la caudale; elle est insérée au-devant de la ventrale, ses cinq premiers rayons sont insérés au-devant de l'attache de la ventrale. Le corps en est coupé carrément. Le dernier rayon mesure la moitié de la longueur des premières, qui sont à peine plus longs que la base de la nageoire. L'adipeuse répond au dernier rayon de l'anale. Cette nageoire est très-épaisse, plus haute que les deux tiers de la hauteur du tronçon de la queue, mesurée sans elle. L'anale est aux deux tiers de la longueur totale. Sa hauteur égale celle de la dorsale; elle est plus courte qu'elle. Son bord est légèrement arrondi. Le bord de la caudale est très-peu concave. La longueur des rayons mitoyens mesure, à peu de chose près, la moitié des rayons latéraux. Tous, d'ailleurs, sont épais et enveloppés par cette peau muqueuse, et comme lardacée, que l'on observe sur toutes les autres parties de l'animal.

B. 11; D. 14—0; A. 12; C. 8—21—9; P. 14; V. 9.

Les écailles sont d'une grande minceur, presque entièrement recouvertes par l'épiderme mince, dont les replis forment les bourses dans lesquelles sont cachées les écailles; car au-dessous d'elles la peau du corps a une grande épaisseur. Nous en comptons cent vingt-cinq rangées le long des flancs. La ligne latérale est droite et très-fine.

Les couleurs sont constamment différentes de celles du saumon ordinaire. Le dos n'est jamais bleu, ni le ventre argenté, comme dans le saumon. C'est un gris rougeâtre devenant plus vif sur les parties inférieures des flancs, le ventre étant blanc mat. Il y a des taches noires formées par la réunion de plusieurs points au-dessus de la ligne latérale. Sur le dos et sur les flancs seulement il y a de nombreuses et grandes taches ou marbrures rouges. Il y en a aussi sur l'opercule, sur le haut du préopercule; on les voit même s'étendre sur le dessus de la tête; mais elles y sont très-pâles. Il en est de même de celles que nous observons sur la base de la dorsale et sur la plus grande partie de la caudale, dont le bord, noirâtre ou plutôt d'un brun rougeâtre assez foncé, porte encore des traces de taches ou de lignes plus pâles sur l'extrémité des lobes. Le bord de la dorsale est gris noirâtre et sans tache; celui de l'anale est tout à fait noir. L'adipeuse est bordée de noir; le reste de sa surface est de la couleur du dos et a des taches rouges pâles. La pectorale a les rayons verdâtres en dessus, plus pâles en dessous. Son bord est noirâtre. La ventrale est plus grise, et le bord est plus foncé.

Les viscères du Bécard me paraissent différer très-peu de ceux du saumon. Je trouve cependant plus de cœcums. J'en compte soixante-sept. D'ailleurs, l'estomac et l'œsophage me paraissent un peu plus allongés et plus grêles que dans le saumon. Il n'y avait dans le canal intestinal que deux ou trois petits tænia, remarquables par leur brièveté; mais je n'en ai trouvé aucun dans les cœcums. On sait que la présence de ces vers dans les cœcums est, au contraire, très-ordinaire dans les Truites. J'ai disséqué un mâle. Les laitances n'occupaient guère que la moitié de la longueur de la cavité splanchnique. Il m'a été facile d'insuffler par l'orifice commun des organes de la génération les deux canaux déférents qui viennent y aboutir. On les voit former sur la face dorsale du testicule des replis nombreux et très-fins, une sorte d'épididyme; de sorte que l'organe mâle ressemble tout à fait à celui des autres poissons, tandis que celui de la femelle offre, comme on sait, des différences très-notables.

Quant au squelette, il faut remarquer les rugosités de la surface externe des frontaux. Elles forment de grandes lacunes remplies par une graisse abondante. Ces deux os se touchent sur la ligne médiane, sans former de crête proprement dite. Le frontal postérieur est fortement uni avec le principal sous l'angle postérieur de l'orbite. La table du frontal le recouvre presque entièrement. Cet os est très-épais, celluleux, et s'appuie, par sa grande surface suturale, sur la grande aile sphénoïdale; mais l'agrandissement du frontal principal est tel qu'il s'articule avec le mastoïdien. L'angle postérieur et moyen des frontaux se prolonge en une lame osseuse très-mince, qui s'avance sur les pariétaux et les recouvre presque en entier. Cette lame s'avance même sur l'interpariétal. La matière graisseuse, qui pénètre tous les os du crâne, et remplit la plus grande partie de la boîte cérébrale, forme entre ces os une couche assez épaisse et les sépare, de sorte qu'il y a sur toute la voûte du crâne des intervalles entre les os; mais, outre cela, nous avons sur les côtés, entre les mastoïdiens, l'occipital latéral, les pariétaux et le frontal principal, un large trou qui communique directement dans l'intérieur de la boîte cérébrale. Au-devant des deux frontaux principaux je trouve une très-large plaque osseuse, formée par une lame très-mince, relevée en bosse dans son milieu et rugueuse sur les côtés. Cette lame occupe tout l'intervalle compris entre les frontaux principaux, les intermaxillaires et l'extrémité presque toujours cartilagineuse en dessus du vomer; elle contribue donc à la saillie du museau.

Je ne crois pas me tromper en la considérant comme les deux frontaux antérieurs réunis sur la ligne médiane. D'ailleurs, un cartilage assez épais et une grande quantité de graisse condensée remplit tout le large espace qui sépare ces os du crâne de ceux de la voûte palatine. L'ethmoïde est gros, celluleux, mais court; il ne contribue pas, par conséquent, au prolongement du museau. Si nous revenons maintenant à la partie postérieure du crâne, nous ajouterons que la crête interpariétale est extrêmement basse, qu'il n'y a pas de trou entre les occipitaux ou les mastoïdiens. Les autres os ne me paraissent présenter aucune particularité assez notable pour qu'il me paraisse nécessaire d'en donner une description plus détaillée. Il y a cinquante - six vertèbres, dont trente - quatre sont abdominales. Les côtes sont grêles, longues; elles ne portent pas d'apophyses horizontales comme il y en a dans les Truites; mais on voit à la base des vingt-neuf premières apophyses épineuses une arête dirigée horizontalement, qui rappelle les os observés dans les clupées.

On trouve, d'ailleurs, une bonne figure de ce squelette dans les tables ichthyotomiques de M. Rosenthal. [1]

Cette description a été faite d'après un individu long de trente-deux pouces.

Nous avons reçu de Strasbourg une truite pêchée dans l'Ill; elle avait été envoyée par M. Hammer. C'était une femelle, à ventre argenté, à flancs rosés, semés de quelques taches irrégulières rouges. Le dos avait quelques taches noires, telles qu'on les voit encore. L'adipeuse était bordée de rouge ; toutes les nageoires sont sans taches. Sa dentition est celle d'un saumon. Ce Bécard porte deux dents à l'extrémité du vomer, à côté l'une de l'autre, et derrière celles-ci il en existe une troisième. Sur le devant du museau, tout près de la réunion des deux intermaxillaires, il

---

1. Rosenthal, *Tab. ichthyot.*, pl. 6.

xiste une fossette assez profonde, dans laquelle entrait évidemment le tubercule de la mâchoire inférieure. Ces détails nous font reconnaître un jeune âge de notre espèce acuelle. Le poisson correspond parfaitement à la figure donnée par M. Agassiz, sous le nom le Saumon femelle. D'où il resulte que cet habile zoologiste, qui ne voulait pas admettre le *Salmo hamatus*, a précisément représenté les deux sexes du Bécard; mais il a mal déterminé l'espèce qu'il avait sous les yeux.

De même que nous voyons quelquefois sur les marchés de Paris de petits saumons, on y voit aussi arriver de temps à autre de jeunes Bécards. J'en ai trouvés qui n'avaient pas plus de quatorze à quinze pouces. A cet âge ils ont le corps beaucoup plus étroit, les flancs beaucoup plus aplatis que les jeunes saumons. Il est par conséquent beaucoup plus aisé de distinguer alors les deux espèces. Ces petits bécards ont la fossette de la mâchoire supérieure et le crochet de l'inférieure déjà très-prononcés. On les voit d'ailleurs sur des individus beaucoup plus petits, car dans la basse Seine, où les pêcheurs connaissent bien les deux espèces, ils distinguent déjà les petits du Bécard à la protubérance naissante du crochet.

Il faut aussi remarquer qu'on ne prend presque jamais dans la Touque que des bécards ou de grosses truites, mais très-rarement du véritable saumon. Dans la Rille, les saumons remontent les premiers, ils sont suivis des bécards; quand ces deux espèces ont disparu, on ne prend plus que des truites (*Salar*). Il résulte de ces exemples, qui se répètent très-probablement dans d'autres rivières de l'Europe, que les deux espèces ne fréquentent pas ensemble les mêmes eaux. Le saumon précède le bécard au moins de quatre à cinq mois, et la pêche du premier tire à sa fin quand on prend les deux espèces. On n'a pas craint de répéter que l'excroissance de la mâchoire inférieure du saumon se développait à la suite d'un séjour trop prolongé dans les eaux douces. On n'a pas fait attention que l'on prend des bécards au moment même où ils quittent l'eau salée pour entrer dans la rivière; qu'on en prend dans la mer beaucoup plus fréquemment que de vrais saumons; que l'on prend très-souvent dans certaines parties des fleuves les plus voisines de leur source, la première de nos espèces, tandis que le bécard ne remonte jamais aussi haut.

La chair du bécard est beaucoup moins colorée que celle du saumon; elle est aussi

ien plus sèche; ce qui fait que ce poisson
st moins estimé que le précédent.

Ce saumon arrive sur nos marchés en très-
rande abondance au printemps, où on le
end ordinairement sous le nom de Saumon
e la Loire, et aussi sous celui de Bécard;
ais il reparaît encore vers la fin de la saison
ans le mois d'octobre et de novembre. Les
archands le présentent comme de vieux
âles de l'espèce du Saumon ordinaire, quoi-
u'il y ait sur la place autant de femelles que
e mâles. Les individus des deux sexes ont
oujours le crochet saillant de la mâchoire infé-
ieure, et je ne crois pas même qu'on puisse
ire qu'il le soit davantage dans le mâle que
ans la femelle. Il ne faut pas oublier que les
emelles du saumon ordinaire portent un petit
ubercule comme les saumons mâles. Que l'on
e pardonne ces répétitions; elles me parais-
ent nécessaires pour bien fixer les idées.
omme on trouve en même temps des indi-
idus de l'espèce précédente, que l'on peut
omparer immédiatement avec ceux de celle-
i, on est très-promptement frappé des diffé-
ences qui existent entre ces deux poissons.
ous ferons ici la remarque, qui a déjà été
aite pour l'espèce précédente, c'est qu'on n'en
oit pas de jeunes.

M. Agassiz a cru devoir établir dans une note lue devant l'Association britannique, que le *Salmo hamatus* n'était que le vieux mâle du saumon, et son opinion a été adoptée par les ichthyologistes récents d'Angleterre. Il a reproduit cette idée dans son Histoire des Salmones, et c'est d'après elle qu'il a fait figurer sur la planche Ire de son ouvrage le *Salmo hamatus* sous le nom de *Salmo salar* ou de *Saumon du Rhin, mâle adulte.*

Le trait de la figure est fort exact; il donne bien une idée de l'espèce, mais la couleur ne ressemble pas à celle des individus qui viennent sur nos marchés : elle n'est vraie, ni pour la force du corps ni pour la distribution des taches rouges. On peut également dire que l'adipeuse est trop petite.

Avant M. Agassiz, Bloch avait énoncé la même idée relativement au sexe du bécard; il l'a représenté dans sa grande Ichthyologie à la planche 98; la figure est reconnaissable, quoique mauvaise, parce que la caudale est beaucoup trop échancrée et parce que les couleurs sont absolument fausses. Bloch a aussi regardé ce poisson comme le mâle du saumon, et il se fonde sur ce que le conseiller Göden, qui a une pêche considérable à Rugen, dit que les gens qui ouvrent des milliers le ces poissons pour les fumer, n'ont jamais trouvé une seule femelle qui eût un crochet, ce qui est tout à fait inexact.

Les ichthyologistes du 16.ᵉ siècle avaient fait connaître cette espèce; car Gessner[1] en donne une figure un peu rude, comme toutes les planches exécutées sur bois, mais qui est cependant une des meilleures que je connaisse encore aujourd'hui, et s'il le présente comme un vieux mâle, il faut bien remarquer que Belon[2] en a représenté la tête avec non moins d'inexactitude, mais en la donnant comme celle d'un saumon femelle (*Caput salmonis fœminæ*). Duhamel[3] en donne la figure sous le nom de Bécard; mais elle est au-dessous de toute critique. Cependant ce que cet auteur dit dans le chapitre II, où il traite du Bécard, prouve qu'il a bien évidemment vu l'espèce dont nous parlons ici; mais il a perdu les observations qu'il faisait sur la nature, au milieu de toutes les notes plus ou moins confuses qu'il recevait de ses différents correspondants.

---

1. Gessn., *De aquat.*, liv. 4, p. 825.
2. Belon, *De aquat.*, p. 279.
3. Duhamel, 2.ᵉ partie, S. 2, pl. 1, fig. 2, p. 192.

Le Salmone Huch.
(*Salmo Hucho*, nob.)

Ce saumon

a le corps plus long et plus rond ; la tête plus allongée que le saumon. La hauteur du tronc est, en effet, six fois et deux tiers dans la longueur totale, et cette mesure ne fait que les deux tiers de celle de la tête. Le dos est assez large et arrondi. Le dessus de la tête est méplat. L'œil, placé sur le devant et sur le haut de la joue, n'est pas très-grand. Son diamètre est sept fois et deux tiers dans la longueur de la tête. L'angle antérieur de l'orbite est assez avancé et dépasse d'une manière notable le globe de l'œil lui-même ; mais cet intervalle est rempli par une paupière adipeuse assez épaisse, et au-dessus de laquelle existe un petit sourcilier qui ne dépasse pas l'angle antérieur de l'orbite et n'atteint pas la narine. Le premier sous-orbitaire est très-étroit au-dessous de l'œil ; mais il s'élargit en une petite palette au-devant de l'organe et au-dessous de la narine. Les trois autres osselets sous-orbitaires sont cachés sous la peau muqueuse qui recouvre toute la joue. Le bord du préopercule est reculé aux quatre cinquièmes de la longueur de la tête ; il est mince et arrondi, avec quelques légères ondulations. L'opercule n'est pas très-grand ; on peut dire qu'il est triangulaire ; mais son angle supérieur serait tronqué ; l'inférieur est, au contraire, très-aigu. Le sous-opercule est un rectangle assez régulier ; l'interopercule est aussi quadrilatère, mais rétréci en avant. Ces quatre os de l'appareil operculaire sont bien visibles sur les côtés de la fente de l'ouïe. Le bord membraneux de l'opercule est très-petit. La fente de l'ouïe est très-grande. La branchie operculaire est tout à fait rudimentaire. Les râtelures des branchies ne m'ont rien offert de remarquable. Je compte dix rayons à la membrane branchiostège. La fente de la gueule, assez grande, n'a pas cependant le tiers de la longueur de la tête. Le maxillaire n'a que de petites dents; il y en a sept ou huit sur l'intermaxillaire. Le nombre de ces dents est d'ailleurs très-variable, car ces organes tombent facilement comme dans tous les autres saumons. Les dents palatines sont assez fortes, en crochets et sur une seule rangée. Il y en a trois ou quatre sur le chevron du vomer; mais le corps de l'os est lisse et sans dents. La mâchoire inférieure paraît dépasser la supérieure quand elle est abaissée; mais quand la bouche est fermée, on doit dire que les deux mâchoires sont égales. La langue, grande, libre, cannelée, comme celles des saumons, a de chaque côté une rangée de sept ou huit dents. La dorsale est sur le milieu de la longueur du corps. L'adipeuse est assez large. Les ventrales sont implantées sous les derniers rayons de la dorsale. L'anale est un peu pointue de l'avant, ainsi que la pectorale. La caudale est fourchue.

B. 10; D. 13; A. 12; C. 29; P. 17; V. 10.

Les écailles sont très-petites, elliptiques. J'en compte deux cents rangées. Une d'elles, examinée séparément, ne montre que des stries d'accroissement, parallèles aux bords. Il n'y en a point de longitudinales ou de transversales.

La couleur du poisson adulte ou vieux est un grisâtre tirant au violet sur le dos. Les flancs et le ventre brillent d'un bel éclat argenté. La tête et les nageoires dorsales ont des teintes verdâtres. La caudale tire un peu au jaunâtre. Le bord de son croissant est gris plus foncé. Les autres nageoires sont jaunâtres.

Au-dessus de la ligne latérale le dos est pointillé de taches noires, qui deviennent de plus en plus petites, à mesure que le poisson grandit. Elles tendent à s'effacer quand il est devenu adulte ou vieux.

M. Agassiz, qui a si bien représenté cette espèce, a donné, dans son Histoire des Salmones d'Europe, la figure d'un jeune *Huchén;* elle montre que, dans le premier âge, le corps est traversé par sept ou huit bandes verticales grises ou violacées, qui disparaissent avec l'âge, comme dans les autres Salmonoïdes, et qui, plus tard, se changent en points. Quand l'animal a un pied de long, on voit encore des points noirs sur le crâne et sur le haut de l'opercule, mais ils sont déjà entièrement effacés sur un exemplaire de seize pouces de longueur. Je n'en vois non plus aucune trace sur un poisson long de deux pieds. Il n'y en a pas sur les nageoires de nos exemplaires, et M. Agassiz n'en a indiquée aucune sur sa planche. La coloration que Bloch[1] a donnée à son *Salmo Hucho* est donc tout à fait arbitraire.

---

1. Bloch, pl. 100.

Les exemplaires sur lesquels j'ai fait les observations consignées dans cet article, ont nous été donnés au Cabinet du Roi par M. le marquis de Bonnay, alors ambassadeur de France près la cour impériale d'Autriche.

Ce n'est pas le seul service que ce diplomate éclairé ait rendu aux sciences naturelles qu'il cultivait avec passion, en remplissant tous ses moments de loisir par l'étude pleine de charmes de la botanique.

Nous lui devons d'autres exemplaires de saumons ou de truites du Danube et des lacs d'Autriche ou de la Bavière. Je me fais un devoir de lui exprimer ici le témoignage de ma reconnaissance pour les services qu'il a rendus à notre ouvrage.

Le nom de Huch est déjà cité dans Gessner[1], et il en donne même une figure dans son Traité *de Piscibus*, dessin qui lui avait été envoyé de Vienne par un médecin de cette ville. Quoique reconnaissable, elle n'est pas parfaitement correcte, et l'on ne peut pas dire que l'on trouve déjà dans cet ouvrage cette espèce bien établie. Aldrovande[2] en a reproduit une grossière copie; Willugbhy[3], au lieu

1. Gessner, *De aquat.*, p. 1015, ou *Nomenclat. aquat.*, p. 313.
2. Aldr., p. 592.
3. Will., *Hist. pisc.*, tab. n.° 1, fig. 6, p. 199.

de donner une figure originale de ce poisson,
s'est contenté de copier celle de Gessner ;
mais il le décrit d'après nature, et il signale
très-exactement les différences qui font distinguer notre espèce des autres truites.

Marsigli ne veut pas omettre ce poisson dans
son Histoire du Danube, et je trouve le Huch
représenté sous son nom allemand à la pl. 28,
fig. 1. Mais bien que la figure soit reconnaissable, elle est loin d'être bonne : la mâchoire
supérieure dépasse notablement l'inférieure ;
il y a de la négligence dans les autres parties
du trait. Cet auteur indique des taches sur
la dorsale et sur la caudale, comme Gessner
l'avait dit avant lui. Il l'indique comme une
des plus grandes truites, qui atteint jusqu'à
trente livres de poids. Il dit que la chair est
blanche, mais molle et moins agréable au goût
que celle des autres espèces. Le Huch fraie en
juin, le mâle et la femelle se tenant appariés,
et se cachant dans les cavités qu'ils se creusent
dans les fonds pierreux, malgré leur dureté,
par la violence des mouvements de leur corps.
Ils évitent facilement les filets des pêcheurs, en
se cachant dans les retraites où ils élèvent leurs
petits, comme dans des sortes de nids. Ces observations se rapportent tout à fait à celles qui
sont consignées dans la récente Ichthyologie

que J. Reisinger[1] nous a donnée de la Hongrie.

C'est avec les documents donnés par les auteurs que nous venons de citer que Linné a établi son espèce de *Salmo Hucho*.

M. Hartmann[2] fait remarquer, dans son Ichthyologie helvétique, que l'on a cité dans une description du canton de Lucerne le *Salmo Huch* parmi les poissons du lac des Quatre-cantons, mais que l'auteur aurait pris le *Ritter* ou *S. Umbla* pour le Huch.

Suivant Cornide[3] le *Hucho* se trouve en Galice : il l'appelle *Reo,* et dit qu'il entre dans la rivière au mois de mai ; qu'on le pêche en juin et en juillet ; que la chair est de bon goût, mais un peu sèche.

Suivant le témoignage de Fleming, on trouve encore le *Salmo Hucho* dans les eaux de l'Angleterre ; mais ce qui m'étonne, c'est qu'il est le seul zoologiste moderne qui fasse mention de cette espèce. Ni M. Yarrell, ni M. Jenyns n'en font mention. Cette espèce doit être rare dans les mers du Nord ; car les auteurs des Faunes septentrionales ne le citent pas. Pallas[4] cependant a un *Salmo Hucho*

---

1. Reisinger, *Ichth. Hung.*, p. 38.
2. Hartmann, *Ichthyol. helv.*, p. 113.
3. Cornide, *l. cit.*, p. 82.
4. Pallas, p. 344.

qu'il dit très-commun dans les fleuves qui versent leurs eaux dans la Baltique. Ce délicieux poisson est conservé vivant dans tous les viviers de Pétersbourg. L'auteur du célèbre ouvrage, que je cite, le donne comme plus rare dans le fleuve Kama, et ajoute qu'on le rencontre dans la mer Caspienne. La description détaillée qui suit ses remarques, se rapporte assez bien à l'espèce dont nous parlons; malheureusement l'auteur n'a pas désigné la place des dents du vomer. Il avait reçu de Samuel-George Gmelin un Saumon de la Caspienne, très-semblable au *S. Hucho*. Il a trouvé ce poisson décrit sous le nom de *Hucho* dans les manuscrits de Guldenstædt. Ce voyageur le disait très-commun dans le lac Gokscha, d'Arménie. Il faut observer cependant que M. Nordmann[1] dit, que Pallas a dû se tromper et confondre le Hucho avec une autre espèce de Saumon, attendu qu'il est, suivant lui, notoire que le *Salmo Hucho* n'habite pas les rivières qui se jettent dans la Baltique. Ce très-habile zoologiste a observé sur le Hucho un crustacé parasite attaché aux branchies : il l'a décrit sous le nom de *Basanistes Huchonis*.

1. Nordmann, *Fauna pont.*, p. 317.

Le Saumon Ocla.

(*Salmo ocla*, Nilsson.)

Je trouve, dans l'ouvrage de M. Nilsson, établissement d'une espèce de Saumon que le zoologiste croit différer et du *S. Hucho* de Bloch et de celui de Pallas. Il le donne comme un poisson

ayant les yeux petits; l'iris blanchâtre. Le dos d'un noir verdâtre. Les côtés et les opercules argentés, couverts de taches noires. Les écailles plus petites et plus nombreuses que celles du saumon. La dorsale entièrement tachetée. A l'automne, la mâchoire prendrait un crochet comme celle du Bécard; mais le corps ne serait jamais orné de taches rouges.

Ce poisson sortirait de la mer Baltique pour remonter dans le fleuve de Dalefven et peut-être dans les autres. Il se présente en Suède, à Elfkarlly, plus tard que le saumon ordinaire. On le prend en plus grand nombre au mois de juillet. Sa chair est blanche.

Cette description laisse encore beaucoup à désirer; c'est donc avec doute que j'indique ici cette espèce.

L'Ombre chevalier.

(*Salmo umbla*, Linn.)

Un saumon commun dans l'est de la France,

dans la Suisse, dans le Tyrol, est l'Ombre chevalier. Ce poisson

a le corps beaucoup plus arrondi et plus trapu que le Huch et même que le Saumon. La tête me paraît un peu plus allongée que le corps n'est élevé, et à peu près du cinquième de la longueur totale. Ces proportions me paraissent cependant offrir quelques variations. Les deux mâchoires sont égales. Le bord montant de l'opercule descend un peu obliquement. Les trois autres pièces operculaires se montrent à peu près comme dans le *Hucho*. Il n'y a aussi que dix rayons à la membrane branchiostège. Les inter-maxillaires ont de fortes dents sur deux rangs irré-guliers. Il y a aussi un groupe de sept ou huit dents crochues sur le chevron du vomer, et pour se faire une idée juste de ces dents vomériennes, nous ren-voyons à la figure donnée par M. Richardson.[1]

Nous avons compté sur notre exemplaire deux cent dix rangées d'écailles. La couleur de ce saumon est un gris verdâtre sur le dos, tacheté de points blancs pâles. Le ventre est jaunâtre. Les vieux mâles ont les maxillaires, l'opercule et le ventre salis d'un noir de charbon, qui les distingue tout de suite des femelles adultes. Celles-ci paraissent avoir le dos plus clair et moins tacheté. La dorsale est bleuâtre; la caudale, de même teinte, a du jaune sur la base des rayons mitoyens. Les nageoires inférieures sont jaunes, avec les deux ou trois rayons externes

---

1. Richardson, *Fauna bor. amer.*, pl. 92, fig. 5, *a* et *b*.

bleuâtres. Toutes ces teintes sont beaucoup plus pâles dans les femelles. L'adipeuse n'a pas de taches.

Nous possédons, au Cabinet du Roi, un el exemplaire de ce saumon, long de deux ieds et huit pouces, qui a été envoyé à otre Muséum par les soins de notre illustre onfrère et ami, M. Decandolle.

La meilleure figure à citer de cette espèce st celle que nous trouvons dans l'Histoire aturelle des poissons d'eau douce de l'Europe entrale. M. Agassiz a fait représenter le mâle t la femelle adultes, puis il a donné la figure 'une jeune femelle pêchée, avant la ponte, ans le lac de Zurich au mois de novembre. l la représente avec le dos coloré en vert livâtre très-foncé sans aucune tache; les lancs sont noirâtres, couverts de petites ta-hes plus pâles. Le ventre est d'un rouge rangé sali. Les nageoires, à l'exception de la lorsale, sont d'un rouge-brique; celle du dos st terre d'ombre. Malgré ces différences très-ensibles de coloration, il n'est pas difficile l'admettre que le poisson de la planche IX et celui de la planche XI ne soient de la même espèce, à cause de la ressemblance des formes. Notre savant ami a encore représenté un Omble plus jeune. Celui-ci paraît avoir le corps plus allongé, le museau plus pointu et la tête proportionnellement plus longue. Le fond de la couleur est comme dans l'adulte, un vert noirâtre piqueté de blanc sur le dos et de jaunâtre sur les parties inférieures. Mais à cet âge les joues, les flancs et la dorsale sont piquetées de points rouges qui, d'après ces figures, disparaîtraient dans un âge plus avancé. On voit quelques points blanchâtres perdus dans l'olivâtre du dos.

Rondelet[1] a plutôt indiqué qu'il n'a véritablement fait connaître l'Omble. Mais le Carpione de Salviani[2] en est une représentation beaucoup plus reconnaissable. On conçoit en effet que l'ichthyologiste de Rome ait mieux fait connaître un poisson qui est célèbre dans toute l'Italie à cause de la délicatesse de sa chair. Gessner ne fait que le copier. La figure de Duhamel[3], que l'on cite ordinairement, me paraît tellement mauvaise qu'on ne peut en quelque sorte reconnaître le poisson que par son inscription.

Le poisson dont nous nous occupons est le Charr des Anglais. Déjà Willughby[4] avait associé au Charr du pays de Galles le Car-

---

1. Rondelet, *De Piscibus lacust.*, p. 160, ch. 13.

2. Salv., *Aquat.*, p. 99, pl. 25.

3. Duh., Traité des pêches, 2.ᵉ part., S. 11, pl. 3, fig. 3.

4. Will., *De pisc.*, p. 196, ch. 16, et 197, ch. 17.

ione du lac de Garda; et il a même repro-
uit la figure de Salviani. La description qu'il
n donne est également fort exacte; il avait
ussi signalé l'absence de dents sur le milieu
u palais.

Si nous prenons maintenant Artedi, et Linné
ui l'a suivi, en publiant les œuvres de son
mi, nous trouvons des confusions dans l'éta-
lissement de cette espèce et des Saumons
oisins, tels que le *S. salvelinus*, *S. alpinus*,
tc.; mais nous ne croyons pas cependant
evoir admettre l'opinion soutenue par M.
gassiz à l'association britannique, qui est de
onsidérer les *S. alpinus*, *S. marinus*, *salve-
inus*, *umbla*, comme différents états d'un
nême poisson, et ce qui me paraît surtout
trange, c'est d'oublier dans cette liste le *S.
arpio*. L'espèce n.° 4 de la synonymie d'Ar-
edi repose sur le *Carpio* de Salviani et le
ilt-Charr de Willughby. Elle est devenue
lans la dixième et la douzième édition du
ystema naturæ le *S. carpio*. Mais comme
e Carpio de Salviani est l'Umbla de Rondelet
t de Gessner, il en résulte que les *S. carpio*
. umbla représentent la même espèce.

Je ne vois pas l'Omble cité dans Schœne-
elde, dans Siemsen et encore moins dans
es auteurs septentrionaux, puisqu'il n'est

pas dans le *Fauna suecica*. L'Omble paraît
aussi se trouver dans les eaux du Danemarck,
puisque nous le voyons cité dans le *Fauna
danica*, sous le nom de *S. carpio*, et il s'avance
beaucoup plus loin vers le Nord; car Othon
Fabricius le compte aussi parmi les poissons
du Groenland. Il lui donne pour nom groenlandais *Ekalluk, Kevleriksok*. Il peut être
compté parmi les espèces les plus communes
au Groenland : il se tient dans les lacs, les
fleuves et à leur embouchure. Sa nourriture
consiste en Harengs, en Épinoches, en Mal-
lottes (*Salmo arcticus*), en petites Crevettes.
Il prend aussi les annélides ou les vers que
l'on trouve dans la vase, et ne dédaigne pas
même les œufs de poissons. Mais il paraîtrait
que ses habitudes dans ces contrées boréales
sont différentes de celles des individus vivant
dans les lacs de la Suisse. Fabricius dit que
ce poisson nage avec une grande vitesse, qu'il
saute avec force. Il s'approche du rivage avec
le flux de la mer et s'en éloigne par le reflux;
il remonte également les fleuves quand ils
grossissent, et les descend quand l'eau dé-
croît. En automne, il est plus nombreux et
plus gros dans les fleuves où il vient frayer.
On le mange séché ou fumé avec le *Lichen
rangiferinus*. On fait de sa peau des bourses

plus rarement des voiles pour les bateaux.
a chair est délicate, et agréable même aux
rangers. Comme l'Omble chevalier est très-
ommun dans le lac de Genève, nous devons
ouver dans les auteurs qui ont traité de
[chthyologie helvétique des documents sur
tte espèce. En effet, nous la voyons citée
ans Hartmann[1] et dans Jurine[2]. Ces auteurs
marquent que dans un Omble de huit à
ix livres de poids la queue est carrée à l'ex-
émité, tandis que les jeunes ont la caudale
urchue. Ces poissons nagent lentement :
uand ils sont pris, ils font peu d'efforts pour
échapper du filet; ils habitent pendant pres-
ue toute l'année les grandes profondeurs du
ic; ils ne remontent pas comme les Truites
t les Saumons les rivières et les fleuves.
'endant vingt-cinq ans on n'a pris qu'un
)mble dans les nasses du Rhône. L'Omble
aie en janvier et en février; à cette époque
s'approche du rivage et dépose ses œufs
utour des rochers ou sur de petites places
arnies d'herbe. M. Jurine dit qu'autrefois on
renait des Ombles de vingt-cinq à trente
ivres dans le lac, mais il ajoute qu'il n'en a

---

1. Hartm., *Ichthyol. helv.*, p. 130.
2. Jurine, Poiss. du Léman, p. 179, pl. 5.

pas vu d'un poids supérieur à douze livres.
La chair grasse et délicate de ce poisson est
préférée à celle de la Truite : elle est un peu
rougeâtre, mais cependant moins que celle
des Truites saumonées. Il a fait une observation curieuse en s'assurant de la vérité d'une
remarque des pêcheurs. Ces hommes s'accordent à dire que les Ombles conservés dans
des réservoirs deviennent promptement aveu-
gles. Il examina six Ombles de différente grosseur ; en ayant remarqué un qui avait les yeux
ternes, il chercha la cause de cette opacité
et il reconnut que le crystallin devenait par
places d'un blanc de lait. Il plaça les autres
dans un réservoir traversé par une eau vive
et courante. Au bout de huit jours l'un d'eux
était devenu aveugle, et au bout d'un mois
tous les individus étaient affectés de cataracte.
Ayant fait part de cette observation au directeur de la ferme du Rhône, celui-ci lui assura
avoir fait la même remarque et avoir constaté
qu'après un plus long séjour dans un réservoir les yeux se flétrissaient dans leur orbite.
L'Omble qui existe dans le lac des Quatre-
cantons et dans celui de Neuchâtel, ne paraît
pas exister dans celui de Constance, car M.
Nenning n'en fait pas mention. Les citations
que nous avons faites plus haut nous l'ont

ontré dans les lacs d'Italie. M. Reisinger le ompte aussi parmi ses poissons de Hongrie, t il croit que le *Salmo salvelinus* et le *Salmo almarinus* indiquent aussi la même espèce. Nous verrons dans l'article suivant sur quel ondement nous croyons devoir les distinguer. L'Omble, qui manque aux rivières de France ui se jettent dans l'Océan, est commun dans es grands lacs d'Angleterre et surtout du pays e Galles. Outre le témoignage de Willughby ue nous avons déjà invoqué, nous devons iter Pennant[1], qui traite dans son article du Charr et des différentes variétés désignées sous es noms de *Case-Charr,* de *Gelt-Charr,* de *Red-Charr,* et *Barren-Charr*. Il rappelle aussi e nom de *Torgoch,* qui lui est donné dans e pays de Galles. Donovan a publié après Pennant, mais sous le nom fautif de *S. alpinus* e Linné, une figure de l'Omble chevalier. Il e représente bleu sur le dos, rose sous le entre, les nageoires paires sont roses, les au res nageoires tirent plus ou moins au verdâtre; e corps est couvert de points pâles. C'est sur e document que Turton et Fleming ont fait eposer leur *Salmo alpinus*. M. Yarrell[2] a dis ingué le *S. umbla* du *S. salvelinus,* et il a

---

1. Pennant, t. III, p. 256.
2. Yarrell, Poiss. d'Angl., p. 65.

16

donné du premier une figure fort reconnaissable sous le nom de *Nothern-Charr*, et est entré dans de très-longs détails sur l'histoire de ce poisson. Il dit qu'il atteint très-rarement deux pieds de long. M. Jenyns a aussi distingué le Charr, qu'il appelle également *S. umbla*. Cet auteur observe que ce poisson varie beaucoup de couleur. Il existe aussi dans le Recueil des poissons de Madame Bowdich une brillante représentation du Charr des contrées septentrionales de l'Angleterre.

Presque tous ces auteurs ont cru retrouver dans leur Charr le *Salmo alpinus* de Linné, mais je regarde cette synonymie comme fautive, ainsi que je m'en vais le dire dans l'article suivant. Quant au *S. alpinus* de Bloch, je crois qu'il faut le rapporter au *S. umbla*. En effet, Bloch a donné un dessin qu'il avait reçu de Saint-Gall par le docteur Wartmann; Bloch l'a fait graver, et très-probablement il aura altéré ce dessin, comme il ne lui est arrivé que trop souvent dans son Ichthyologie: car j'ai dessiné à Berlin, en 1827, deux individus de la collection de Bloch, l'un conservé dans l'alcool et l'autre desséché, appelés *Salmo alpinus*, et qui tous deux sont certainement le *S. umbla*.

Je vois que M. Faber n'a établi dans son

Ichthyologie d'Islande qu'un *Salmo alpinus,* comprenant celui de Linné, de Fabricius et de Mohr, mais renfermant aussi, comme une variété marine, le *S. carpio* de Linné, du *Fauna groenlandica* ou de l'Histoire naturelle de l'Islande par Mohr. Ces citations me font croire que l'Omble se trouve en Islande comme au Groenland, qu'il y vit avec le *S. alpinus,* mais que M. Faber n'a pas distingué convenablement ces différentes espèces.

Le Saumon kundsha.

(*Salmo leucomenis,* Pallas.[1])

J'ai également dessiné et décrit à Berlin le poisson que Pallas a appelé *S. leucomenis.* Les formes le rapprochent de l'Omble, mais comme la langue, les palatins et le vomer étaient enlevés sur l'individu préparé, je ne puis placer cette espèce dans ce groupe que d'après l'indication malheureusement un peu vague laissée par Pallas sur la disposition des dents. La couleur

est argentée, un peu bleuâtre, avec des taches orbiculaires blanches, devenant verdâtres près du dos. La teinte générale se rembrunit d'ailleurs sur le haut du corps; elle est très-blanche sous le ventre. Les pectorales sont blanchâtres. Les ventrales sont blanches.

---

1. Pallas, *Fauna Rosso-asiat.,* III, p. 356, n.° 254.

Pallas dit que la chair est plus rouge dans les individus de la Sibérie boréale que dans ceux de la Sibérie orientale. La forme des taches, telle que je l'ai indiquée sur mon dessin, me fait croire que ce poisson est différent de l'Omble, bien qu'il en soit voisin.

Le Saumon des Couriles.

(*Salmo curilus*, Pallas.)

J'ai aussi dessiné à Berlin le *S. curilus* d'après des exemplaires de Pallas [1], et déjà, en 1826, je décrivais ce poisson, en disant

qu'ils portent cinq dents à l'intermaxillaire, dix-sept aux maxillaires, vingt-six à la mâchoire inférieure (treize de chaque côté), seize ou dix-huit aux palatins, cinq sur le chevron du vomer, plus grandes que les autres, et dix sur la langue. La couleur du corps est noirâtre sur le dos; brune ou olivâtre sur les flancs. Le ventre est blanc. Des taches nombreuses, espacées en quinconce, fauves et pâles au-dessous de la ligne latérale, plus rares et moins marquées au-dessus d'elle, couvrent les flancs. Les nageoires sont tachetées de brun. Les pectorales ont la base rougeâtre.

Ce poisson, long d'un pied, a été observé par Merck dans les ruisseaux des îles Couriles.

---

1. Pallas, *Fauna Rosso-asiat.*, III, p. 351, n.º 251.

Ce Saumon est, comme on voit, très-voisin de l'Omble et non du *S. callaris*, qui a des couleurs très-différentes aux nageoires inférieures.

Le SAUMON LISSE.

(*Salmo lævigatus*, Pallas.[1])

J'ai encore pu faire un dessin, d'après les individus secs conservés au Musée de Berlin, du *S. lævigatus* de Pallas. Je n'en connais pas assez bien les dents pour le caractériser et pour le joindre au *S. umbla* ou pour l'en distinguer. L'espèce en est cependant voisine; car elle n'a pas de dents sur le vomer, c'est confirmé par l'expression de Pallas : *Palati fornix cavus inermis*. Le poisson n'est donc pas aussi voisin du *S. fario* que ce grand zoologiste le pensait. Il ajoute

que le corps est comprimé. Le museau court et obtus; que les mâchoires sont presque égales quand la bouche est fermée.

Les nombres sont :

B. 12; D. 11; A. 10; C.....; P. 13; V. 8.

Le corps, argenté et sans taches, a le dos bleuâtre. Les nageoires inférieures paraissent avoir été roussâtres.

Ce poisson vient des îles Couriles, d'où

---

1. Pallas, *Fauna Rosso-asiat.*, III, p. 385, n.° 266.

il a été rapporté par Merck. Les deux individus envoyés à Pallas sont longs de six pouces.

Le Saumon Salvelin.

(*Salmo salvelinus*, Linn.)

Les eaux douces de l'Europe nourrissent
une espèce de saumon que l'examen des dents
caractérise et fait par conséquent reconnaître
avec facilité. Il n'y a, en effet, dans cette espèce
que quatre ou cinq dents implantées sur une ligne
transversale à l'extrémité du chevron du vomer. C'est
d'ailleurs un poisson dont on peut dire que les deux
mâchoires sont égales. La supérieure paraît cependant un peu plus courte. Le maxillaire est droit et la
distance de son extrémité au bout du museau égale
celle mesurée entre cette même extrémité et le bord
de l'opercule. Les dents du palais sont sur un seul
rang; dentition différente de celle de l'Omble chevalier. La tête un peu plus petite que le cinquième de la
longueur totale. Les écailles paraissent très-petites, et
cependant je n'en compte que deux cent vingt-sept
rangées dans la longueur. Le poisson frais est d'un vert
bleuâtre sur le dos, rouge très-foncé sur toutes les
parties inférieures. Les flancs sont couverts de taches
rouges; mais celles-ci semblent disparaître suivant
les saisons ou suivant l'âge; car j'en ai un exemplaire qui n'en porte aucune trace. La dorsale est
verte. Les deux derniers rayons ont seulement un
peu de rouge. La caudale, un peu plus pâle, a des

teintes rouges sur les rayons. Tout le ventre, ainsi que les nageoires inférieures, sont d'une belle couleur rouge. Le bord antérieur de l'anale et des deux nageoires paires est blanc.

Je fais cette description sur de beaux exemplaires préparés pour notre Musée par les ordres de M. le conseiller aulique de Schreibers, directeur du Musée impérial de Vienne, et sur d'autres, de même taille, envoyés de cette capitale par M. le marquis de Bonnay.

Le poisson que je viens de décrire se rapporte très bien à la figure de Bloch, et l'on comprendra cette identité quand on saura que Bloch avait reçu le sien d'Autriche, par conséquent du même lieu que nous. Il y a rapporté le *Salmo salvelinus* de Linné. Or, je crois que celui-ci n'est pas le même que celui de Bloch; car Linné a copié la phrase d'Artedi, qui donne pour caractère à son poisson d'avoir la mâchoire supérieure un peu plus longue que l'inférieure. D'ailleurs, je ferai remarquer que toute la synonymie d'Artedi repose sur les figures de Rondelet; car Gessner et Willughby ne sont que des copistes de l'ichthyologiste de Montpellier, et, sans aucun doute, le *Salmo alter Lemani lacus sive Umbla altera*[1] ne peut pas être la représentation de

---

1. Rondelet, *De pisc. lacust.*, p. 160, ch. 14.

notre poisson. D'ailleurs, je suis convaincu
que Linné a fait une autre confusion, lorsqu'il a donné pour le *S. salvelinus* d'Artedi
un poisson qui venait d'Autriche, auprès de
Lintz. Il est très-probable que l'auteur du
Systema naturæ aura mal déterminé son
espèce. Bloch cite encore le *S. salmarinus*
de Linné, lequel, d'après Artedi, repose uniquement sur la figure de Salviani[1]. Cette
figure me paraît indéterminable. Est-ce sur
elle qu'Artedi a composé la phrase caractéristique appliquée au *Salvelinus* par Linné,
ou sur les poissons de Norwége que j'ai sous
les yeux? Cette phrase a-t-elle été faite d'après
nature et transposée dans les papiers d'Artedi,
lorsque Linné les a publiés? C'est ce que je
n'ose décider. Mais, dans tous les cas, si je
conserve le nom de *S. salvelinus*, il est bien
entendu que je le prends d'après la figure de
Bloch, et que j'exclus toute la synonymie linéenne que cet auteur a jointe à son espèce.
Notre poisson est aussi le *Salbling* de Marsigli[2]. C'est même la seule figure des trois
espèces voisines qu'il a données, qui soit facilement reconnaissable; voilà pourquoi j'ai cru

---

1. Salviani, fol. 102.
2. Marsigli, t. XXIX, fig. 1.

voir me dispenser de citer les deux autres,
surtout la première à l'article de l'Omble.

Le Saumon roïe.

(*Salmo alpinus*, Linn.)

L'abondance des matériaux réunis dans le
abinet du Roi, m'a permis de distinguer des
pèces extrêmement voisines les unes des
tres, parce que j'ai pu faire une comparaison
médiate de plusieurs individus de chacune
elles.

Nous possédons plusieurs Truites, rappor-
es de Norwége par Noël de la Morinière,
a de Suède et d'Islande par M. Gaimard, le
ef actif de l'expédition scientifique au Nord.
une de ces Truites me paraît répondre par-
itement à la figure d'Ascanius, et être son
éritable *Roëding*. Comparée au *Salvelinus* du
anube, on voit qu'elle s'en distingue
par une tête plus étroite, par un maxillaire plus
court et plus grêle, par des dents plus fines et plus
longues. Il y en a quatre sur une bande transversale
au chevron du vomer. Les deux mâchoires sont
égales. D'ailleurs, les écailles ne sont guère plus
grosses. La caudale est un peu fourchue.

Les nombres sont :

B. 11; D. 13; A. 10; C. 25; P. 14; V. 9.

La couleur du poisson, conservé dans l'alcool,

est devenue noirâtre, avec des points sur les flancs.
On voit encore que l'anale et la ventrale étaient
rougeâtres, et que le premier rayon de la nageoire
paire était blanc. Ascanius[1] le peint d'un rouge lie
de vin très-foncé sur le dos, devenant plus vif sur
les côtés et pâle sous le ventre. Il a la gorge blanche.
Les points des flancs se détachent en clair. La dorsale est grise; la caudale est d'un brun rougeâtre à
sa base, bordée de rouge pâle. La pectorale, du même
gris que la dorsale, est terminée par du rougeâtre,
et n'a pas de bordure blanche. La ventrale est rouge
avec le premier rayon blanc. L'anale, sans bordure
est du même rouge que la ventrale.

Ascanius appelle ce poisson du nom de
Roïe, et il le croit le véritable *S. alpinus* de
Linné. C'est effectivement le seul de nos Ombles qui correspond parfaitement à la description du *Fauna suecica*[2]. Je ferai seulement
remarquer que toute la synonymie, prise dans
Artedi, serait mauvaise. Le *Salmo alpinus* se
trouve cité dans l'Ichthyologie scandinave de
M. Nilsson; mais il a eu tort, selon moi, d'y
rapporter le *S. salvelinus* de Bloch, et je crois
aussi le *S. erythreus* de Pallas.

Nous avons pu faire un squelette de cette
espèce; nous lui avons compté soixante-sept

---

1. Ascanius, *Icon. rer. nat.*, t. XVIII.
2. *Faun. succ.*, p. 117, n.º 310.

:tèbres, dont trente-cinq sont abdominales.
)tre individu a près d'un pied de long.

Cette espèce habite dans les lacs alpins de
Laponie les plus élevés, où elle est très-
ondante et presque le seul poisson. Linné
narque, avec raison, qu'il est difficile de
ncevoir comment ce poisson peut trouver
.e nourriture suffisante dans des eaux gelées
ndant neuf à dix mois de l'année, et où on
 trouve ni herbes ni vermisseaux. Ascanius
t que sa nourriture consiste en larves de
oucherons. Le Roïe lui semble destiné, par
nature, à subvenir aux principaux besoins
ι Lapon des Alpes boréales. Comme ce pois-
n est agréable à voir à cause du brillant de
s couleurs, et comme sa chair est d'un excel-
nt goût, on a su le transplanter et le con-
rver dans des petits parcs d'eau de fontaine.
 Pallas [1] a rapporté au *S. alpinus* d'Ascanius
ι poisson, décrit par Georgi [2] sous le nom de
, *erythrinus*. Il a seulement changé l'épithète
ι disant *S. erythréus*. Ce poisson a le corps
longé, épais; le dos et l'abdomen assez con-
exes. La couleur est semblable à celle des
oissons figurés par Ascanius. Comme la ven-
ale seule est très-rouge, avec le bord blanc,

---

1. Pallas, *Fauna Rosso-asiat.*, III, p. 349, n.° 250.
2. Georgi, *Itin.*, t. I, p. 186, tab. 1, fig. 1.

j'admets assez facilement la détermination de
Pallas en ce qui concerne Ascanius, mais non pas
en ce qui concerne les citations de Willughby
et de Pennant, ainsi que celles de Bloch.
Georgi a trouvé ce poisson en grande abondance dans le lac alpin de Frélicha, qui verse
ses eaux, par torrents, dans les côtes orientales du lac Baïkal. Les Russes riverains
de ce lac l'appellent *Krasnaja-Ryba;* mais
cette dénomination s'appliquerait, d'après les
observations de M. Mertens, à tous nos saumons rouges.

Je trouve dans Fabricius[1] un *S. alpinus*
qui, selon lui, différerait très-peu de l'Omble
chevalier; si bien que, pendant tout son séjour
au Groenland, il ne l'en distinguait pas. Mais
de retour dans son pays, il a cru retrouver
dans cette variété le *S. alpinus* de Linné. La
description est un peu vague. On doit se
contenter de cette simple indication.

Cette espèce a été le sujet d'observations
curieuses publiées dans les Mémoires de Stockholm, et que mon savant confrère et ami
M. Rayer[2] n'a pas omis de rapporter dans son
beau travail sur les maladies des poissons.

---

1. P. 173, n.º 125.
2. Rayer, Arch. méd. compar., n.ºˢ 4 et 5, p. 265.

toine Roland Martin[1] dit qu'il a vu à Berg-
n, dans l'automne de 1759, des poissons
reux. Il entendit affirmer que des lacs en-
rs étaient pleins de ces poissons malades.
croit même que plusieurs autres espèces
truites étaient affectées en même temps
e le Roëding; et il inclinait à admettre que
lèpre était plus commune parmi les habi-
ts des bords de ces lacs, que dans ceux
s autres contrées. Il faudrait de nouvelles
servations plus étendues, mieux faites sur
s maladies des poissons observées en général
r des hommes peu instruits, et qui em-
bient pour désigner une affection qu'ils ne
nnaissent pas bien, des mots qui désignent
e maladie dont la nature est bien déter-
née et nettement connue. Quand on parle
saumons ladres, il ne faut pas admettre
e ces poissons ont la chair farcie de cysti-
rques, comme les cochons ou l'homme souf-
nt de ladrerie. Nous ne connaissons pas
en la maladie de nos saumons. Il en est de
ême très-probablement de cette lèpre des
uites alpines de A. R. Martin. La lèpre est
alheureusement commune sur les côtes de

1. *Anmerk. über die sogenannten aussätzigen Fische, von And.
l. Martin, Kön. Ak. der Wissenschaften von Stockholm,* 1760;
XXII, p. 301.

Norwége, et les truites qui changent d'aspec
ou qui meurent peut-être après la ponte, soi
dites lépreuses. Il faut espérer que les zool
gistes ou les médecins habiles de Berghe
traiteront un jour cette question curieuse
importante pour la physiologie générale.

Le Saumon kulmund.

(*Salmo carbonarius*, Ascanius.)

Nous avons encore reçu de Norwége, pa
Noël de la Morinière, une autre Truite d
Norwége, dont Ascanius a donné une figur
parfaitement reconnaissable : c'est le *Kulmun*
des Norwégiens, qui est devenu dans le trava
de Ström le *S. carbonarius*, et que nous voyon
adopté dans l'ouvrage de Nilsson. Ce poisso
est remarquable

par la longueur de ses maxillaires arqués. Sa mâ
choire supérieure dépasse évidemment l'inférieure
Les dents forment un petit groupe sur le chevror
du vomer; celles des mâchoires sont assez fortes
La caudale est un peu fourchue.

B. 10; D. 10; A. 7; C. 25; P. 12; V. 9.

La couleur du poisson, conservé dans l'eau-de-vie
est noirâtre. Des taches paraissent sur le corps. Les
nageoires, pectorales et ventrales, ont un fin liséré

blanchâtre. Ascanius[1], qui a vu le poisson frais, peint le dos presque noirâtre, les flancs violets, couverts de taches argentées; le ventre blanc; les nageoires sont bleuâtres; la base de la caudale tient de la couleur du dos.

Ce Kulmund a été observé par Ascanius dans le Randsfjord. La pêche de cette espèce produit très-peu, parce que le poisson a une chair blanche, molle et peu estimée. C'est aussi l'opinion de M. Nilsson : suivant cet auteur, le Kulmund se tient dans les lacs des régions boisées de la Norwége occidentale, mais qu'il ne s'élève jamais dans les eaux alpines; il ne quitte le fond des lacs qu'au moment du frai; on le pêche dans l'été avec des lignes amorcées d'une grenouille vivante.

Cette espèce est la seule qui convienne à cette phrase de la synonymie d'Artedi : *Salmo pedalis maxilla superiore longiore.* Mais il faut observer de suite, que les citations placées dans cette synonymie sont fausses; car elles se rapportent toutes à un poisson entièrement différent. Si l'on s'en tenait à la phrase d'Artedi, sur laquelle l'espèce a été établie, le *S. alvelinus* de la 12.ᵉ édition de Linné serait la dénomination linéenne à donner à notre

---

1. Ascanius, *Icon. rer. nat.*, t. XXXIII.

poisson. Mais Linné fait une confusion, en disant que son *Salvelinus* habite en Autriche, à Lintz ; car nous avons vu que ce poisson du Danube a la mâchoire supérieure plus courte que l'inférieure. Voilà donc pourquoi nous préférons laisser ces dénominations linnéennes et que nous nous en tenons à celles de Ström et de Nilsson, et à la figure d'Ascanius.

Le Saumon d'Ascanius.

(*Salmo Ascanii*, nob.)

Ascanius[1] nous a donné la figure d'une troisième espèce, voisine des deux précédentes, qui tient aussi du *Salvelinus*, mais qui me paraît différer de toutes les trois : c'est celle de l'espèce qu'il a également appelée le Roëding ou Rœtelet. Celui-ci diffère du *Salvelinus*, auquel on peut le comparer, parce qu'il

a la bouche beaucoup moins fendue, car le maxillaire dépasse à peine le bord antérieur de l'orbite. La tête est petite.

D. 12 ; A. 10 ; C. 18 ; P. 13 ; V. 8.

Cette espèce se trouve dans les lacs de Christiandsandvis près de la côte ; on en a rap-

1. Ascanius, t. XXXII.

orté une vingtaine à Ascanius pendant son
éjour à Stavanger. La couleur du poisson frais
st brune sur le dos, tachetée de points plus
âles; les flancs sont jaunâtres, le ventre est
ouge, les ventrales et l'anale sont rouges, bor-
ées de blanc, les pectorales sont rougeâtres;
s trois autres nageoires tiennent de la cou-
ur du dos. Je ne possède pas ce poisson
armi les exemplaires qui nous sont venus
e ces contrées septentrionales; mais comme
ai vérifié l'exactitude des figures d'Ascanius
ar les *S. alpinus* et *S. carbonarius,* je n'ai
as de raisons pour supposer que la figure de
e Röding soit moins fidèle. Or, la petitesse
e la bouche ne peut me faire admettre que
tte planche représente un poisson de la
ême espèce que le *S. salvelinus* du Danube.
est cependant ce que M. Nilsson[1] a cru, en
nnant notre poisson comme le *S. salvelinus*
e Linné.

Ascanius a vu que l'on conservait aussi ce
oisson dans des réservoirs ou dans des étangs,
arce que la pêche n'en est pas abondante et
u'elle dure peu de temps.

---

1. Nilsson, *Ichth. scand.*, p. 10, n.° 11.

Le Saumon automnal.

(*Salmo autumnalis*, Pallas.)

Le saumon que Pallas a inscrit sous le nom de *S. autumnalis* est tellement voisin du précédent, que j'ai hésité à l'en distinguer. Cette espèce a

la tête noirâtre, le dos rembruni; il devient cendré au-dessous de la ligne latérale; le ventre tacheté çà et là de rouge, comme sanguinolent, sur un fond blanchâtre; la dorsale est brune; les pectorales sont rouges, les ventrales et l'anale, de la même couleur, sont bordées de blanc.

Pallas dit que ce poisson remonte en troupe dans la Néwa au mois d'octobre. Ces Saumons entrent dans le fleuve pour y frayer, quand ils sont pleins de laite ou d'œufs. Leur chair rouge est plus molle que celle du Huch.

Nous avons reçu de bons exemplaires de cette espèce par la générosité de S. A. I. la grande duchesse Hélène de Russie. On prendrait ce Salmonoïde pour un jeune saumon. Mais il en est distinct.

J'ai aussi pour garant de ma détermination le dessin que j'ai pris à Berlin sur l'individu desséché et original de Pallas. La petitesse du maxillaire se rapporte tout à fait à la confor-

ation du squelette de l'espèce précédente
ıe j'ai sous les yeux.

J'ai encore trouvé dans le même Musée uñ
umon rapporté du Japon par M. Langsdorff;
dessin de la tête, et surtout des mâchoires,
ssemble tellement au précédent, que je ne
ois pas me tromper en les réunissant. L'œil
e paraît cependant un peu plus petit.

Le SAUMON VENTRU.

(*Salmo ventricosus,* nob.)

Je vois encore dans la liste des *Salvelini*
e M. Nilsson un *S. ventricosus,* qui me paraît
xtrêmement voisin du *S. Rœding* d'Ascanius,
ıais qui tient aussi du *S. carbonarius* de
tröm. C'est un poisson

à ventre gros, noirâtre, marqué de taches blanches
sur les flancs. Le museau est court, tronqué obliquement. Les mâchoires sont presque égales. Il
ajoute que les yeux sont petits; que l'abdomen est
gris, l'iris jaune, et que l'intérieur de la bouche,
noire, est marbré d'orangé. Ce qui le distingue de
tous les autres, c'est que le bord des pectorales, des
ventrales et de l'anale est blanc.

Ce poisson, long d'un pied, lui a été dé-
igné par les Norwégiens de Sidgal, sous le
ıom de *Gantesfisk.* On ne l'a encore trouvé

que dans ce lac, dont il habite les grandes profondeurs.

Le Saumon Golez.

(*Salmo callaris*, Pallas, fig. 352, n.° 252.)

Le *S. callaris* de Pallas diffère très-peu de ce *S. ventricosus* de Nilsson, et je vois que ce grand naturaliste a été fort incertain sur la synonymie, et par conséquent, sur la détermination de cette espèce.

La mâchoire inférieure est plus longue, plus robuste, plus pointue que la supérieure. Les dents sont égales et en petits crochets. Les pectorales, les ventrales et l'anale sont rouges, avec leur premier rayon blanc. Mais ce qui le distingue du précédent, c'est que le dos est brunâtre, semé de grandes taches d'abord pâles, mais devenant ensuite rouge de cinabre; l'abdomen est rouge.

Pallas observe que tous ces poissons manquent à la Russie et à la Sibérie; mais qu'ils entrent en troupes dans tous les fleuves qui se jettent dans la mer orientale. Steller rapporte que, dans un lac du cap de Kronok au Kamtschatka, il vit des variétés de ce *S. callaris* qui avaient le ventre plus gros, qui étaient d'une couleur livide, sans reflets argentés, à ventre blanc, à pectorales jaunâes, à ventrales plus rouges, et à anale plus embrunie. Ce n'est peut-être effectivement u'une variété du précédent.

J'ai dessiné le *S. callaris* à Berlin, et l'en-mble du trait et la forme du maxillaire rouvent les affinités de ce poisson avec les pèces précédentes, et asseoient mon juge-ent.

Le Saumon blême.

(*Salmo pallidus*, Nilsson.)

Une autre espèce, également voisine du œding

a le corps allongé ; les mâchoires égales ; la tête et l'ouverture de la bouche plus petite ; le maxillaire moins prolongé et toutes les nageoires plus courtes que celles du Rœding. Les côtés sont tachetés de rouge. Toutes les parties inférieures sont blanches argentées, et les nageoires inférieures, pâles, sont teintées de jaunâtre.

M. Nilsson croit que ce poisson n'a été ouvé nulle autre part jusqu'à présent que ans le lac Wettern, où les riverains l'appellent *jusröding, Blankröding, Grönröding*. Sa air, blanche, est maigre et peu estimée. es plus grands individus pèsent de huit à euf livres. On dit qu'ils fraient en octobre, ans les fonds du lac, par trente ou quarante rasses.

Il me paraît que c'est à côté de cette espèce que viendra se placer, si elle ne lui est complétement identique, le *S. stagnalis* de Fabricius[1]. Sa description me paraît se rapporter assez bien, puisqu'il est d'un brun noirâtre sur le dos, pâle sur les côtés, et que toutes les nageoires inférieures sont cendrées. C'est une espèce très-rare au Groenland, qui vit dans les eaux retirées sur les montagnes, d'où elle ne descend jamais.

Le Saumon de Nilsson.

(*Salmo rutilus*, Nilss.)

Enfin, je place encore une troisième espèce que je n'ai pas vue, mais dont il est facile de connaître les affinités, puisque l'auteur les a lui-même déterminées par les caractères si positifs tirés de la dentition.

C'est un saumon à mâchoire inférieure plus longue; à museau court, pointu; à tête petite. Les yeux sont grands. Le corps est grêle et allongé.

La couleur, roussâtre, mêlée de jaune, est semée de taches plus pâles.

Ce poisson, long d'un pied, est, suivant l'auteur, très-distinct de tous ceux qu'il a

---

1. Fabricius, *Fauna groenl.*, p. 175, n.º 126.

écrits. Ce Saumon a été pêché dans un lac
le Norwége, du territoire de Hadeland.

Le SAUMON DESFONTAINES.

(*Salmo rivalis*, Fabr.)

M. Gaimard nous a rapporté, de l'expédi-
ion de la Recherche, un Saumon de petite
aille, remarquable par la grosseur de son
museau, par la brièveté de sa tête, la finesse
le ses dents, et qui se distingue du *S. salve-
inus*, dont il se rapproche cependant le plus,
parce qu'il porte sur le chevron du vomer un
groupe de petites dents. Il se distingue aussi
le l'Omble chevalier par la finesse de ses
dents. Ce poisson

a le corps couvert de petites écailles. Conservé dans
la liqueur, il est brun et couvert de petites taches
blanchâtres. A en juger par un croquis pris sur le
poisson frais, les couleurs seraient un noir doré
sur le dos, passant, par des nuances insensibles, au
rouge du ventre. La pectorale, noire sur la plus
grande partie de sa surface, est entourée d'une bordure rouge, et liséré de blanc le long du côté externe. La ventrale a les rayons internes rouges, avec
du noir sur le devant et un large bord blanc. Les
nageoires impaires sont noirâtres et bordées de blanc.

L'indication de ces couleurs nous a été
donnée par M. Eugène Robert, qui a fait une

assez jolie esquisse de ce poisson. Il vient d'un
lac d'Islande, et on l'a nommé au savant voyageur que je cite, *Raüd* ou *Leikia-Silungr.*
Je dois faire remarquer que Mohr[1] cite aussi
ces noms dans son Histoire de l'Islande, en les
appliquant à des espèces nominales différentes.

Je rapporte à cette espèce un autre petit
poisson qui a une dentition parfaitement semblable, mais qui paraît cependant avoir le
corps un peu plus allongé. Il a été donné au
Cabinet du Roi par M. Beck. Il correspond
fort bien à la description du *S. rivalis* de
Fabricius. Cependant la grandeur de l'individu me laisse aujourd'hui quelque doute sur
l'exactitude de ce rapprochement. C'est sous
ce nom que j'ai fait graver cette espèce dans
l'Ichthyologie du voyage en Islande et au
Groenland[2]. On trouve dans l'histoire des
poissons d'Islande de Faber un *S. rivalis* qu'il
croit semblable à celui du *Fauna groenlandica;* il ne le donne pas en effet plus grand.
J'ai aussi dessiné, à Berlin, deux exemplaires
originaires du Musée de Pallas et étiquetés
S. rivalis. Il n'y a pas d'espèce décrite sous
ce nom dans le *Fauna rosso-asiatica.* La

1. Mohr, Hist. nat. de l'Islande, p. 80 et 81.
2. Valenc., Poissons d'Isl. et du Groenl., pl. 15, fig. 6.

rme de ces deux poissons, la grosseur de tête, s'accordent assez bien avec nos indi-dus, mais comme ils étaient jeunes, ils ont core la livrée des Saumons de cet âge.

Le Saumon de la Mana.

(*Salmo gracilis*, nob.)

Nous possédons aussi dans le Cabinet du oi un Saumon remarquable

par son corps allongé et rond. Sa hauteur est comprise huit ou neuf fois dans sa longueur totale. Les mâchoires, d'égale longueur, portent de petites dents, assez semblables à celles de nos Truites, sur les maxillaires, sur les palatins et sur le chevron du vomer. Il y en a non-seulement sur le corps de la langue deux rangées plus nombreuses chacune que celles de nos Truites, car on en compte dix ou douze de chaque côté, mais la queue de l'hyoïde se trouve encore hérissée de petites dents. Ce caractère le distingue de toutes les autres espèces dont nous avons jusqu'à présent parlé.

B. 10; D. 12; A. 12; C. 25; P. 12; V. 10.

Les couleurs sont évidemment distribuées par bandes transversales sur le corps. On en compte dix ou douze. Je ne vois point de trace de taches sur le corps ni sur les nageoires.

Notre plus grand exemplaire, de huit ouces et demi de longueur, a été envoyé de

la Mana par Madame Rivoire, sœur hospita-
lière établie sur les bords de ce fleuve, et
qu'un noble zèle de charité chrétienne a porté
au milieu de ces contrées encore peu civili-
sées. Elle y a fondé un établissement de
sœurs, et elle emploie ses moments de loisir
à la recherche des produits de ce pays. Elle a
fait plusieurs envois curieux au Muséum d'histoire naturelle, parmi lesquels se trouve ce
poisson, qui est, jusqu'à présent, la seule espèce de Truite que j'aie observée dans les
régions équatoriales. J'ai plusieurs fois appelé
l'attention sur ce fait curieux, du manque de
Truites dans les hautes montagnes de l'Amérique, et M. Heckel a aussi fait la même remarque en ce qui concerne les eaux douces
des hautes montagnes de l'Inde.

Le SAUMON DE MITCHILL.

(*Salmo fontinalis*, Mitch.)

Nous trouvons dans les eaux douces de
l'Amérique septentrionale un Saumon qui appartient au groupe dont nous nous occupons.

Il a le corps assez trapu. Le museau large et arrondi. La mâchoire inférieure paraît un peu plus
longue que la supérieure quand la bouche est ouverte. Les dents du chevron du vomer sont réunies

en un petit groupe composé de deux bandes, l'antérieure ayant quatre dents et la postérieure deux seulement. Tous les exemplaires, grands ou petits, que je possède, ont la caudale tronquée ou du moins très-faiblement échancrée.

B. 10; D. 9; A. 9; C. 27; P. 12; V. 6.

La peau est très-muqueuse. Les écailles sont très-petites. Les individus, décolorés par l'alcool, ont le dos plus ou moins rembruni et le ventre pâle. Il paraît avoir été rougeâtre. On voit des taches jaunâtres, entourées d'un cercle noirâtre, semées sur le dos et sur les flancs. La dorsale est chargée de grosses taches noires. Les pectorales, les ventrales et l'anale ont le rayon externe pâle, le suivant noir, et le reste de la nageoire pâle; mais il a été probablement décoloré.

Je possède un assez grand nombre d'échantillons de cette espèce, tous très-semblables malgré leur différence de taille. Le plus grand n'a que dix pouces. Ils ont été envoyés de New-York par M. Milbert, mais ce zoologiste les avait pris dans une course au lac de Sarratoga.

C'est là le poisson décrit d'abord par Mitchill[1] sous le nom que nous lui avons conservé, et qui a été adopté par les naturalistes américains. Cette espèce se trouve ensuite

---

1. Mitch., *New-York phil. transact. fish.*, t. I, p. 345.

décrite avec détail et parfaitement figurée dans l'Ichthyologie américaine de M. Richardson. [1]

Cette description prouve que ce poisson, des lacs Georges et Sarratoga, se porte au Nord jusque dans le lac Huron.

M. Dekay [2] l'a également décrit et figuré dans la Faune de New-York. Il l'appelle le *Brook-Trout;* il indique les côtés bleuâtres, mêlés de blanc d'argent, tachetés de vermillon, le premier rayon de la pectorale jaune-pâle, le second noir, le reste de la nageoire orangé. Le premier rayon des ventrales et de l'anale est blanc, le second est noir, le reste des nageoires est rougeâtre. Je ne sais pas pourquoi M. Richardson a imprimé que M. Cuvier pensait retrouver le *Salmo Gœdenii* de Bloch dans cette espèce. Je ne vois pas dans le Règne animal, ni autre part, aucune preuve imprimée de cette opinion. Il me paraît que ce *Salmo fontinalis* se retrouve aussi dans les eaux de Terre-Neuve, du moins je le juge d'après un dessin que M. Lapylaie a fait d'une Truite de cette île.

---

1. Richardson, *Faun. bor. amer.*, p. 176, pl. 83, fig. 1, et pl. 87, fig. 2.
2. Dekay, *New-York Faun.*, p. 235, pl. 38, fig. 120.

Le Saumon de Hearn.

(*Salmo Hearnii*, Rich.)

A la suite de ces espèces, je trouve dans l'ouvrage de M. Richardson[1] quelques espèces de Saumons, que ses descriptions ou ses figures me font seulement connaître. Ce savant ichthyologiste a décrit dans le premier voyage de Franklin, sous le nom que nous indiquons ici, une espèce prise dans la rivière de la Mine de cuivre, et qu'ils ont observée dans les mers où ce fleuve verse ses eaux.

Ce Saumon a des dents pointues; une seule sur l'intermaxillaire; un petit nombre sur la partie antérieure du vomer, et de plus fortes sur la langue. Le dos est vert olivâtre; les côtés sont pâles; le ventre bleuâtre. Plusieurs rangées longitudinales de taches, couleur de chair, se voient sur le dos et sur les côtés.

La chair en était rouge, assez semblable à celle du Saumon ordinaire, mais peut-être moins ferme et plus huileuse.

---

1. Rich., *Fr. Journ.*, p. 706, et *Faun. bor. am.*, III, p. 167.

Le SAUMON A LONGUES NAGEOIRES.

(*Salmo alipes*, Rich.)

Cette espèce[1] appartient aussi au groupe dont nous traitons, ainsi que le remarque M. Richardson, parce qu'elle a la partie postérieure du vomer lisse et sans dents.

La couleur, autant qu'il en a pu juger d'après un individu desséché, a été indiquée brune sur le dos, plus pâle sur les côtés, avec des marbrures jaunâtres, blanches ou jaunes sous le ventre. Les nageoires inférieures de couleur orangée, avec des raies plus foncées. Quand les ventrales sont couchées le long du corps elles touchent presque à l'anus.

B. 11 ou 12; D. 13 — 0; A. 11; C. 25; P. 15; V. 9.

Cette longueur lui a fait donner le nom sous lequel M. Richardson a désigné ce saumon. Les individus ont été pris dans un petit lac qui se décharge dans l'île du Prince régent, par un courant d'un mille et demi de long. Plusieurs Brachielles adhéraient aux côtés de la mâchoire inférieure.

---

1. Rich., *Faun. bor. amer.*, III, p. 169, pl. 81 et pl. 86, fig. 1, et *ejusd. Hist. nat. app. Ross's Voy.*, p. 57.

Le SAUMON ANGMALOOK.

(*Salmo nitidus*, Richardson.[1])

Un autre poisson, voisin du Charr des nglais, et, par conséquent du précédent, r la disposition de ses dents sur le vomer, t le *S. nitidus* de Richardson.

Il a le dos plus étroit; le corps plus épais et les nageoires plus courtes que le *S. alipes*.

Les couleurs sont assez semblables à celles de ce poisson.

Il a été pris dans le même lac que le précédent. M. Richardson trouve tant de ressemblance entre les deux espèces, qu'il n'a, en quelque sorte, décrit cette seconde que pour mieux asseoir les caractères du *S. alipes*.

Le SAUMON DE HOOD.

(*Salmo Hoodii*, Rich.[2])

Les dents sont plus petites que celles du précédent; d'ailleurs, elles sont disposées de la même manière.

---

1. L. cit., p. 171, pl. 82 et 86, fig. 2, et *ejusd. Hist. nat.* pp. *Ross's Voy.*, p. 57.
2. Rich., *Hist. nat. app. Ross's Voy.*, p. 58, et *Faun. bor. m.*, III, p. 173, pl. 82, fig. 2, pl. 83, fig. 2, et pl. 87, fig. 1.

Le corps est beaucoup plus étroit. L'orbite es
plus près de l'extrémité du museau. Les maxillaires
sont plus courts. Le dos et les côtés ont une teinte
intermédiaire entre le vert olive et un brun nuageux;
des taches d'un gris jaunâtre, grosses comme des pois.
Le ventre et le dessous de la gorge est blanc, pointillé de gris bleuâtre; sur la dorsale et sur la caudale
de petites taches. Des individus de vingt-deux pouces
de long avaient la chair rouge; mais leur frais était
peu développé.

Cette espèce est bien connue des habitants
de l'extrémité septentrionale du continent
sous le nom de *Masamècoos.* C'est un poisson
vorace que l'on prend facilement à l'hameçon.
Ceux que les compagnons du capitaine Francklin trouvèrent au mois de juin, avaient leur
estomac plein de larves d'insectes. On croit
que, pendant l'été, le Masamacush se retire
dans les profondeurs du grand lac. Son poids
est d'environ huit livres; mais il fraie avant
d'avoir atteint cette taille.

Le Saumon corégonoïde.

(*Salmo coregonoides*, Pall.)

Je crois devoir placer à la suite des saumons, mais tout à fait à part, une espèce de
Russie, qui semble appartenir aux ombres

Thymalus), par la forme et par la petitesse
: sa bouche et aussi par celle des dents,
ûs sa dorsale étroite et ses petites écailles
mblent l'en éloigner, pour le rappeler aux
amons. C'est un poisson qui offre des ca-
ctères tout à fait intermédiaires entre les
ux genres que je viens de citer.

Son museau est gros et arrondi; la mâchoire supérieure dépasse et recouvre l'inférieure. Les intermaxillaires sont petits et situés en travers sur la
bouche; les maxillaires attachés sur les côtés, forment deux petites palettes ovales. Il n'y a qu'une
rangée de petites dents coniques aux mâchoires, sur
les palatins et sur le vomer; et quelques petites,
pointues, sur la langue, plus sensibles au doigt que
visibles.

La dorsale est courte, basse, trapézoïdale; c'est
évidemment celle d'une truite et non d'un thymalus.
L'adipeuse est très-large, basse et ponctuée. Les pectorales et les ventrales sont petites. La caudale est
échancrée.

B. 12; D. 14; A. 13; C. 29; P. 17; V. 10.

Les écailles sont très-petites, sans être cependant
perdues dans l'épaisseur de la peau, comme celles
des truites et des saumons. Elles n'ont point de
dentelures à la racine, on ne leur voit que des stries
concentriques. Il y en a par tout le corps, jusque
sous la gorge. Nous en comptons cent cinquante
rangées.

21. 18

La couleur est un bleu d'acier plombé sur le dos, couvert de petits points grisâtres plus ou moins effacés. Au-dessous de la ligne latérale tout le corps est blanc. Les nageoires me paraissent blanches ou jaunâtres ; je n'y vois aucune tache.

Le seul exemplaire déposé dans le Cabinet du Roi, est long de treize pouces. Il a été envoyé par S. A. I. la grande-duchesse Hélène. Le présent que le Muséum a reçu de cette grande princesse a, comme on le verra encore dans les autres genres, considérablement accru les collections de notre établissement, et nous a été d'autant plus précieux qu'il nous a donné les moyens de reconnaître plusieurs espèces fort importantes, décrites dans le grand et trop rare ouvrage de Pallas.

Ce poisson est du nombre. En lisant la description de la Faune russe [1], on y retrouve les traits distinctifs de ce singulier saumon. Ce doit être une des plus grandes espèces de ce genre, puisque Pallas dit qu'on en prend dans la Witima du poids de quatre-vingts livres. Il n'atteint pas une taille aussi considérable dans les autres fleuves, et cependant c'est encore un poisson de soixante livres de poids.

Il abonde dans les rivières, les ruisseaux et

---

1. Pallas, *Fauna rosso-asiat.*, t. III, p. 362.

torrents les plus rapides, qui descendent
les fonds rocailleux de l'Altaï, et affluent
l'Obi, à l'Irtisch et au Iénisséi, ainsi que
ns les tributaires de ces grands fleuves. On
trouve aussi dans le Baïkal, dans le Selenga,
i y verse ses eaux, et dans l'Angara, que
n peut appeler le Rhône de ce grand lac.
saumon y entre à la fin de mars, avant
fonte des glaces, et il y séjourne jusqu'à
utomne. La Léna et ses affluents, le Witima
le Kovyma, le nourrissent. Comme les
tres espèces du même genre, celle-ci re-
onte les fleuves pour y frayer. Un grand
mbre d'individus y établissent leur demeure.
les jeunes surtout sont longtemps sans en
rtir. C'est pour cela qu'on prend cette espèce
tout temps avec le *S. fluviatilis*, le *S.
rmalus*, le goujon, les loches et le *Cyprinus
hebak*, les seuls hôtes de ces grands fleuves.
s troupes de ces saumons se pressent sur-
t aux cataractes. On les prend à l'hameçon.
ur chair rougeâtre est de très-bon goût. On
du caviar avec les œufs, comme avec l'es-
geon. Le poisson ne se mange que frais,
rce qu'on ne peut ni le saler ni le sécher.
spèce ne se trouve pas au Kamtschatka,
dans les mers orientales. Après ces obser-
ions, Pallas en donne une description et

une longue synonymie. Il établit que c'est le
Salmo Lenok de son voyage; par conséquen
celui de Gmelin et de Lacépède. Il se demande, ce qui m'étonne, si ce n'est pas le
Salmo umbla de Linné. Puis il donne une
longue suite des différents noms de ce saumon
Les Russes le nomment en Sibérie *Lenok*
et dans les chaînes de l'Altaï et de Saganian
Kuskútsch. Je renvoie pour les autres noms
des différents dialectes tartares à l'ouvrage de
Pallas.

Quelques zoologistes feront peut-être de
cette espèce le type d'un genre intermédiaire
entre les saumons de notre ouvrage et les
Ombres de M. Cuvier. Je ne l'ai pas fait, car
je crois que ce poisson pourrait plutôt servir
à démontrer l'inutilité de la coupe faite sous
le nom de *Thymalus*.

CHAPITRE II.

Des Forelles (*Fario,* nob.)

Ce que j'ai dit plus haut sur les caractères
e la dentition des Salmonoïdes, me conduit
parler dans ce chapitre des espèces qui ap-
artiendront à un genre caractérisé par une
ngée unique de dents sur le corps du vomer.
'ailleurs ces poissons ont tous les autres
ractères des Saumons; les rappeler ici ne
rait donc qu'une simple répétition.

Je n'ai vu que deux des espèces qui peu-
ent exister en Europe : l'une, abondante sur
os marchés, y est bien connue sous la dé-
omination de *Truite de mer* ou de *Truite
rgentée;* l'autre, que le commerce apporte
ussi quelquefois à Paris, est la grande Truite
u lac de Genève que l'on désigne ordinai-
ement sous le nom de *Truite saumonée.*

Rien n'est plus vague que cette dernière
énomination; car la chair de toutes les
ruites prend, à certaines époques de leur
ie, une couleur rouge plus ou moins intense,
ont la cause est fort difficile à déterminer.
l est impossible le décider d'avance si les
nuscles d'une ruite seront rouges ou blancs

après la cuisson du poisson. Aucune marque extérieure ne peut faire distinguer les truites saumonées des autres. Duhamel[1] rapporte à ce sujet les observations de M. de Courtivron, qui avait essayé de présenter un grand nombre de truites à des pêcheurs, prétendant les distinguer parfaitement les unes des autres. Ils se trompaient si fréquemment dans leurs distinctions, qu'il était facile de voir qu'ils ne s'y connaissaient pas du tout.

J'ai examiné avec soin un grand nombre de truites de nos rivières pour tâcher de trouver la cause de ce changement de coloration. Plusieurs naturalistes ont pensé que l'influence de la saison du frai pouvait agir sur ces changements de couleur, mais il n'est personne ayant un peu observé les truites, qui ne sache que dans un même coup de filet on tire à la fois des truites à chair blanche et des truites à chair rouge. Cette observation empêche d'attribuer au développement des organes génitaux ou à leur influence la coloration de la chair de quelques individus.

La différence d'intensité de la coloration des muscles est aussi très-remarquable sur les divers individus pris à la même époque.

---

1. Duhamel, Traité des pêches, 2.ᵉ partie, p. 207.

es uns ont la chair presque blanche, d'au-
es sont fortement saumonés, mais on
ouve des individus qui établiront, par des
ances insensibles, des passages entre ces
eux extrêmes. Cette observation, jointe à
lle que j'ai faite sur la nature des aliments
ontenus dans l'estomac, me fait penser que
coloration est passagère, qu'elle change sui-
nt la nourriture que l'animal aura prise avec
us de prédilection pendant un certain temps.

Les recherches que j'ai faites sont parfai-
ment conformes à celles que l'on trouve
tées dans Duhamel, qui a fait un très-bon
ticle sur la coloration de la chair des truites.
. Jurine[1] rapporte une observation intéres-
nte par sa liaison avec les idées que je viens
émettre. Il la tenait de S. A. R. le grand-duc
e Saxe-Weimar : je la reproduis ici textuel-
ment. « Le château de Kothberg appartenant
la famille de Stein, à la distance de cinq
eues de Weimar, est dans une position beau-
oup plus élevée et entouré d'un fossé plein
eau, qui peut être mis à sec à volonté. De-
uis bien des années on savait que les truites
lanches qu'on y jetait se changeaient en peu
e semaines en truites saumonées, c'est-à-dire

---

1. Jurine, Poissons du Léman, p. 165, année 1830.

que la chair en devenait rouge. On nettoya
ce fossé il y a près de dix ans. On enleva
toutes les plantes qui y croissaient, puis on
fit rentrer l'eau. Dès ce moment les truites
qu'on y mit ne se colorèrent plus, mais depuis trois ou quatre ans les mousses ayant
repoussé, les truites s'y colorent de nouveau.
S. A. R. voulant remonter à la cause de ce fait
singulier, chargea M. Dœbereiner, professeur
de chimie à l'université de Iéna, de faire une
analyse comparative de l'eau du ruisseau où
on pêchait les truites et de celle du fossé où
on les mettait. » Je renvoie le lecteur au mémoire que j'ai cité, pour juger lui-même des
explications qui ont été proposées.

Cela étant bien établi, ainsi que les caractères d'après lesquels je classe les Salmonoïdes
dans leurs genres, on conçoit, je ne dis
pas la difficulté, mais presque l'impossibilité
de rapporter aux deux espèces que j'ai citées,
une synonymie exacte. On ne peut pas
la trouver dans les auteurs les plus récents,
sans en excepter notre illustre maître. En
cherchant à établir, d'après le Règne animal,
la liste des Forelles d'Europe, il est bien clair
que la première des deux espèces est ce que
M. Cuvier a appelé la Truite de mer. Mais
je ne crois pas que ce soit là le *Salmo Schie-*

ermulleri de Bloch. En effet, on verra dans
e chapitre suivant que l'ichthyologiste de
Berlin avait reçu de Vienne, par les soins de
abbé Schiefermüller, le poisson qu'il lui a
édié. Or, le Cabinet du Roi possède une truite
prise dans le Danube et envoyée de Vienne,
qui ressemble assez bien à la figure de Bloch,
mais elle est du genre *Salar,* à cause de sa
double rangée de dents vomériennes. D'un
autre côté, ce que M. Cuvier a appelé la
Truite saumonée, est de la même espèce que
ce qu'il entendait désigner sous le nom de
Truite de mer. Les nombreux individus réunis
dans le Cabinet du Roi, et les notes que nous
y avons placées, ainsi que les squelettes qu'il
avait fait préparer, ne me laissent aucun doute
à ce sujet. C'est peut-être le *Salmo Trutta*
de Bloch, mais ce n'est pas celui de Linné.
Heureusement il a établi le *Salmo Lemanus,*
pour fixer la truite du lac de Genève.

En cherchant à m'éclairer sur les dénominations que M. Cuvier a inscrites dans le Règne
animal, je trouve aussi quelque incertitude
en ce qui concerne nos petites espèces; car
sa Truite pointillée (*Salmo punctatus*), sa
Truite marbrée (*S. marmoratus*) et sa Truite
des Alpes (*S. Alpinus*), bien différente alors
de celle de Linné, ne sont que de simples

variétés de notre Truite commune, dont
M. Cuvier n'a pas eu le temps d'établir une
synonymie un peu certaine.

Je crois que je deviendrai plus clair et plus
précis en présentant une critique comparative de la synonymie des nombreux auteurs
qui ont parlé des Truites appartenant ou au
genre *Fario* ou au genre *Salar*. Cette réunion me paraît nécessaire dans cette tête de
chapitre, parce que les auteurs ont presque
tous négligé le caractère essentiel qu'offre la
dentition vomérienne. J'ai pu distraire les Saumons, parce que nous avons vu que déjà
Willughby et plusieurs autres naturalistes
avaient signalé en partie l'absence de dents
le long du vomer.

Belon[1] a joint au Bécard deux articles sur
les poissons dont nous traitons. L'un se rapporte à la Truite saumonée, à laquelle il applique, d'après Ausone, le nom de *Fario*, et
l'autre à la petite Truite commune, que sa
judicieuse érudition lui fait désigner sous le
nom de *Salar*.

Rondelet[2] a ajouté deux figures aux deux
articles des chapitres XIV et XV de son Traité

---

1. Belon, *De aquat.*, liv. 1, p. 280.
2. Rondelet, *De pisc. lacust.*, p. 160 et 161.

es poissons des lacs, et il n'a pas représenté
l Truite fluviatile, dont il a parlé au cha-
itre IV des poissons fluviatiles[1]. Il est pro-
able qu'il a figuré la grande Truite du lac
e Genève, en la désignant sous le nom de
conde espèce d'Omble ou de Saumon du
ac de Genève. Je ne saurais à quelle espèce
pporter la figure qui est en tête du cha-
itre des Truites. Le texte des trois articles
e signale aucun caractère essentiel qui fasse
connaître ces poissons.

Gesner a essayé de débrouiller la synony-
ie des Truites. On trouve à la page 1003 une
gure originale d'une grande Truite lacustre,
u'il appelle Truite saumonée. Mais ce n'est
as la même que la grande Truite du lac de
enève, représentée par Rondelet. La seconde
gure de la page 1007 représente avec fidélité
e Pars ou le *Salmo Salmulus* de Willughby.

Willughby, qui avait porté son attention
ur la dentition des Saumons, mais qui ce-
endant n'a pas distingué dans ses descriptions
es espèces qui ont deux rangées de dents
alatines de celles qui n'en ont qu'une, a parlé
e la Truite des lacs d'après Gesner, en y
joutant quelques traits que lui fournissait

---

1. Rondelet, *De pisc. fluv.*, p. 169.

Paul Jove et les observations de quelques-uns de ses compatriotes. Il appelle cet habitant des lacs, la Truite saumonée des Français ou le *Salmon-Trout,* mais en même temps il donne, d'après Johnson, une Truite saumonée qui aurait pour noms anglais ceux de *Bull-Trout* ou de *Scurf,* et qui est peut-être différente. Elle n'est pas plus caractérisée que l'espèce dont il parle dans le même chapitre au paragraphe précédent sous le nom de *Graia,* et qui aurait pour nom vulgaire anglais *the Grey.* Je dis la même chose de ses Truites fluviatiles. Il se demande s'il y en a deux espèces et il ne cherche à asseoir les caractères d'aucune d'elles.

Ce sont des documents aussi incertains qu'Artedi n'a pas craint d'employer dans sa synonymie, ce qui a commencé à tout embrouiller dans ce genre. La seconde espèce de la synonymie reposerait sur la description très-vague du *Grey* de Willughby, caractérisé par cette phrase : *Salmo maculis cinereis, cauda extremo æquali.* Cette espèce nominale est devenue dans Linné le *Salmo eriox;* elle est tout à fait indéterminable. On ne peut donc pas en parler dans l'histoire positive de l'Ichthyologie, cependant plusieurs auteurs ont cherché à la déterminer. On peut tout aussi

ien rapporter cette phrase à notre *Salmo
amatus* qu'au *Salar ferox* de Jardine. La
leuvième espèce d'Artedi repose sur la *Truite
le Gessner*. Elle est devenue dans la dixième
dition du *Systema naturæ* le *Salmo lacus-
ris*. On pourrait donc appliquer avec quel-
jue probabilité cette dénomination à notre
Fario argenteus, si Artedi n'avait compris
lans sa synonymie que le poisson du lac de
Constance; mais comme il y joint la Truite
acustre du lac de Garda, d'après Aldrovande,
aquelle est l'Omble chevalier (*Salmo umbla*),
et qu'il y rapporte, quoiqu'avec doute, la
Truite du lac de Genève d'après Rondelet,
on voit que dès son origine le *Salmo lacustris* serait mal établi. Il devient nécessaire de
le rayer des catalogues ichthyologiques, parce
qu'il est la source d'une confusion de plusieurs
espèces dans la douzième édition du *Systema
naturæ*. En effet, Linné y ajoute le *Salmo,*
décrit par Gronovius dans son *Zoophyla-
cium,* qui comprend la Truite de Borlase de
l'Histoire de Cornouailles : en recourant à la
figure de la planche 26 de cet ouvrage, on a
promptement la conviction que la Truite de
cet auteur est différente du *Carpio* de Salviani. Je trouve d'ailleurs dans les descriptions
d'Artedi un *Salmo minor vulgari similis,*

désigné en suédois sous le nom de *Laxunge*. Cette description appartient ou à notre Forelle de mer, ou peut tout aussi bien convenir à notre *Salar Bailloni*. Elle n'a pas d'ailleurs été employée par Artedi dans sa synonymie; Linné n'en a pas fait mention. A la suite de cette description, il en existe une troisième beaucoup moins détaillée, qui se rapporte à un Saumon large, marqué de taches noires et rouges et à queue égale. Il est très-probable qu'elle appartient à notre *Salmo hamatus*. Celle-ci est devenue la cinquième espèce dans la synonymie d'Artedi. Or, Linné a employé cette espèce d'Artedi, dans le *Fauna suecica*, pour un poisson certainement différent, qui a le corps couvert de taches noires entourées d'un cercle brun; cette truite porte par conséquent des ocelles dont ne parle point Artedi. De plus, pour augmenter la confusion, le *Systema naturæ* y ajoute le *Salmo latus* n.° 164 du *Museum ichthyologicum* de Gronovius, dont la description faite d'après une Truite prise dans le Rhin, auprès de Bâle, par Jean-Conrad Hammann, appartient à une autre espèce, ou tout au moins à une autre variété qui a le corps couvert de grandes taches entourées d'un cercle blanc. C'est sur cette association que repose le *Salmo Trutta* du *Systema turæ* dès la dixième édition. Il me paraît onc évident qu'il faut aussi laisser de côté ce *almo Trutta,* qui, dans aucun cas n'apparent à la Truite du lac de Genève. Dans la remière pensée d'Artedi, il devait être un écard (*Salmo hamatus,* nob.), et il est evenu dans Linné une association de plueurs espèces.

Ce que je viens de dire d'Artedi et de inné, va s'appliquer également à Bloch. Si m *Salmo trutta* est notre Forelle de mer, figure est mauvaise. Cependant je crois u'on doit la rapporter à cette espèce, parce ue Bloch l'a faite d'après un poisson de la altique, venu du Frisch-Haff. Je ne doute as d'ailleurs que Bloch n'ait mal déterliné les différentes espèces de Truites qu'on i adressait, lorsque nous le voyons conndre les Truites argentées ou les *Silberichs* de la Baltique avec l'espèce différente u'il recevait du Danube et qui devenait son *almo Schiefermulleri.* Dans une addition au enre du Saumon, il a inséré l'extrait d'un lémoire de Wartmann sur l'Illanken du lac e Constance. Il l'a rapporté sans aucune crique au *Salmo lacustris* de Linné. Quant à a Truite de nos rivières, Bloch en a représenté leux variétés à la planche 22 et 23 de sa

grande Ichthyologie. Je n'hésite pas à croire.
que ce ne soit aussi un poisson de la même
espèce, figuré par Bloch sur la planche 102
sous le nom de *S. Gœdeni.*

Après ce que je viens de dire de Linné et
de Bloch, on ne doit pas s'attendre que nous
trouvions dans Pennant les Truites mieux caractérisées. Son *Grey* et son *Bull-Trout* reposent uniquement sur la synonymie d'Artedi.
Donovan a, dans ses poissons d'Angleterre,
un *Salmo cambricus,* qu'il croit analogue au
Grey de Pennant. On peut admettre qu'il
représente notre *Salar Bailloni,* mais ce qui
me paraît certain, c'est qu'il ne peut pas être
le Grey de Pennant, quoique ces deux auteurs donnent ce poisson sous le nom vulgaire
de *Sewin* ou *Shewin,* d'après les observations
que Ray avait reçues du docteur Johnson et
qu'il a consignées dans la publication de l'ouvrage de Willughby.

M. Richardson[1] vient appuyer de son au-
torité ce jugement sur le Sewin, car la figure
2 A et B de la planche 92 de sa grande Ichthyologie américaine montre une double rangée de dents divergentes.

Fleming n'asseoit pas mieux ses espèces

---

1. Richardson, *Faun. bor. amer.,* III, p. 141.

ıe les auteurs précédents. Pour son *Salmo
rutta* il cite Linné ou Pennant. Il rapporte
ı *S. eriox* le *S. cambricus* de Donovan. Son
fario ne comprend que tous les vagues syno-
ymes de l'espèce de Linné.

J'ai également le regret de dire que M. Yar-
ll nous a laissé dans les mêmes incertitudes
ır ses différentes Truites, qu'elles soient de
ıtre genre *Fario* ou de celui des *Salar*. Il
présente en effet à la page 31, sous le nom
e *Bull-trout*, un poisson qu'il croit être le
eriox de Linné, et auquel il associe le
cambricus de Donovan. Il suffit de com-
arer les deux figures pour voir qu'elles n'ont
as de ressemblance. Mais le dessin du poisson
e la planche 31 ressemble tellement à celui
e la page 56 que je suis tenté de les rapporter
la même espèce. M. Yarrell donne à toutes
eux la caudale arrondie, les mâchoires bécar-
ées et la bouche très-largement fendue. Si cet
abile ichthyologiste possède encore les deux
xemplaires qui ont servi à ses dessins et que
examen de la dentition lui prouve qu'ils ont
té faits d'après des poissons d'espèces ou de
enres différents, je ne serais pas éloigné de
roire que celui de la page 31 est un Bécard
Salmo hamatus, nob.), et que celui de la
age 56 appartient au *S. ferox* de Jardine.

A la page 32, dans l'article du Bull-Trout, M. Yarrell a donné une figure qui peut être faite tout aussi bien d'après un jeune Saumon que d'après une Truite argentée. Les figures des pages 36 et 37 appartiennent-elles sûrement à la même espèce? Cela me paraît douteux, car la caudale n'est pas la même. Sont-elles des Truites de mer, c'est-à-dire du genre de nos Forelles? on peut le croire pour la figure de la page 36. Quant à notre petite Truite ou au *S. fario,* j'admets difficilement que la figure de la page 51 représente un poisson de la même espèce que celui de la page 57. Enfin, si l'auteur a bien donné le *S. ferox* de Jardine, il faut avouer que cette figure laisse beaucoup à désirer. Mais je ne puis croire qu'elle représente un poisson de la même espèce que celui donné à la page 13 du Supplément, publié récemment par M. Yarrell. Cette grande Truite des lacs me paraît être mon *Fario argenteus.*

Dans la même publication le célèbre ichthyologiste anglais donne la figure du *S. cœcifer* de M. Parnell, synonyme du *Salmo levenensis* de Walker. Je ne crois pas que les légères différences doivent faire distinguer cette Truite de notre *Salar Ausonii.* A la vérité, je n'ai pas vu d'exemplaire des lacs de l'île Loch-

ven, célèbre par son château encore rempli
es touchants souvenirs qu'y a laissés l'infor-
inée reine Marie.

Nous avons déjà cité les magnifiques plan-
ies de Jardine pour déterminer l'espèce du
aumon, et pour exposer nos doutes sur l'es-
èce du *Salmo albus*. Nous trouverons une
présentation reconnaissable d'une de nos
pèces de *Salar* dans ce qu'il a appelé *Salmo*
rox; mais je reste dans de plus grandes in-
ertitudes en ce qui concerne les deux variétés
u'il a données du *S. fario*. Ces deux Truites
e lacs n'ont point de taches rouges, leur cau-
ale est plus profondément échancrée qu'au-
ine de celles de nos Truites. Je crois qu'elles
bpartiennent au genre Salar. Je ne serais pas
onné qu'un observateur, qui les suivrait dans
us leurs passages, ne vînt à nous les montrer
omme des jeunes du *Salmo ferox*.

Si nous examinons maintenant les Faunes
articulières des différentes contrées de l'Alle-
iagne, nous trouverons qu'en général la petite
ruite des rivières a été assez bien reconnue.
. Agassiz en a donné plusieurs variétés qui
nt parfaitement connaître cette espèce. Il a
présenté sur les planches 14 et 15 de sa belle
ionographie des Salmonoïdes, un Saumon
rgenté qu'il a nommé *S. lacustris.* Je regrette

qu'il n'ait pas alors connu la nécessité de figurer les dents vomériennes ou de les décrire. Il aurait dissipé les incertitudes qui nous restent sur cette espèce. Il regarde son Saumon argenté comme de la même espèce que l'Illanken de Wartmann et de Bloch, et il a cru, avec cet auteur, reconnaître en lui le *S. lacustris* de Linné. Il n'est pas nécessaire de revenir sur cette dénomination, mais en examinant la planche qui représente le jeune âge, et en comparant cette figure avec une petite Truite argentée que j'ai reçue de Vienne, je ne serais pas éloigné de considérer ces poissons comme de l'espèce du *S. Schiefermulleri,* et je serais en cela du même avis que M. Agassiz. Si l'on démontre que cette similitude n'existe pas, je crois que l'on considérera ce poisson du lac de Constance comme étant d'une espèce toute particulière.

Relativement au poisson qu'il a appelé le *S. trutta,* les planches 6 et 7 représentent notre grande Truite du lac de Genève, celle que M. Cuvier a appelée *S. Lemanus.* Je citerai ses figures comme type de l'espèce. La longueur des mâchoires, leur crochet, la forme de la caudale, la grandeur de l'adipeuse conviennent parfaitement à ce que j'ai observé nombre de fois à Paris, mais les deux sexes

e cette espèce ont la même forme; j'ai vu
ut aussi souvent des femelles que des mâles.
le malheureux préjugé de croire que les truites
mâles deviennent seules bécardées a été cause
e nombreuses erreurs dans la détermination
es truites. Quant au poisson représenté pl. 8,
: ne pense qu'il soit de la même espèce que
eux des planches précédentes. Je ne serais
as étonné qu'il n'ait eu une double rangée
e dents vomériennes, et je le prendrais alors
olontiers pour un *S. Schiefermulleri.*

M. Jurine a donné aussi une bonne repré-
entation de notre *S. Lemanus,* planche 4,
mais je ne vois pas que cet habile ichthyolo-
iste ait distingué les différentes espèces qui
ivent dans les eaux qui l'environnaient. Je
rois qu'il a regardé le *S. fario* comme des
eunes de la grande espèce du lac.

J'ai étudié avec tout le soin que je mets
ce genre de recherches, les ouvrages pu-
liés récemment sur les poissons du Nord;
ar mes lecteurs comprennent qu'il est inutile
le discuter ceux qui ont été écrits un peu plus
nciennement après les travaux de Bloch et de
Linné. Je ne puis appliquer à aucune de nos
spèces les caractères que M. Nilsson attribue,
lans son excellent Traité sur l'ichthyologie
candinave, à son *S. trutta* et à son *S. truttula.*

Pour désigner le genre dont je vais traiter dans ce chapitre, j'ai francisé le nom allemand très-connu que l'on donne aux truites. J'ai adopté le nom de FORELLE, à cause de sa ressemblance avec la dénomination latine usitée par Ausone, et qui peut être appliquée avec d'autant plus de raison au genre dont je parle, que le poëte latin considérait son *Fario* comme une truite intermédiaire entre le saumon et le salar, ce qui peut convenir parfaitement à nos espèces, à cause de leur grande taille. J'ai cité plus haut les vers d'Ausone, je ne les répéterai pas ici.

Je vais commencer par décrire d'après nature les deux espèces que je possède, et je tâcherai d'en rapprocher les descriptions des autres Forelles que je pourrai reconnaître dans les auteurs.

La FORELLE ARGENTÉE.
(*Fario argenteus*, nob.)

Ce poisson, qui me paraît habiter également les mers ou les grands lacs, et remonter de ces eaux dans les rivières qui les alimentent, a la forme du Saumon; il me semble, cependant, proportionnellement un peu plus court. Sa hauteur est comprise quatre fois dans la longueur du corps, sans la nageoire de la queue, ou quatre fois et demie avec la caudale. Les deux mâchoires sont à peu

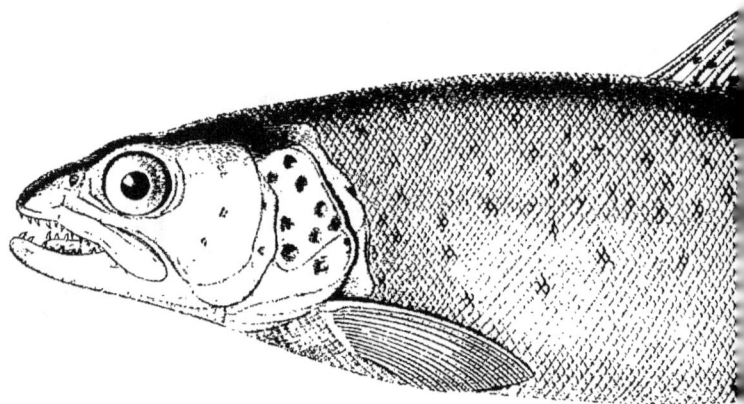

LA FORELLE argentée.

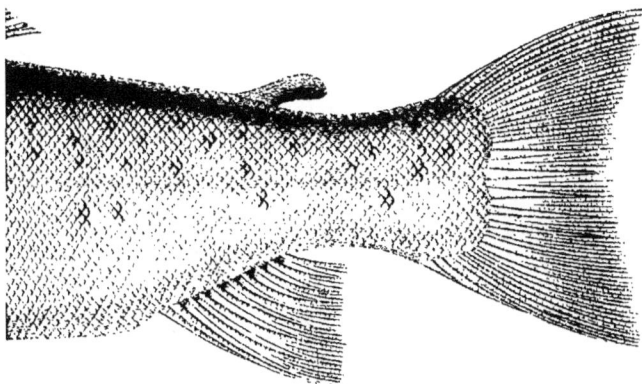

616

FARIO argenteus. Val.

Annedouche sculp.

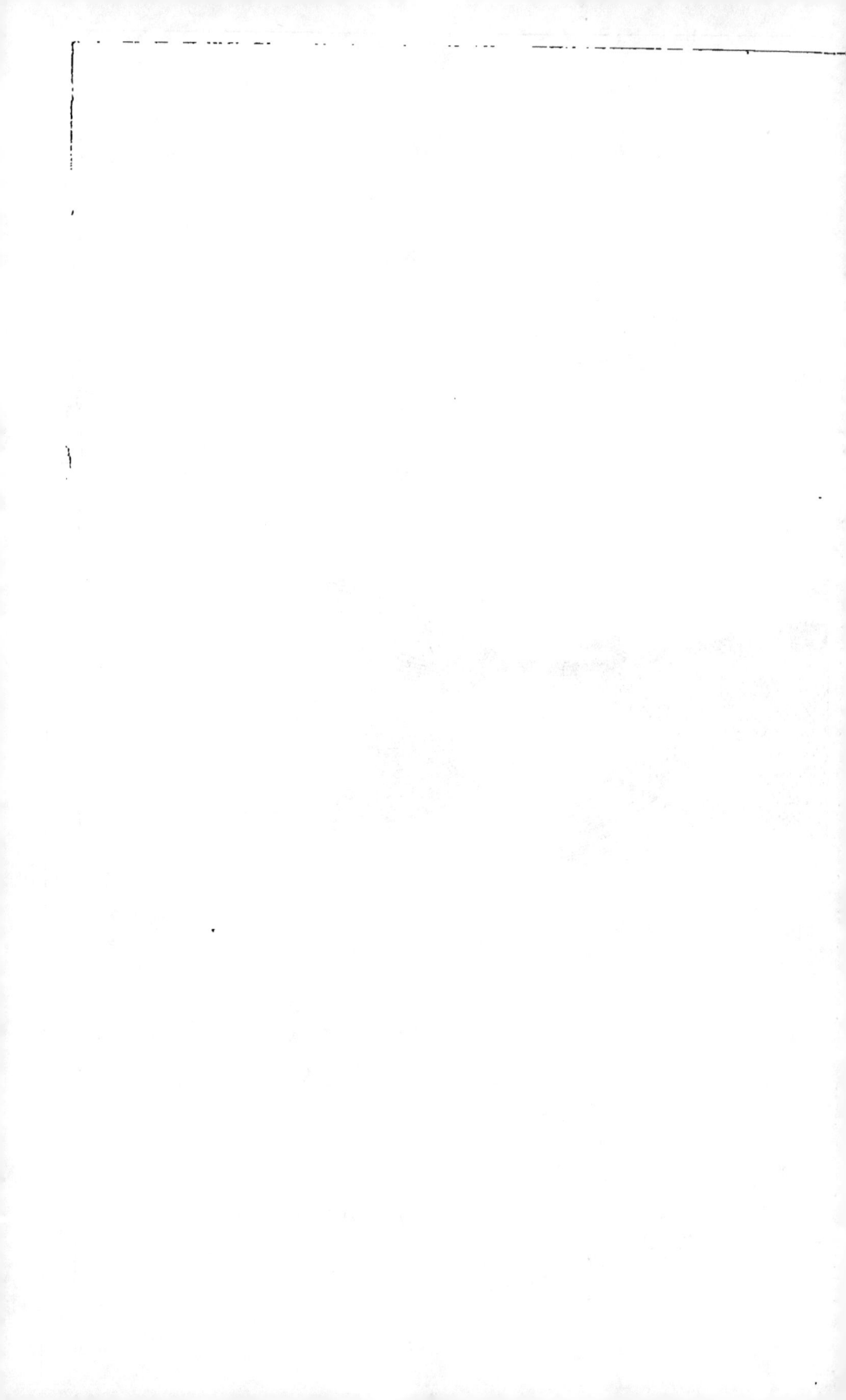

près égales. Il faut dire, cependant, que la supérieure dépasse un peu l'inférieure. La longueur de la tête est du cinquième de celle du corps entier. Le globe de l'œil est un peu plus grand que le huitième de la longueur de la tête. On lui voit, en avant, ses deux paupières adipeuses. L'extrémité du maxillaire n'atteint pas en arrière au delà de l'œil, et il ne mesure que deux fois la longueur de l'intermaxillaire. Les dents sont de moyenne force sur les deux mâchoires, sur les palatins, sur la langue, et il n'y a qu'une seule rangée longitudinale sur le corps du vomer; elle est composée de quatre ou cinq dents. Il y a onze rayons à la membrane branchiostège. La dorsale est sur le milieu de la longueur du corps, en n'y comprenant pas la caudale; la ventrale est au milieu de la longueur totale; l'anale est un peu au delà des deux tiers de cette même mesure.

B. 11; D. 13—0; A. 10; C. 23; P. 15; V. 9.

La ligne latérale est une série de petits traits tracés un peu au-dessus de la moitié de la hauteur. Il y a environ cent vingt-cinq rangées d'écailles le long des flancs. Ces écailles sont petites, mais ne sont pas aussi cachées dans la peau du corps que celles du Saumon. La couleur est un verdâtre, légèrement gris de fer sur le dos. Les flancs et le ventre brillent d'un bel éclat argenté. Il n'y a que des taches éparses noires au-dessus de la ligne latérale. On n'en voit que deux ou trois sur la région pectorale, un peu au-dessous de cette ligne. Le crâne et l'opercule portent aussi quelques points noirs. On les

rencontre également sur la dorsale : c'est la seule
nageoire qui ait des taches. La caudale, très-faiblement échancrée dans le milieu, est olivâtre et bordée
de noirâtre. L'adipeuse est verdâtre. L'anale et les
ventrales sont blanches. Du noirâtre semble salir la
couleur blanche de la pectorale. Il arrive quelquefois que les grands individus ont des taches rouges
sur l'opercule. Je crois que ces taches sont passagères et qu'elles existent en plus grand nombre sur
les individus qui redescendent à la mer.

La Truite argentée, que j'ai distinguée, était une
femelle. Le foie est presque en entier dans le côté
droit de l'abdomen. La vésicule du fiel repose sur
la branche montante de l'estomac. Il n'y a qu'une
simple bande transversale sous l'œsophage; mais
aucune partie du foie ne passe à gauche de l'estomac.
Celui-ci, ainsi que l'œsophage, ressemble tout à fait
à ces viscères dans le Saumon; mais il y a un plus
grand nombre de cœcums autour de la branche
pylorique, puisque je compte soixante-dix appendices cœcales autour de cette portion de l'intestin.

Le reste du canal intestinal n'offre rien de
remarquable. Le grand nombre de *Tænia*
dont l'intestin était rempli, est vraiment remarquable : il y en avait un dans chacun des
cœcums. M. Rayer a fait de son côté la même
observation. Outre ces *tænia* il y avait aussi
quelques *Filaria piscium* retenus autour des
épiploons graisseux des appendices. Les ovaires
occupaient la moitié antérieure de la longueur

de l'abdomen ; les œufs sont assez gros ; ils tombent, comme c'est l'ordinaire chez les truites, dans l'intérieur de la cavité abdominale.

Sur le squelette nous voyons les os du crâne formant une voûte à peu près semblable à celle déjà décrite dans le *S. hamatus.* Ainsi, les deux frontaux principaux recouvrent en partie les deux pariétaux ; mais ils ne se touchent pas aussi complétement que ceux de l'espèce que nous venons de citer ; de sorte qu'il y a un trou sur le crâne et deux trous latéraux circonscrits par les occipitaux, les mastoïdiens, la grande aile et le frontal principal. Les deux frontaux antérieurs forment une plaque assez grande sur l'extrémité du museau. Les autres os ne présentent pas des différences bien notables d'avec ceux du grand *S. hamatus.* Nous comptons cinquante-quatre vertèbres à cette espèce, dont trente-cinq sont abdominales.

La taille des individus que l'on trouve sur les marchés de Paris est quelquefois de deux pieds et demi ; mais il n'est pas rare cependant d'en voir de deux pieds. C'est d'après l'un d'eux que j'ai donné dans l'Iconographie du Règne animal une figure un peu petite, à la vérité, de la Truite de mer, en adoptant alors pour sa dénomination latine celle que je trouvais dans l'ouvrage dont nous voulions illustrer le texte. Cette truite de mer est, sans aucun

doute, de la même espèce que Lacépède a
établie sous le nom de *Salmone Cumberland.*
Il serait difficile de déterminer, dans l'ouvrage
que nous citons, le poisson que son illustre auteur a inscrit dans ce supplément. Mais j'ai eu
le bonheur de retrouver dans les papiers que
M. de Lacépède m'a légués, les notes manuscrites de Noël, et j'y vois une représentation de
la disposition des dents du palais; il n'y en a,
sans aucun doute, qu'un seul rang sur le vomer. Noël avait pris ses notes sur un individu
apporté à Kilvington en Westmoreland, et
qui avait été pêché dans un lac voisin du
Penryth. Cet ichthyologiste la désignait sous
le nom de *Truite blanche* et présumait qu'elle
était de la même espèce que celle des lacs
d'Écosse. Or, comme je trouve dans l'ouvrage
de Yarrell que son Salmon-trout, qu'il considère aussi comme la Truite de mer, est la
Truite blanche du Devonshire, du pays de
Galles et de l'Irlande, et qu'il rapporte une
observation de M. Maccullock, constatant que
la truite de mer d'Écosse vit dans un lac d'eau
douce de Lismore, l'une des Hébrides; que
ces truites ne peuvent sortir de ce lac pour
se rendre à la mer; je profite de ces observations pour admettre également que notre
espèce peut se trouver dans le lac de Con-

lance, passer de ce lac dans les nombreux
ruisseaux qui y affluent, soit directement,
soit par le vieux Rhin, vivre dans les profondeurs du lac, et en sortir pour remonter
dans les rivières au temps du frai, d'où l'on
conclurait, avec M. de Lacépède, que les
grands lacs seraient, pour les individus qui
ne peuvent se rendre à la mer, ce que l'Océan
est aux espèces qui remontent dans les petites
rivières qui viennent y verser leurs eaux. C'est
ce que M. de Lacépède a dit, avec autant
d'élégance que de justesse dans l'article qu'il a
écrit, d'après Bloch, et par conséquent d'après
le docteur Wartmann, sur le *Salmo illanken*.
Si l'on vient à lever ces incertitudes, il en résul-
terait que notre Forelle argentée serait, comme
il y a tout lieu de le croire d'après l'examen
des figures, très-bien représentée dans Agassiz,
sur les planches 14 et 15 de son ouvrage, et que
ce serait aussi l'Illanken (*S. lacustris*) de Bloch.
L'illustre continuateur de Buffon l'aurait reproduite, une seconde fois, comme je viens de
le dire, sous le nom de *Salmone Cumberland*.
Le *Salmo trutta* de Bloch peut encore la représenter; mais la figure et la synonymie de
cet auteur laissent de grandes incertitudes
pour cette détermination. Ce serait plus probablement le *Salmo lacustris* de Gesner.

En remontant à la discussion générale que j'ai faite de toute cette synonymie on voit la nécessité de donner à ce salmonoïde un nom nouveau ; car presque tous ceux que je viens de rapporter ont été appliquées par d'autres auteurs à des espèces différentes. N'oublions pas que les dénominations d'Artedi ou de Linné embrassent, par leur synonymie, des poissons différents les uns des autres.

Si le *Salmon-trout* de M. Yarrell est un des noms de l'espèce actuelle, nous verrons cette espèce abonder sur les marchés de Londres comme sur ceux de Paris. Je n'aurais aucun doute sur cette détermination, si le docteur Richardson[1] s'était exprimé d'une manière plus nette sur la disposition des dents du vomer. Je crois bien cependant qu'il n'y admet qu'une seule rangée.

La figure de la planche 91, n.° 1, A et B, de l'ouvrage de Richardson, ne peut laisser aucun doute sur le genre auquel le poisson qui a été dessiné pouvait appartenir ; c'était une Forelle argentée.

La FORELLE DU LAC LÉMAN.

(*Fario Lemanus*, nob. ; *Salmo Lemanus*, Cuv.)

Nous recevons à Paris, sous le nom de

---

1. *Faun. bor. amer.*, III, p. 140.

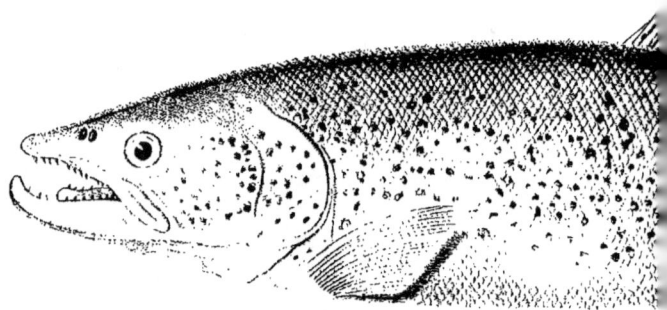

LA FORELLE du lac Léman.

Dickmann del.

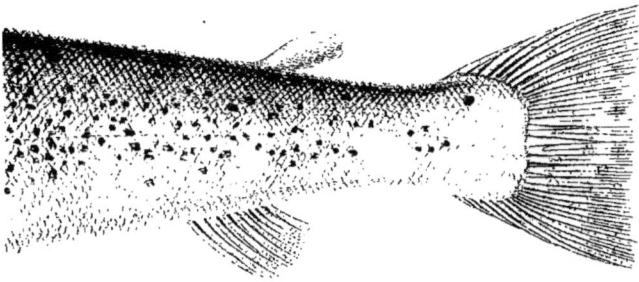

FARIO Lemanus. Val.

Annedouche sculp.

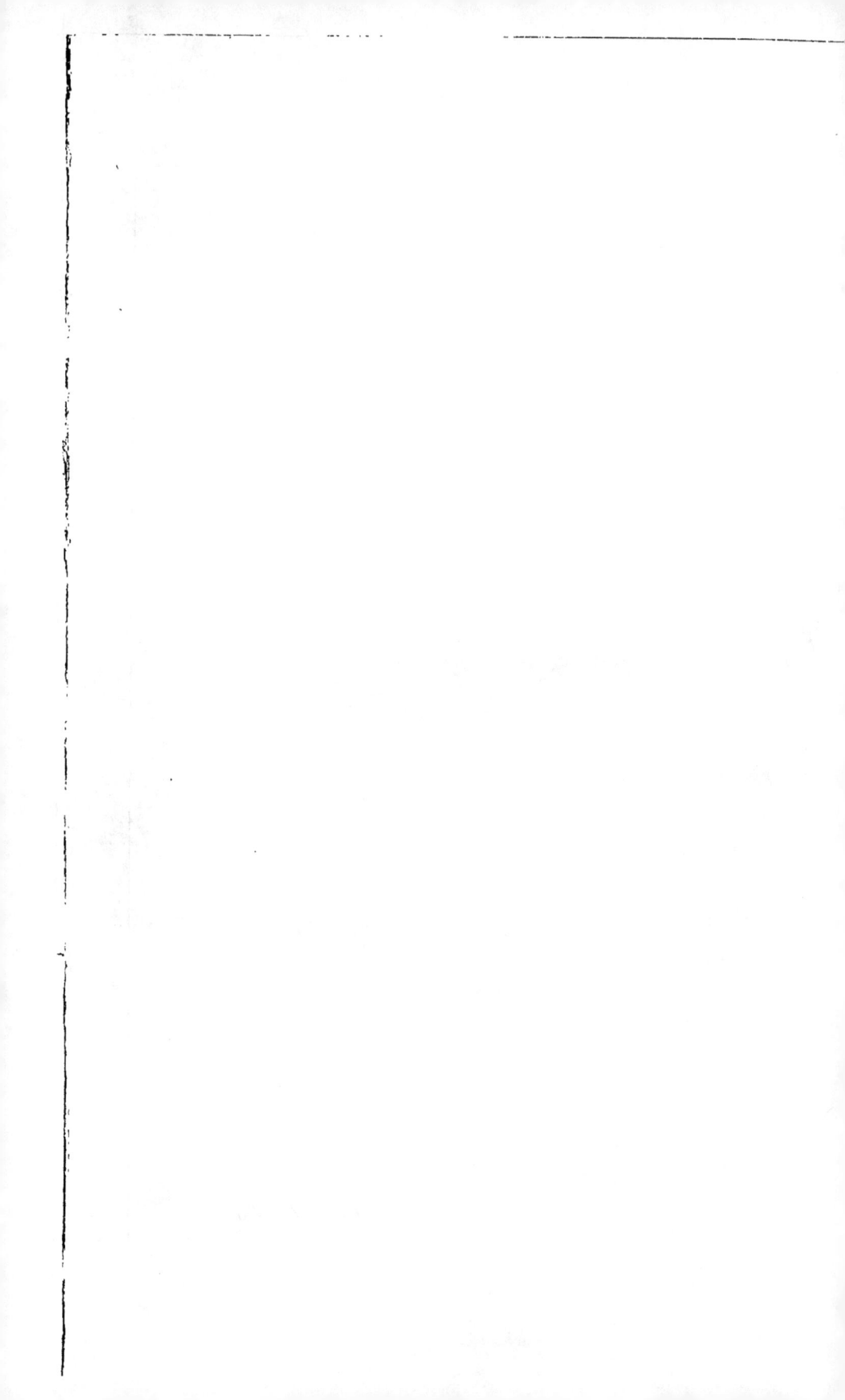

'ruite saumonée du lac de Genève, une des
spèces les plus grandes et les plus estimées
e ce genre.

C'est un poisson à corps épais, à dos arrondi, à
queue forte et raccourcie, à caudale peu développée,
proportions qui donnent à ce poisson une forme
beaucoup plus lourde que celle du Saumon. L'épaisseur fait à peu près les deux tiers de la hauteur,
qui est comprise environ cinq fois et demie dans
la longueur totale. La longueur de la tête n'y est
que quatre fois et demie. Le dessus du crâne est
plus large et à proportion plus arrondi. L'œil est
à la moitié de la longueur de la joue. Le préopercule est arrondi; l'opercule a le bord inférieur arrondi; il se loge dans le croissant du bord correspondant du sous-opercule, lequel est une palette
assez large. L'interopercule est étroit et a le bord
échancré. L'intermaxillaire est assez long; il fait un
peu plus du tiers du maxillaire. Les dents de ces
deux os sont courtes et assez grosses; elles sont
beaucoup moins fortes que celles des palatins. J'en
trouve sur le vomer deux au chevron, et une bande
de quatre ou cinq le long du corps de l'os. A l'extrémité de la mâchoire supérieure il existe une petite
fossette, dans laquelle pénètre un tubercule assez
haut de la mâchoire inférieure; mais il faut faire
bien attention que ce tubercule n'a jamais la forme
ni la saillie de celui du *S. hamatus*. La pectorale
est plus courte et plus large que celle du Saumon.
Les ventrales sont plus éloignées, car elles correspondent aux derniers rayons de la dorsale. Celle-ci

répond au milieu de la longueur totale. L'adipeuse est très-haute, très-large; elle est à proportion beaucoup plus grande que celle du *Salmo hamatus*.

Le poisson, desséché, a les flancs plus tachetés que le dos et le ventre. On voit des points sur la joue, sur l'opercule et sur la dorsale. Il n'en reste pas de traces sur les autres nageoires. Les écailles sont petites et comme perdues dans la peau. Nous en comptons cent trente rangées le long des côtés. La pectorale est plus arrondie; la caudale coupée carrément; l'anale aussi haute que longue.

B. 11; D. 13 — 0; A. 10; C. 25; P. 12; V. 9.

Nous conservons dans le Cabinet du Roi deux grands individus empaillés, dont l'un a trois pieds quatre pouces et demi de long; nous avons aussi un squelette long de deux pieds neuf pouces, qui avait été envoyé à M. Cuvier par le sénat de la ville de Genève. Outre ces exemplaires, j'en ai examiné un grand nombre que le commerce apporte à Paris, ce qui m'a rendue facile l'appréciation des caractères généraux de cette espèce. M. Pentland en a donné un petit exemplaire du lac de Como, long d'un pied et deux pouces, mais sur lequel nous retrouvons aussi très-bien les caractères spécifiques de cette Truite.

Le squelette nous offre aussi certains caractères qui servent à distinguer ce poisson des espèces voisines.

Le crâne est plus rugueux. La crête moyenne formée par la réunion des deux frontaux principaux, est plus élevée, et comme elle se continue avec celle des frontaux antérieurs, il en résulte une crête longitudinale, allant depuis les intermaxillaires jusqu'aux pariétaux. Sur les côtés de la crête moyenne il y en a deux autres rugueuses; puis les rebords des frontaux antérieurs se redressent un peu. Je ne vois pas sur les côtés du crâne les grands trous latéraux de l'espèce précédente.

Je compte cinquante-six vertèbres, dont trente-trois pour l'abdomen.

Cette espèce si célèbre n'a été figurée que dans ces derniers temps. On en doit une première et bonne représentation à M. Jurine[1], et plus récemment M. Agassiz en a donné de très-élégantes figures dans sa belle monographie des Salmonoïdes. M. Jurine pense que l'accroissement des Truites[2] d'une livre augmente dans une année du quart de leur poids, celles de trois livres d'un sixième, et que de plus grosses gagnent à peine une livre dans le même temps. Je ne suis pas très-sûr que ces observations se rapportent à la même espèce. Cet auteur nous dit qu'il n'a pas vu prendre

1. Jurine, Poissons du lac Léman, pl. 4.
2. Il est bien entendu que, dans tout cet article, j'emploie le nom de Truite, pour désigner, avec tout le monde, le poisson appelé en ichthyologie par M. Cuvier *Salmo Lemanus*.

dans le lac des Truites de plus de trente-six
livres, que la plus grosse qui ait été prise
depuis quinze ans (1815) dans les nasses du
Rhône, au moment où il écrivait son mémoire (1830), n'en pesait que trente-deux. Il
y a bien loin de ce poids à celui que l'on
trouve cité dans les auteurs, et que M. Jurine
a pris soin de transcrire. Grégoire de Tours
parle de Truites d'un quintal, mais si cela
arrivait dans le sixième siècle, dit le conservateur suisse cité par M. Jurine, il faut en
réduire au moins la moitié actuellement. La
plus grande Truite, dont les annalistes aient
conservé le souvenir, fut prise en 1663 : elle
pesait soixante-deux livres.

Les Forelles ou grandes Truites du lac,
réduites en captivité, finissent par manger
avec avidité les poissons qu'on leur donne,
et elles peuvent se conserver longtemps dans
une eau vive. Elles ont besoin de beaucoup
de nourriture et elles maigrissent rapide-
ment si on ne leur en donne pas une assez
abondante.

Les Truites quittent le lac à l'époque du
frai et remontent les rivières et les torrents
pour revenir dans les eaux d'où elles sont
sorties, après avoir déposé leurs œufs. Le passage des Truites du lac dans le Rhône, et leur

etour de ce fleuve dans le lac est connu à
Genève sous le nom de *descente* et de *remonte*. Les observations suivies depuis plu-
ieurs années montrent que les époques de
migration varient suivant les influences atmos-
phériques, comme nous en avons cité des
xemples pour les harengs et comme on sait
que cela a lieu dans les migrations des oiseaux.
Dès que la surface de l'eau commence à se
échauffer, les Truites ne tardent pas à quit-
er les profondeurs où elles ont passé l'hiver,
t dès le mois d'avril on en voit quelques-
unes descendre le Rhône. M. Jurine dit qu'à
ette époque la chair est grasse et très-déli-
ate et que les femelles sont beaucoup plus
avoureuses que les mâles. La descente est
nnoncée par les petites Truites, après elles
iennent les moyennes; les grosses se mon-
rent les dernières. Les Truites que l'on
rend en juin et en juillet laissent déjà
ouler leurs œufs. Le gouvernement de Ge-
ève a, par une heureuse prévoyance, forcé
a ferme de la pêche du Rhône, d'enlever
endant six mois, à dater de la fin d'avril,
rois vannes du clayonnage disposé de ma-
ière à fermer le fleuve à sa naissance, afin
l'ouvrir un passage au poisson et d'assurer
ar là sa reproduction. Mais comme le cours

du Rhône cache de nombreuses nasses pour prendre les Truites à la descente, il arrive encore que plusieurs y entrent et s'y prennent de sorte que l'on verrait diminuer bien sensiblement les Truites du lac sans le frai qui lui est fourni par les autres rivières ou torrents qui viennent y verser leurs eaux. Les grosses Truites semblent mesurer la quantité d'eau d'une rivière avant de s'y engager. L'inégalité du lit de l'Arve empêche un grand nombre d'entre elles d'y pénétrer, à moins que les eaux ne soient abondantes. Le froid glacial de ses eaux, ou leur défaut de transparence, font peut-être aussi reculer le poisson. Il paraît préférer le Rhône et plusieurs fraient à la naissance du fleuve au sortir de Genève. Quand on se promène le long de ces berges élevées, on découvre au fond du lit de grandes places blanches formées par les Truites; celles-ci y ont déposé leurs œufs. Après le frai les Truites rentrent dans le lac, mais alors elles sont très-maigres et comme épuisées : on les a nommées *fourreaux*.

La remonte a lieu vers la fin d'octobre. Lorsque les Truites veulent de nouveau remonter du Rhône dans le lac, elles sont obligées de pénétrer dans les nasses, parce que les portes du clayonnage ont été fermées.

Tels sont les documents tirés de l'excellent mémoire de M. Jurine. Cet habile naturaliste observe qu'il a vu souvent des Truites bossues, mais il remarque que ces déviations extérieures ne laissent aucune trace sur le squelette. Nous avons fait la même observation sur les Perches bossues d'Angleterre; M. Jurine en a fait de semblables sur des Brochets contrefaits. La cause de ces déviations n'est pas due à une sorte de rachitisme analogue à celui qui affecte plusieurs autres vertébrés.

Les Truites pourraient être transportées dans nos lacs. L'on se souvient encore dans le département de l'Isère, des essais faits par l'abbé Garden, curé de la commune de Venose en Oysans; il avait empoissonné, en 1770, le lac Loritel, l'un des plus élevés de ce pays. Les Truites y ont frayé et prospéré pendant longtemps : depuis, le défaut de soins a laissé détruire ces poissons, parce qu'on en a fait la pêche en tout temps. Le peu qu'il en reste est difficile à prendre, parce que les Truites résident dans les profondeurs du lac. Je dois ces renseignements à M. Charvet, professeur d'histoire naturelle à Grenoble, à qui le botaniste Villars les avait communiqués.

Les expériences de M. Rusconi, de M. Agassiz, et celles qui se font en Allemagne sur la fécondation artificielle, prouvent qu'avec un peu de soin l'on peut transplanter les Truites. Je saisirai cette occasion de rappeler qu'on pourrait obtenir d'excellents résultats en appliquant cette méthode à beaucoup d'autres espèces de poissons. Il est aussi à remarquer que les Truites de rivières grandissent promptement dans les lacs où on les place convenablement. On ne prend jamais, dans les cours d'eau, des individus aussi grands que ceux tirés des lacs.

La FORELLE A VENTRE ROUGE.

(*Fario erythrogaster*, nob.; *Salmo erythrogaster*, Dekay.)

Il existe aussi des Forelles dans les grands lacs de l'Amérique septentrionale. Richardson en a signalé dans ses écrits. Le Cabinet du Roi en possède une très-belle espèce, remarquable par sa tête large et aplatie, par la grosseur de son museau. Les dents sont coniques et très-fortes. On en voit deux ou trois à l'extrémité du vomer, suivies de deux, placées à la suite l'une de l'autre sur le corps de l'os. Les postérieures sont plus grandes que celles de devant. Le vomer est d'ailleurs assez court. Les palatins sont armés de dents plus longues que celles des mâchoires. Je ne puis rien dire des dents linguales, la langue ayant été enlevée dans l'individu préparé que j'ai sous les yeux. L'opercule est un large triangle. Il s'unit par une suture écailleuse au sous-opercule. Ces deux os portent de nombreuses stries rayonnantes, naissant chacune de l'articulation antérieure de l'os; d'où il résulte que les stries qui se rendent au bord inférieur de l'opercule croisent presque à angle droit celles du sous-opercule. L'interopercule a aussi des stries, mais elles sont moins marquées, et elles sont longitudinales comme celles du sous-opercule. Le dos est large et épais. La queue paraît assez grêle et assez longue. La dorsale est reculée sur le dos, et n'est pas très-grande. L'adipeuse est petite. L'anale est étroite et oblongue. La caudale est échancrée. Le lobe supérieur paraît plus long et plus aigu que l'inférieur. Les nageoires paires sont étroites et pointues.

B. 10; D. 11 — 0; A. 10; C. 31; P. 13; V. 10.

Les écailles sont petites, perdues dans l'épaisseur du derme comme celles des Truites en général.

La couleur est d'un verdâtre foncé sur le dos, s'éclaircissant sur les flancs et sous le ventre. Les écailles paraissent bordées de verdâtre; ce qui doit former, sur le poisson frais, un réseau fin, à très-petites mailles.

Notre exemplaire, long de deux pieds et demi, vient du lac Ontario : il a été envoyé par M. Milbert.

Je crois retrouver dans cette espèce le *Salmo erythrogaster* de M. Dekay [1]. La figure

---

1. Dekay, *New-York Faun.*, p. 236, pl. 39, fig. 126.

nous représente assez bien sa tête large et courte. Cependant il ne paraîtrait pas que M. Dekay accorde à son espèce une taille aussi considérable que celle de l'exemplaire dû aux soins de M. Milbert. Cette espèce a été reproduite, d'après MM. Dekay et Dough-thy, dans le *Synopsis* de M. Storer; mais ce naturaliste n'ajoute aucun détail qui nous fasse mieux connaître ce poisson. Les couleurs indiquées dans la Faune de New-York sont un vert olivâtre foncé sur le dos, les côtés bronzés, marbrés de rouge et semés de taches carmin. Le ventre brille d'un bel orangé, avec une ligne longitudinale moyenne d'un blanc de perle. Les nageoires inférieures et la caudale ont du rouge.

La Forelle de Ross.

(*Fario Rossii*, nob.; *Salmo Rossii*, Richardson; *Salmo penshinensis*, Pallas.)

M. Richardson a dédié à son célèbre ami le capitaine James Clarke Ross, une espèce qu'il a décrite avec soin et comparativement au Saumon. Il aurait pu cependant la trouver déjà nommée dans le *Fauna rosso-asiatica*.

C'est un poisson de forme plus élancée, dont le dos est plus droit, dont le museau et les mâchoires sont moins arquées, dont la tête est plus large. La mâchoire inférieure a une longueur remarquable et dépasse de beaucoup la supérieure. Les dents, courtes et coniques, mais très-aiguës, existent à chaque palatin, et quoique le vomer ait été cassé par la préparation de l'individu, M. Richardson a pu en observer deux sur l'extrémité antérieure et une seule plus éloignée sur le corps de l'os. L'opercule est rhomboïdal. Ses angles sont arrondis. Le bord inférieur de l'interopercule est concave et comme échancré. L'adipeuse est petite. La caudale est fourchue.

B. 12 — 13; D. 13 — 0; A. 11; C. 29; P. 14; V. 10.

Les écailles sont petites, particulièrement celles du devant du dos. L'auteur en a compté cent trente-quatre le long des flancs. Le dos, le sommet de la tête, la dorsale et la caudale ont une couleur intermédiaire entre le vert olive et le brun des cheveux. Les côtés sont nacrés ou gris perlé, à reflets argentés, irisés de bleu et de lilas. De nombreuses taches de carmin sont le long de la ligne latérale. La couleur du ventre varie dans les différents exemplaires d'un orangé pâle à une belle couleur rouge.

Le courageux voyageur auquel nous empruntons cette description l'a faite en partie sur des peaux desséchées, et en partie d'après les dessins qui lui avaient été communiqués par sir John Ross. Il lui donne pour nom vulgaire, chez les Eskimaux, le mot *Eekalook*. L'espèce est une des découvertes de leur expédition à l'île du Régent. Cette Forelle est si abondante dans la mer, à l'embouchure de la rivière de Boothia-Félix, qu'un seul coup d'une petite seine en a rapporté trois mille trois cent soixante-dix-huit individus. Leur poids variait de deux à quatorze livres. La couleur de la chair était quelquefois d'un rouge foncé; d'autres individus l'avaient très-pâle. M. Richardson croit son *S. Rossii* voisin du poisson signalé par Pennant sous le nom de *Malma* ou de *Golez* des Russes, qui entre de la mer dans les rivières du Kamtschatka.

Pallas a appliqué ce nom de Malma ou de Golez au *Salmo callaris,* dont nous avons déjà parlé page 248, et qui a les deux mâchoires à peu près égales, car l'inférieure est un peu plus courte, d'après la note de Pallas. Je ne crois donc pas que la supposition de M. Richardson doive être admise.

Ce qui d'ailleurs me confirme cette détermination, c'est que je retrouve notre espèce dans un autre article de l'illustre zoologiste de Pétersbourg. J'ai dessiné à Berlin le *Salmo penshinensis* de Pallas, et ce dessin, m'éclairant sur la description du *Fauna rosso-asiatica,* me démontre que le *Salmo Rossii* n'est autre que cette espèce. J'ai examiné l'individu desséché, rapporté par Merk. Ce saumon entre du golfe de Penshiné dans la rivière de

Vorofskaya. Les naturalistes me pardonneront de conserver le nom du célèbre navigateur, auquel Richardson l'a dédiée. Je ne
serais pas éloigné de croire que M. Mertens
aurait aussi dessiné cette espèce, car il m'a
permis de calquer un de ses dessins repré-
sentant un Golez des Kamtschadales. Je n'aurais aucun doute à établir ce rapprochement,
si la mâchoire était un peu plus allongée.

Je trouve, dans les belles collections des
dessins du navigateur russe, un petit poisson
représenté sous le même nom de Golez, et
qui a le corps traversé par dix à onze bandes
verticales plus foncées que le fond verdâtre
du dos. Tout le corps est semé de nombreuses
taches rouges. La caudale et la dorsale sont
verdâtres, les autres nageoires rougeâtres. Je
crois qu'il représente un jeune âge de notre
espèce, ce qui peut faire supposer que les
saumons des rivières du Kamtschatka ont une
livrée comme ceux de l'Europe.

Il faut d'ailleurs faire attention que le nom
de Golez paraît être donné à plusieurs espèces,
et être en quelque sorte un nom générique
du Kamtschatka, comme l'est, chez nous, celui
de Truite.

CHAPITRE III.

Des Truites (*Salar,* nob.).

Après avoir distingué les Saumons (*Salmo*) avec le corps du vomer lisse et sans dents, les Forelles (*Fario*) avec une seule rangée de dents sur le corps du vomer, il nous reste à parler des Truites proprement dites, dont le corps du vomer est armé de deux rangées de dents. Une autre disposition des dents vomériennes distingue encore le genre Truite des deux genres précédents : leurs espèces ont un groupe de dents sur le chevron du vomer. Les espèces de notre troisième genre n'ont pas de dents remarquables et distinctes sur le devant de l'os.

D'ailleurs leur anatomie, leur taille, leurs habitudes, leur séjour, tantôt fluviatile, tantôt de passage de la mer ou des profondeurs des grands lacs intérieurs dans les rivières qui viennent y verser leurs eaux, sont les mêmes dans nos truites que dans les espèces des deux autres genres.

La truite de nos ruisseaux a été si nettement désignée dans ce vers tant de fois cité du Poëme de la Moselle :

Purpureisque Salar *stellatus tergore guttis,*

ue je n'ai pas hésité à désigner le genre nou-
eau établi dans ce chapitre par le nom de
ALAR, de même que j'ai trouvé dans ce poëte
s deux noms génériques précédents.

Je complète dans ce troisième article l'his-
ire d'un très-grand nombre d'espèces, qui
nt été toutes confondues par mes prédéces-
urs sous le nom Linnéen de *Salmo*. Il y a,
our retrouver les espèces décrites dans leurs
uvrages, les difficultés signalées dans les deux
ticles précédents, parce que les naturalistes
ont pas plus apprécié le caractère des truites
ue celui des deux autres groupes.

Les auteurs admettent que les grandes
pèces de ce genre subissent les mêmes chan-
ments dans la forme des mâchoires, que le
rait le saumon ordinaire, si le *S. hamatus*
ait de l'espèce du saumon vulgaire. Je crois
ue ces conséquences sont le résultat d'ob-
rvations inexactes, et que les naturalistes
turs rectifieront les erreurs que je n'ai pu dé-
ouvrir. L'examen des espèces des trois genres
rouve ce que j'ai dit plus haut ; c'est que les
almonoïdes de la tribu des Truites abondent
ans les eaux circumpolaires. Je m'étonne que
: nombre immense de poissons excellents
près qu'ils ont été fumés ou salés, n'aient
as excité davantage les hommes qui spéculent

sur les profits de la grande pêche, à y aller
poursuivre les saumons qui fourniraient des
cargaisons tout aussi fortes que les morues de
Terre-Neuve et qui seraient d'une valeur plus
élevée.

Ce que l'on rapporte de l'abondance de
certaines espèces de truites dans les rivières
du Kamtschatka, et de la mortalité d'un si
grand nombre de poissons dans le lit resserré
de ces rivières, doit donner lieu à la réunion
de squelettes qui se conserveront dans les
alluvions de ces eaux douces, en y formant
des bancs analogues, par le nombre de cadavres entassés, aux couches stratifiées du monte
Bolca ou à ceux des argiles d'Aix remplies de
prétendues pœcilies. Que les géologues réflé-
chissent sur ces faits, et qu'ils se demandent
si des espèces qui sont marines pendant presque tout le temps qu'a duré le développement
ou la croissance des individus, et qui deviennent fluviatiles pour un espace de temps très-
court, devront être désignées sous le nom de
poissons marins ou d'espèces fluviatiles.

Les Truites, répandues dans un si grand
nombre de ruisseaux, de rivières et même de
lacs des eaux douces de l'Europe, présentent
presque toutes ce caractère commun et remarquable d'avoir le corps couvert de taches

un beau rouge de vermillon, qui devient
ès-souvent le centre d'un ocelle gris, blan-
âtre ou brun. La couleur de ces points
siste à la cuisson, et pendant très-longtemps
l'action de l'alkool. Avec ces taches rouges,
s parties supérieures du corps en ont d'autres
ujours beaucoup plus grosses, de couleur
rune. La tête et les opercules en sont char-
s comme le tronc, la dorsale et l'adipeuse.
i l'on ne compare pas ensemble un grand
ombre de ces poissons, on peut, en s'en
nant à ces caractères généraux, croire que
en ne serait plus facile que de déterminer
spèce de poisson que les naturalistes se con-
entaient, jusqu'à nous, d'appeler *Salmo fario*.
lais si l'on a le soin, comme je l'ai fait, de
éunir les différentes Truites non-seulement
e divers pays, mais même des petites rivières
s plus voisines les unes des autres, on ne
arde pas à reconnaître des variétés tellement
rappantes, que l'on devient fort embarrassé
'appliquer très-souvent à l'individu que l'on
sous les yeux les caractères du *Salmo fario*
e Linné. Les difficultés augmenteront très-
ite, si l'on veut suivre avec quelque pré-
ision les caractères signalés dans les Traités
énéraux ou dans les Faunes spéciales de dif-
érents pays. Mon premier soin a été de re-

chercher s'il y avait quelque différence constante dans les formes ou dans les proportions
et si ces différences concordaient avec d'autres que je pouvais observer dans le nombre
ou dans la disposition des taches. Après avoir
mesuré avec la plus grande attention les diverses parties du corps pour connaître leurs
diverses longueurs proportionnelles, et après
avoir mis ensemble les Truites qui se ressemblent, j'ai trouvé qu'il y a dans toutes nos
nombreuses Truites d'Europe deux groupes
appartenant peut-être à deux espèces distinctes. Si on les réunit, comme je le fais, on
sera du moins forcé de les considérer comme
constituant deux races très-différentes et reconnaissables à la longueur de la tête et au
nombre des taches qui couvrent l'opercule.
Je vois que les Truites, couvertes de taches
nombreuses sur la tête et sur le corps, ont
la tête constamment et sensiblement courte.
Au contraire un grand nombre d'autres individus qui ont peu de taches sur le corps
sont remarquables par la longueur de leur
tête. Ces deux distinctions sont faciles à saisir
à la première vue, lorsque l'étude vous a
familiarisé avec la physionomie de chacun
des groupes. Il y a d'ailleurs dans les Truites
à tête courte des variations dans la grandeur

t dans le nombre des taches, variations qui e reproduisent avec assez de constance pour u'il soit facile à un observateur exercé de econnaître une Truite des rivières de Provence ou d'Italie, et pour la distinguer de elles de nos ruisseaux de Normandie. Ces ifférences, que l'étude finit par faire saisir, ont cependant, je dois l'avouer, difficiles à pprécier sans beaucoup d'exercice. Je n'exaère pas en disant que j'ai été obligé de raprocher plus de cent exemplaires, et de les tudier longtemps avant d'apprendre à les ien connaître. Mais je crois aussi qu'il y a uelque certitude dans la distinction des deux aces, car maintenant que j'ai bien saisi les ifférences, je les retrouve sans hésiter. J'ai ru nécessaire d'entrer dans ces détails, afin ue le lecteur qui voudra appliquer ces prinipes et vérifier l'exactitude de mes détermiations ne se décide pas avec trop de préciitation. Les naturalistes devront se souvenir u'ils entreprennent une œuvre de patience.

La TRUITE VULGAIRE.

(*Salar Ausonii*, nob.)

Je commence par décrire celle des deux aces, très-voisines l'une de l'autre, celle dont

j'ai pu rassembler le plus grand nombre
d'exemplaires : c'est la Truite à tête courte.

Elle a le corps de forme régulière, assez élégante,
et, cependant, il est un peu trapu. L'épaisseur fait
à peu près la moitié de la hauteur, et celle-ci est,
à très-peu de chose près, le cinquième de la longueur totale. Les variations doivent dépendre de
l'état de plénitude et peut-être bien aussi du sexe
de l'individu. La tête a le front assez large; le museau gros et arrondi; l'extrémité, quoique obtuse,
fait une sorte de saillie. La longueur de la tête est
contenue quatre fois dans la longueur du corps; la
caudale non comprise. La plus grande longueur des
lobes de la caudale est à peu près la moitié de la
longueur de la tête. L'œil est assez gros. Son diamètre est compris quatre fois et deux tiers dans la
longueur de la tête. Il est égal à la moitié de la
longueur du maxillaire; celui-ci dépasse à peine le
bord postérieur de l'orbite. Le bord de cette cavité
se porte assez en avant de l'œil, se rétrécit, et l'espace compris entre son angle antérieur et la scléro-
tique est rempli par une adipeuse large et épaisse.
Les quatre osselets sous-orbitaires sont étroits. La
partie des deux premiers qui bordent le maxillaire
est presque linéaire. La distance de la partie postérieure de l'œil au bord montant du préopercule est
égale à une fois et demie le diamètre. Le bord inférieur de cet os descend un peu obliquement. L'opercule est un trapèze rétréci vers le haut. Le bord
inférieur est peu arqué. Le sous-opercule suit à peu
près la direction de ce bord, et termine la portion

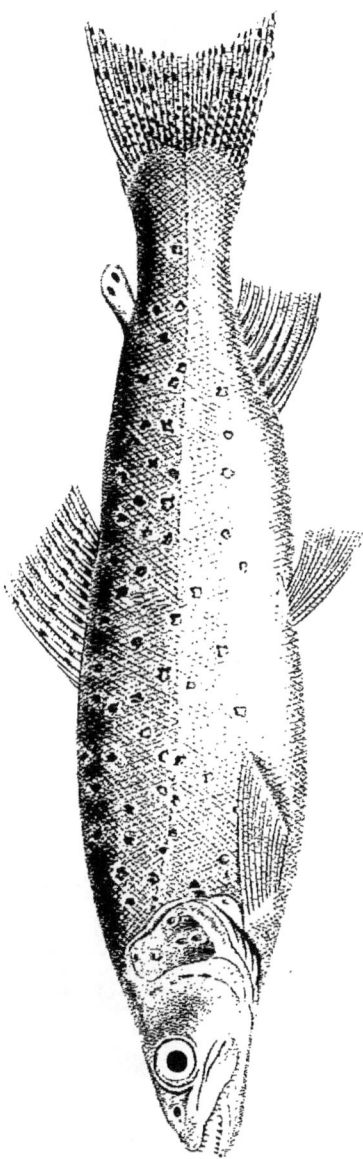

TRUITE vulgaire.

Dickmann del.

SALAR Ausonii. Val.

Annedouche sculp.

libre de l'appareil operculaire par un angle mousse
peu prolongé, appuyé sur l'os huméral. L'interopercule est étroit. Comme dans tous les Saumons, la
fente de l'ouïe est assez grande. Les rayons de la
membrane branchiostège sont gros, aplatis et presque
tous visibles à l'extérieur. On peut à peine donner
le nom de lèvre au repli qui borde la mâchoire
inférieure. Il n'y en a aucune trace sur la supérieure. Son contour est une ogive assez régulière,
arrondie plutôt qu'aiguë. Les deux intermaxillaires,
courts et terminant l'extrémité du museau, n'ont
guère que le quart de la longueur du maxillaire.
Quand la bouche est fermée, la mâchoire inférieure
est plus courte que la supérieure. Ses branches sont
larges et se portent en arrière au delà du maxillaire
d'une longueur égale à celle du quart de la branche.
Les dents des mâchoires sont petites et crochues,
sur un seul rang; celles des maxillaires sont plus
courtes que les autres; il en existe un seul rang sur
chaque palatin, et celles du vomer, disposées sur
deux rangs, sont divergentes, aussi grosses que
les palatins, souvent même plus fortes. Il y en a,
d'ailleurs, une petite rangée transversale au chevron
du vomer. La langue, grosse, charnue et creusée
en gouttière, a chaque bord armé de quatre
ou cinq dents. Il arrive presque toujours que le
bord gauche a une dent de plus que le droit. Les
nageoires des Truites ne sont pas très-grandes. La
dorsale est aussi longue que haute, et sa base a un
tiers de plus que celle de l'anale. Les ventrales sont
insérées sous le milieu de la nageoire du dos; elles

ont à peu près les deux tiers de la longueur de la pectorale, qui est contenue six fois et demie dans la longueur totale. La caudale est peu échancrée.

B. 11; D. 13 — 0; A. 10; C. 27; P. 12; V. 9.

Les écailles sont très-petites et comme perdues sous la peau muqueuse qui les enveloppe; elles ne montrent que des stries d'accroissement concentriques, sans éventail ni rayon à la portion radicale. Il y en a cent vingt rangées le long du corps. La couleur de ces Truites est un vert doré, devenant plus jaune ou jaunâtre sous l'abdomen. La tête et les opercules sont couverts de grosses taches rondes, de grandeur diverse, noirâtres. Il y en a quelquefois une plus grosse sur la joue, entre l'œil et le bord du préopercule. Le dessous de la gorge est jaunâtre. La mâchoire inférieure est grise, mêlée de jaunâtre. Le bord des lèvres est noirâtre. On voit sur le dos un grand nombre de taches brunes, qui descendent au-dessous de la ligne latérale, principalement sur la région de la poitrine. Le long de la ligne on voit une série assez régulière de taches rouges, entourées souvent d'un cercle plus pâle. Au-dessus et au-dessous nous voyons des taches rouges éparpillées, plus ou moins nombreuses; rien ne varie plus selon les différents individus. Le ventre n'a jamais de taches. La dorsale, grise ou verdâtre, a de nombreux points noirs et des taches rouges, plus ou moins prononcées. Les premiers rayons sont souvent noirâtres, bordés d'une teinte pâle, qui devient souvent assez blanche sur le poisson conservé depuis peu de temps dans l'alcool. L'adipeuse, verdâtre comme le dos, a des taches rouges et noires. La caudale, plus ou moins orangée, a quelquefois une bordure noire très-prononcée et des taches rousses qui s'évanouissent facilement. Les nageoires inférieures, d'un vert plus ou moins sali de noirâtre, ont rarement des taches. Presque toujours l'anale a une bordure noirâtre, lisérée de blanc. On observe la même disposition à la ventrale, et la pectorale en offre quelquefois une légère apparence.

J'ai fait cette description de la Truite après des exemplaires encore très-frais que i reçus des différentes rivières de Norman-e qui se jettent dans la mer auprès de [D]eppe et auprès de Caen. Mais d'ailleurs, [j'a]i retrouvé cette même variété dans beau[co]up d'autres cours d'eau des environs de Paris [et] des différentes contrées de l'Europe : c'est [la] variété qu'on observe dans l'Iton, auprès [d']Evreux ; dans l'Eure, auprès de Louviers ; [je] l'ai observée dans les petites rivières du [pla]teau du Vexin, dans l'Epte et ses affluents, [au]près de Gisors. La Rille, qui coule à l'ex[tré]mité nord-ouest du département de l'Eure, [nou]rrit aussi un assez grand nombre de truites [de] la même espèce. Il est curieux de remar[qu]er l'abondance des truites dans ces petites [riv]ières tributaires de la Seine, et leur ab[sen]ce dans ce fleuve. Il n'y a pas non plus de [tru]ites dans la Marne, quoique cette grande

rivière reçoive de nombreux affluents qui en
nourrissent. J'ai encore retrouvé la truite à tête
courte dans des envois faits par M. Mac Cul-
loch et par Mme Bowdich, qui cherchaient à
nous procurer les truites des lacs de leur pays.
J'en ai rapporté de la petite rivière de la Bou-
vack, qui se jette dans la Somme auprès d'Abbéville. J'ai aussi trouvé cette espèce dans la
Meuse et dans les petits affluents aux environs
de Namur et de Huy.

J'en ai rapporté des exemplaires pris à Francfort; ils venaient de la Nidda, petite rivière
qui se jette dans le Mein. J'en ai vu un grand
nombre d'exemplaires qui tous variaient beaucoup entre eux. Le fond de la couleur était
tantôt brun assez foncé, tantôt il était jaunâtre
avec des reflets plus ou moins dorés. Les individus avaient des taches plus ou moins nombreuses, brunes ou rouges; celles-ci étaient
entourées d'un cercle blanc; mais souvent
aussi il n'y en avait point; d'autres exemplaires
avaient des ocelles à cercle noir. Tous avaient
la dorsale tachetée, l'adipeuse et la caudale
bordées de rouge, les pectorales jaunes. L'examen des nombreux individus que j'ai fait dans
les bateaux des pêcheurs, m'a convaincu de
leur identité spécifique avec ceux que je
venais de voir récemment sur le marché de

Berlin. Ils m'ont également donné la convic-
ion que toutes ces variétés appartiennent à
une seule et même espèce. J'ai pu en acheter
. Freiberg.

M. Chevalier, préfet du Var, a eu la complai-
ance d'envoyer à M. Cuvier un assez grand
nombre de truites, qui arrivent à Draguignan.
La Soignes est le ruisseau qui les fournit; elles
ont toutes remarquables par leur tête courte,
couverte de taches noires très-petites et par
es nombreuses taches rouges de leur corps.
C'est un des poissons qui ressemblerait le plus
à la figure que Bloch a donnée sous le nom
le *Salmo alpinus*. Cette espèce nominale me
paraît cependant indéterminable d'après les
observations que j'ai publiées plus haut.

Je rapporte encore à cette variété la Truite
que M. Pentland a prise pour nous au mont
Cenis, et celle du versant des Alpes, que
M. Laurillard a prise à Nice, que M. Major nous
a envoyée du lac Majeur et que M. Canali,
professeur d'histoire naturelle à Perugia, nous
a envoyée de Colfionto. Enfin, M. Duvaucel
et M. Bibron ont aussi rapporté au Muséum
les Truites à tête courte, qu'ils avaient prises
dans les Pyrénées.

La seconde race, dont quelques naturalistes
feraient peut-être une espèce, si le hasard leur

faisait rapprocher dans une collection deux individus pris parmi ces deux groupes, et dont l'un aurait

la tête très-courte, et l'autre allongée, se caractérise, en effet, par la longueur de sa tête. Portée sur l'étendue du corps, je trouve certains exemplaires qui ont la tête comprise quatre fois seulement dans la distance entre le bout du museau et l'extrémité des rayons mitoyens de la queue, c'est-à-dire, qu'elle est, à très-peu de chose près, égale au quart de la longueur totale. L'allongement dépend de ce que, d'une part, le museau paraît un peu plus avancé, et de l'autre, que l'opercule, un peu plus elliptique, couvre un peu plus l'épaule. Presque tous ces individus ont peu de taches sur l'opercule. Trois ou quatre gros points au plus, souvent un seul, se voient sur l'ouïe. Les taches du dos sont plus rares, plus grosses et plus violacées. Les taches rouges ocellées, sont tout aussi abondantes. Je vois, dans plusieurs exemplaires, un plus grand nombre de points rouges sur la dorsale. Du reste, tous les autres caractères de la race précédente se retrouvent sur celle-ci.

J'ai observé des individus frais de cette race, rapportés des rivières de Champagne par un jeune naturaliste, M. Jules Remy, qui s'est déjà fait connaître par ses travaux en botanique. M. Rondeaux, de Rouen, a eu aussi l'obligeance de nous en remettre de beaux exemplaires pêchés dans la Rille auprès de la commune de Tibouville. Nous en avons reçu aussi des exemplaires pris dans le Rhin, près Strasbourg, et qui ont été envoyés à M. Cuvier avec des saumoneaux de ce fleuve, par Mme Levrault. J'ai vu cette variété à Francfort, à Heidelberg; j'en ai rapporté des individus pris sur le marché de Berlin. Je retrouve aussi cette variété parmi les nombreux individus envoyés du Var par M. Chevalier.

Les eaux douces de France et d'Italie nous ont fourni une autre variété de Truite, que M. Cuvier a indiquée dans le Règne animal sous le nom de *Salmo marmoratus*. Celle-ci a tous les caractères que fournit l'étude des formes extérieures de la Truite. Il reste sur leur corps peu de traces de points rouges; mais des marbrures formées par des taches oblongues et confluentes d'un gris violacé, couvrent tout le corps, aussi bien l'abdomen que le dos. M. Savigny nous a rapporté les premiers exemplaires de cette variété, qu'il a prise dans le Pô et dans le lac Majeur.

La disposition générale des viscères de la Truite ressemble beaucoup à ce qu'on peut observer dans le Saumon.

Le foie ne forme qu'un seul lobe placé à droite de l'œsophage, assez épais en avant, mince et tron-

qué en arrière, avec une assez grosse vésicule du
fiel. La branche montante de l'estomac et la portion
recourbée du commencement de l'intestin porte
de nombreux cœcums. J'en ai compté trente-neuf
dans l'individu que j'ai disséqué. La rate est de
grosseur moyenne, située au delà du foie. Une
grande vessie natatoire, à parois membraneuses,
occupe tout le haut du dos et communique avec
l'œsophage. Les œufs sont très-gros, tombent dans
la cavité du ventre à cause de la disposition lamel-
laire de l'ovaire. Quant au squelette, les frontaux
principaux se rejoignent par une petite crête moyenne,
de manière à couvrir toute la voûte du crâne. La
plaque des deux frontaux antérieurs est unie avec
celle des frontaux principaux beaucoup plus intimement que dans le Saumon. En arrière, les mastoïdiens et les temporaux se touchent, de sorte qu'il
n'y a point de grand trou latéral sur le crâne. Les
occipitaux, en arrière, ne sont pas non plus séparés.
Nous avons compté les vertèbres sur six squelettes,
faits avec des individus de localités assez éloignées.
Nous avons trouvé chez tous cinquante-sept vertèbres. La constance de ce nombre ajoute encore
aux preuves que j'ai données plus haut pour considérer toutes ces variétés de truites comme appartenant à une seule et même espèce.

La grandeur ordinaire des truites de toutes
nos rivières de Normandie, varie de dix à
quatorze pouces. Mais on en prend quelquefois de plus grosses. Ainsi, j'en ai reçu de

ton une qui avait seize pouces de long. Nous n avons, au Cabinet du Roi, un individu êché dans la Rille, qui a dix-huit pouces. Cette truite commune me paraît rester dans es dimensions toujours plus petites quand n s'élève dans les montagnes.

Les truites du Mont-Cenis, celles des hautes Pyrénées, les exemplaires assez nombreux que ai vus à Freiberg, n'ont en général que cinq u six pouces de longueur. Dans les Vosges t dans le Ridoustole, rivière qui coule dans es montagnes des Ardennes, les truites ne èsent guère que deux à trois onces. Les plus rosses ne dépassent pas trois livres de poids lans la Vesle, rivière de Champagne.

J'ai aussi retrouvé, dans les papiers de M. le Lacépède, les notes de Noël de la Morière, d'après lesquelles l'illustre continuateur le Buffon a constitué son *Salmone gadoïde*. Ce doit être la variété à longue tête de notre ruite commune. Les exemplaires de M. Rouleaux nous aident pour arriver à reconnaître a description de M. Noël.

On sait que les truites aiment les eaux ives et courantes, qu'elles nagent presque oujours contre le courant; aussi quand on êche des truites à la ligne faut-il, en donnant plus ou moins de fond, faire remonter

le courant à l'appât qu'on présente au poisson
pour l'exciter à sortir de ses retraites; il se
jette alors avec impétuosité sur l'amorce, et
presque toujours il avale avec elle l'hameçon
qui la tient. La truite aime beaucoup aussi
les phryganes et les autres mouches qui volent
au-dessus de la surface de l'eau. Il est même
fort aisé de tromper la truite avec des mouches factices, cela donne lieu à un genre de
pêche souvent très-productive.

Enfin nos truites, comme toutes les espèces
du genre Saumon, aiment à s'établir dans les
trous sur les berges du fleuve, et elles s'y tiennent tellement tranquilles que les pêcheurs
qui connaissent depuis longtemps leurs retraites, vont les y prendre à la main, souvent
en plongeant. Il ne faut pas oublier que ces
habitudes de se cacher dans des trous ne
sont pas uniquement propres à la truite, car
on peut prendre de la même manière des brochets et des carpes. La truite qui fraie dans
nos rivières, y croît assez vite pour atteindre
une taille moyenne de sept à huit pouces,
mais il paraît qu'ensuite la rapidité de sa
croissance diminue, et les pêcheurs affirment
que les truites de dix-huit à vingt pouces sont
vieilles. Les truites, comme le saumon, déposent leurs œufs dans des espèces de nids

qu'elles font sur le sable, en se tournant et en se frottant plusieurs fois sur le gravier. Elles ne pondent pas tous leurs œufs à la même place, et elles lâchent leur frai en plusieurs fois et à huit à dix jours de distance. On sait que les petits qui en naissent ont des bandes transversales qui se perdent avec l'âge. Sur certains ruisseaux de la Normandie les paysans leur donnent le nom de *Malins*. Mon confrère et ami, M. Rayer, a eu la bonté de m'en donner pour le Cabinet du Roi un assez grand nombre d'exemplaires. Ces bandes se conservent sur des truites qui ont déjà six pouces de longueur. Cependant j'en vois des individus même un peu plus petits, sur lesquels elles sont totalement effacées. Je crois que la conservation de ces bandes dépend souvent de la nature des eaux dans lesquelles vit le poisson. Leur séjour influe beaucoup aussi sur leur taille; on peut remarquer que les truites des ruisseaux les plus élevés restent toujours plus petites que celles des ruisseaux de la plaine. Cependant il ne faut pas trop étendre cette observation générale. M. Ramond dit qu'il a vu pêcher, dans les eaux profondes, des truites de quatre livres, et une fois il en a vu tirer une de quarante pouces d'un gouffre du Garve, situé à environ trois cents toises au-dessus du niveau de la mer. Il observe que la truite commune se pêche en abondance dans tous les lacs jusqu'à la limite d'environ 1170 toises. Le lac d'Onsay, au pic du Midi, n'en contient point; son élévation est de 1187 toises, et cependant on y trouve en abondance des salamandres aquatiques et des grenouilles. M. Ramond croit que, ces lacs étant couverts d'une glace épaisse pendant six mois de l'année, les poissons seraient privés, pendant un temps si long, de l'air nécessaire à leur respiration. C'est à cette asphyxie qu'il faut attribuer la disparition du poisson dans ces lacs, beaucoup plus qu'à l'intensité du froid que le poisson pourrait ressentir. Un fait rapporté par Lacépède et qui avait été recueilli par Lemonnier, montre la présence des truites à trois cents toises environ au-dessous du sommet du Canigou, c'est-à-dire, à 1140 toises au-dessus de la mer. Ce qui est très-curieux, c'est que ce lac, plein d'eau en été, et sec vers l'équinoxe d'automne, est peuplé de truites durant la saison où il se remplit. Elles disparaissent quand il se dessèche, et elles se montrent de nouveau quand l'eau vient remplir le bassin. Cela prouve que le lac est en communication par des canaux souterrains avec d'autres cours d'eau ou avec des réservoirs intérieurs où le

poisson peut se réfugier. Si l'on compare les
observations faites par Linné sur le *Salmo
alpinus* des montagnes de la Norwége, on ne
doit pas attribuer à la congélation des lacs
dans les Pyrénées la disparition des truites;
car les lacs septentrionaux sont congelés pendant autant de temps au moins que ceux des
hautes Pyrénées, et cependant ils sont constamment remplis de poissons. Je pense que
la hauteur au-dessus du niveau de la mer fixe
le point où les truites peuvent cesser de vivre
dans les montagnes; c'est un phénomène de
la même nature que celui qui fixe l'élévation
de telle espèce végétale sur les versants alpins.
Ces hauteurs varient suivant les différentes
espèces. Si l'on se rappelle les observations
que nous avons faites sur des siluroïdes de
Cusco et surtout sur les Orestias, nous voyons
ces cyprinoïdes s'élever dans le grand lac de
Titicaca, à 4500 mètres au-dessus de la mer,
sans qu'aucun des nombreux salmonoïdes, de
la tribu des Characins, qui abondent dans
l'Amérique équinoxiale, viennent vivre avec
eux à cette immense hauteur. J'ai d'ailleurs
fait connaître une espèce particulière de petit
saumon des eaux douces de Cayenne. La
nature a donc reproduit les formes de nos
truites dans ces contrées, sans donner à aucune

espèce l'habitude instinctive de s'élever dans les montagnes. J'ai dit qu'en général les truites du mont Cenis, des hautes Pyrénées, celles même que l'on peut observer sur le sommet des chaînes moins élevées de l'Allemagne ou de la France, restent en général dans des dimensions plus petites. Cette petitesse individuelle est un signe caractéristique de plusieurs espèces de mollusques alpins. Que l'on compare l'*Helix arbustorum* pris sur les hautes cîmes des Alpes avec ceux qui vivent dans nos plaines, on sera frappé de voir que les premiers sont constamment moitié plus petits que les seconds. On peut observer ces exemplaires dans la collection du Jardin des plantes, et j'ai réuni dans le même but d'observation des Ombrettes, *Helix putris,* et quelques autres espèces encore. J'en ai rassemblé de nombreux individus recueillis dans les contrées septentrionales de l'Europe, et je trouve, à mesure que nous avançons vers le pôle, une décroissance analogue à celle que nous observons quand nous les recueillons sur les montagnes. L'*Helix arbustorum,* rapporté d'Archangel, a les mêmes proportions que ceux rapportés du Saint-Gothard.

La truite est une des espèces de poisson dont on peut observer le plus fréquemment

es individus monstrueux. Une des déforma-
ons les plus communes rappelle tout à fait
elle que j'ai décrite avec détail sur la carpe.

M. Yarrell a figuré une de ces déviations
ans la vignette de son Histoire du *Salmo*
zrio. Le Muséum en possède deux exem-
laires, et tous deux sont adultes. L'un a
lus de huit pouces de longueur. Il est diffi-
ile de concevoir comment cet individu pou-
ait vivre, car les intermaxillaires sont repliés
ous le palais, de manière que les dents tou-
hent à celle d'en haut. La mâchoire inférieure
épasse en entier toute la supérieure; elle
e touche à aucune partie de la mandibule
pposée; je ne comprends comment les dents
ouvaient retenir la proie.

On rencontre aussi très-souvent, mais sur-
out dans les produits des œufs fécondés arti-
ciellement, des monstruosités par réunion,
e manière à former des truites à deux têtes
ur un corps formé comme à l'ordinaire; d'au-
res ont le ventre commun et paraissent comme
eux truites ordinaires placées l'une auprès
e l'autre. On en a vu qui avaient deux corps
istincts sur une queue commune. Ces mon-
truosités sont du même ordre, ou, comme
a dit M. Geoffroy Saint-Hilaire, du même
enre que celles décrites par ce savant dans
es mammifères.

Il faut remarquer que ces monstres ne vivent pas au delà de six semaines, c'est-à-dire qu'ils cessent d'exister quand ils ont absorbé le vitellus rentré dans l'intérieur de l'abdomen après leur éclosion.

———

Avant de terminer l'histoire naturelle des Truites d'Europe, il me reste à ajouter quelques mots sur un travail fort important, publié par MM. Agassiz et Vogt. Je veux parler de l'anatomie[1] et de l'embryologie[2] des salmonoïdes. Les recherches, qui avaient pour pour objet le développement du fœtus, ont été faites sur la Palée (*Coregonus Palœa*, Cuv.). Le travail anatomique est le résultat des observations sur les Truites, les Corégones et les Thymales. Il est facile de voir, en ce qui concerne les premiers de ces poissons, que les auteurs ont disséqué ordinairement le *Salar Ausonii*, Val., ou leur *Salmo fario*. Ils se sont aidés de la grande Forelle du lac (*Fario Lemanus*, Val.), quand ils avaient besoin

———

1. Agassiz et Vogt, Anat. des salmones; Extr. du III.ᵉ vol. de la Société des sciences naturelles; Neufchatel, 1845, in-4.°, avec 15 planches in-fol.

2. Histoire naturelle des poissons d'eau douce de l'Europe centrale, Embryologie, par Vogt; Neufchatel, 1842, in-8.°, avec 7 planches double in-fol.

l'exemplaires plus commodes, à cause de leur
aille. Les naturalistes qui voudront compléter
ce que nous avons fait sur l'anatomie générale des poissons, dans le premier volume
du présent ouvrage, où nous avons pris la
perche (*perca fluviatilis*) pour terme de comparaison, devront étudier le Mémoire des deux
savants de Neufchatel. Ce beau traité prendra
place à côté des éminents travaux de M. Jean
Muller, sur des poissons de familles très-di-
verses. Mais, en ce qui concerne l'histoire des
truites, je suis obligé de faire remarquer que
es deux collaborateurs n'ont pas toujours
distingué zoologiquement les deux poissons
qu'ils ont disséqués. Ils ne pouvaient pas le
faire à l'époque où ils ont écrit. D'ailleurs,
une détermination zoologique très-précise
n'était pas nécessaire entre deux espèces si
voisines, que l'anatomie de l'une peut très-
bien compléter celle de l'autre. C'est ce qui
m'a engagé à ne pas faire paraître une dissertation critique sur un aussi beau travail.
Elle n'aurait porté que sur quelques noms
spécifiques quelquefois mal appliqués.

Il faut que j'ajoute, pour dire toute la
vérité, que je n'ai pas pu déterminer, pour
tous les cas, lequel des deux poissons, du
Salar Ausonii ou du *Fario Lemanus*, a servi

21. 22

à l'observation. Cette minutieuse distinction
est inutile dans un travail excellent pour l'anatomie comparée, mais qui n'a pas été entre-
pris sous le point de vue zoologique. J'ai cru
devoir présenter ces observations pour n'être
pas accusé d'avoir oublié un travail où j'ai
puisé beaucoup pour mon instruction.

La Truite féroce.

(*Salar ferox*, Jardine.)

Je crois qu'il faut considérer comme d'une
espèce distincte une assez grande Truite bien
caractérisée comme espèce du genre par son
double rang de dents vomériennes, et qui
est remarquable

par la grandeur de sa gueule; par ses larges intermaxillaires; par la grosseur et la courbure des
branches de sa mâchoire inférieure. On pourrait
l'appeler une Truite *bécardée*. Je lui trouve aussi
une adipeuse beaucoup plus longue et beaucoup
plus grande que celles d'aucune de nos Truites.

Le Cabinet du Roi en a reçu des eaux du
Foretz quatre exemplaires : un de cinq pouces,
un autre de dix et deux autres longs de dix-
neuf pouces. Ce qui me fait croire que j'ai
sous les yeux une espèce distincte, c'est qu'en

omparant l'individu de cinq pouces à ceux
le Truites de même grandeur, je trouve la
gueule de ce petit plus grande, les maxillaires
plus longs, de sorte qu'ils ne rentrent dans
aucune des formes de nos petites Truites
communes. La couleur de nos poissons est
un vert rembruni devenant grisâtre sous le
ventre. Tout le corps est couvert de taches
ou de points noirs; il n'y avait pas de taches
rouges. Ils ressemblent parfaitement à la figure
publiée par sir William Jardine, sous le nom
le *Salmo ferox* ou de grande Truite des
lacs du comté de Sutherland, dans les lochs
du Laygthal. Je ne crois pas me tromper
en disant que cette espèce de Truite est à la
Truite commune ce que le Bécard est au
Saumon.

Je ne doute pas qu'il ne faille rapporter à
cette espèce un exemplaire long de dix-sept
pouces, qui a été rapporté d'Islande par M.
Gaimard. Les taches de la joue, c'est-à-dire
celles qui couvrent le maxillaire, le préopercule, l'opercule et le sous-opercule, sont
de gros points noirs et ronds, beaucoup plus
nettement limités que les taches des autres
individus.

La Truite élégante.

(Salar spectabilis, nob.)

Son Altesse Impériale la grande-duchesse Hélène de Russie a donné au Cabinet du Roi une très-jolie espèce de Truite, que l'on prendrait facilement pour un Saumon, si l'on n'en examinait la dentition. Sa double rangée de dents vomériennes la différencie suffisamment comme genre et comme espèce de ce poisson.

Elle se distingue de toutes nos Truites par son corps fusiforme, plus régulièrement elliptique. Sa tête est environ du cinquième de la longueur totale. Sa gueule est médiocrement fendue, un peu moins que le tiers de la longueur de la tête. Le museau est pointu. Les deux mâchoires sont égales. Le préopercule est régulièrement arrondi. L'œil est petit. Son diamètre est six fois et demi dans la longueur de la tête. Les nageoires sont petites. Les écailles sont plus apparentes, ou, si l'on aime mieux, moins perdues dans la mucosité de la peau. Il y en a cent trente rangées le long des flancs. La couleur est un bleu d'acier sur le dos, s'éclaircissant en argenté sur les flancs. Le dessous du ventre et de la gorge est blanc mat. Les côtés et la joue sont parsemés de taches noires. Le plus grand des trois exemplaires du Cabinet est long de seize pouces.

C'est probablement l'une des espèces dé-

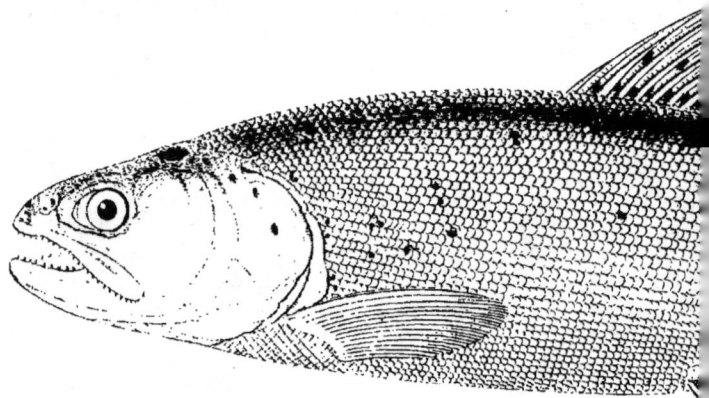

LA TRUITE de Baillon.

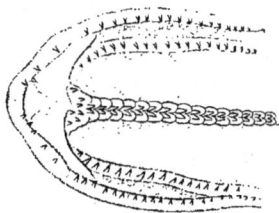

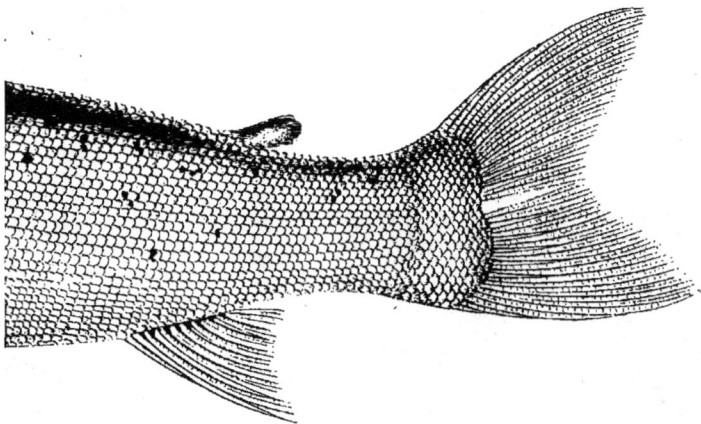

SALAR Bailloni. Val.

Annedouche sculp.

crites par Pallas; mais quelle qu'ait été l'assi-
duité de mes recherches, je n'ai pu la retrouver dans ses nombreuses descriptions.

La Truite de Gaimard.

(*Salar Gaimardi*, nob.)

Nous avons reçu d'Islande une autre Truite
assez semblable par sa forme générale, par
l'ensemble de ses couleurs et par son aspect
brillant à l'espèce précédente;

mais son museau me paraît plus arrondi. Son œil,
un peu plus grand, est plus rapproché de l'extrémité, et sa dorsale et son anale sont un peu plus
longues; car elles ont trois rayons de plus.

B. 11; D. 14; A. 12; C. 23; P. 14; V. 9.

Les écailles sont, au contraire, un peu plus
petites que celles du Saumon, et se rapprochent de
celles de l'espèce précédente.

Les couleurs sont plombées, avec des taches
noires plus ou moins nombreuses sur l'opercule,
sur la dorsale, sur la caudale et sur le corps.

Nos individus ont quinze pouces; ils faisaient partie des collections recueillies à bord
de *la Recherche* par M. Gaimard.

C'est l'espèce dont j'ai donné une figure
dans le Voyage en Islande et au Groenland,
planche 15, figure A, sous le nom de *Salmo*

trutta. Elle ressemble assez, en effet, par sa taille et par ses taches, au poisson que l'on désignait alors sous ce nom, pour que l'on me pardonne d'avoir commis cette erreur et cette confusion.

Je pense que le *Salmo Lepechini* de Gmelin est très-voisin de cette espèce. Je ferai cependant observer qu'il existe dans le cabinet de Berlin, sous ce même nom de *Salmo Lepechini*,

une Truite à taches brunes au-dessus de la ligne latérale, à ventre blanc, sans taches; la tête courte; les dents petites, et sur lequel j'ai aussi compté les nombres :

D. 11; A. 11; C. 19; P. 13; V. 9.

L'individu a onze pouces de long. Il ne me paraît pas être de l'espèce figurée par Lepechini et inscrite sous ce nom dans le *Systema naturæ*.

La TRUITE DE BAILLON.

(*Salar Bailloni,* nob.)

Je me suis procuré au marché d'Abbeville une Truite pêchée dans la Somme, que je prenais à l'extérieur pour un jeune Saumon, mais le pêcheur qui me la vendait m'assurait que c'était un poisson tout différent, et qu'il ne deviendrait jamais un Saumon. Aujourd'hui que les caractères de la dentition viennent asseoir mon jugement, je reconnais l'exactitude des observations empiriques de cet homme habitué à observer les poissons vivants.

L'espèce que je décris

a la tête comprise quatre fois et demie dans la longueur totale. Le front large; les deux mâchoires égales; le museau assez pointu; les dents fines et serrées sur les deux mâchoires, les palatins et sur le vomer; celles-ci, sur deux rangées, sont beaucoup plus petites qu'aucune de celles de nos Truites communes. Le dos, plombé, à reflets violacés et couvert de taches, assez grosses, empourprées. On voit de petites taches brunes sur la dorsale. Les pectorales et l'anale sont jaunâtres. La ventrale est blanche. La caudale, un peu fourchue, est grise, sans aucune tache. Tout le poisson est argenté.

B. 9; D. 13; A. 10; C. 23; P. 12; V. 9.

Cette espèce a aussi un caractère remarquable; car je ne trouve que neuf rayons à la membrane branchiostège.

Elle doit être rare, car M. Baillon, qui connaît si bien les poissons de la Somme, croit n'en avoir vu que deux ou trois individus. L'exemplaire du Cabinet du Roi est long de treize pouces et demi.

J'ai dédié cette espèce à mon ami M. Baillon, qui a rendu tant de services à l'Ichthyo-

logie. Ce poisson me paraît venir des contrées
septentrionales et descendre des mers du Nord
vers nos côtes en compagnie des autres Saumons, car j'ai retrouvé deux exemplaires de
cette espèce, tous deux reconnaissables non-
seulement par leur forme générale, mais par
le caractère positif des neuf rayons de la
membrane branchiostège dans les poissons
rapportés de Norwége par M. Noël de la
Morinière.

Ce zélé ichthyologiste avait observé beaucoup de Truites dans ses différents voyages
en Écosse. Je crois qu'il faut rapporter à cette
espèce plusieurs des observations qu'il a trans-
mises à M. de Lacépède, mais le défaut de
précision dans les diagnoses empêchent de
fixer la synonymie de ces espèces.

La Truite de Schiefermuller.

(*Salar Schiefermulleri*, nob.)

Le Cabinet du Roi a reçu de Vienne, par
les soins de M. Fitzinger, une Truite que l'on
confondrait très-facilement avec nos Truites
de mer, sans le caractère de la dentition. Ce
poisson ressemble assez à l'espèce précédente.

Il paraît cependant avoir la tête un peu plus
courte; la caudale plus fourchue; et il s'en distingue

par un caractère plus facile à retrouver. Il a douze rayons à la membrane branchiostège. Les dents sont fines comme dans l'espèce précédente. La couleur, plombée sur le dos, blanche sur le ventre, et à reflets argentés, est semée de taches noires nombreuses sur le dos, sur les flancs et sur la dorsale. Les nageoires inférieures sont un peu grises. La caudale est noirâtre.

B. 12; D. 12; A. 11; C. 25; P. 14; V. 9.

L'individu est long de dix pouces. Comme vient du Danube, il y a tout lieu de penser ue nous possédons l'espèce dédiée par Bloch l'abbé Schiefermüller, qui le lui avait envoyé.

La Truite de Scouler.

Salar Scouleri, nob.; *Salmo Scouleri*, Richards.)

Après ces espèces que j'ai vues et qui sont outes décrites d'après nature, je puis encore lacer avec quelque certitude les trois espèces uivantes, qui ont été décrites et suffisamment aractérisées dans l'excellent travail du doceur Richardson. La première espèce est celle qu'il a dédiée au docteur Scouler.

C'est un poisson

qui a le profil très-arqué entre la nuque et la dorsale, et le corps atténué vers la caudale. La tête est convexe entre les yeux, creuse au-devant des narines, soutenue vers l'extrémité du museau, qui est crochu parce que les intermaxillaires sont longs, arqués et disposés de manière à avoir une très-grande ressemblance avec notre *Salmo hamatus*. Les maxillaires sont étroits, allongés. La mâchoire inférieure est un peu redressée vers l'extrémité; elle est élargie et armée à cet endroit de très-fortes dents. Les dents vomériennes sont implantées sur un double rang. Il n'y en a point au chevron du vomer. Les os de l'opercule sont fortement striés, et, en général, tous les os de la tête ont une structure fibreuse. La caudale est échancrée. L'adipeuse est assez grande et reculée jusqu'au troisième avant-dernier rayon de l'anale.

B. 12 — 13; D. 14 — 0; A. 17; P. 16; V. 11.

Les écailles sont très-petites. Il y en a cent soixante-dix le long de la ligne latérale.

M. Richardson croit que ce poisson du grand fleuve de Columbia a été décrit par Lewis et Clarke, sous le nom de Saumon commun ou de *Read-Charr* ou de *Salmon-Trout*. C'est une espèce qui remonte de la mer dans les rivières de la côte nord-ouest de l'Amérique. La chair est tantôt orange et tantôt blanche. Les naturels estiment beaucoup les ovaires séchés au soleil, et ils les gardent longtemps. Les œufs sont de la taille d'un petit pois, presque transparents, d'un jaune rougeâtre. L'individu que Richardson a décrit et figuré a été pris à l'Observatory Inlet, au mois d'août, sur la côte nord-ouest

e l'Amérique. Ce poisson fréquente ce bras
e mer par myriades; ils sont en si grand
ombre qu'une pierre ne saurait toucher le
nd sans frapper plusieurs individus, dont
abondance surpasse tout ce que l'imagination
eut concevoir. Le cours d'un petit ruisseau
ù le poisson se pressait en remontant pour
ayer, en était tellement rempli, que dans
espace de deux heures ils en prirent plus
e soixante avec une pique du bord. Le doceur Scouler pense, d'après les recherches que
on ami Richardson lui a engagé de faire,
ue ce poisson doit avoir la plus grande affi-
ité avec le *Gorbuscha* du Kamtschatka; mais
e dois faire observer qu'il est très-difficile de
léterminer l'espèce décrite dans la Zoologie
rctique de Pennant, parce que les notes que
ai recueillies, soit sur les poissons originaux
le Pallas, soit sur les dessins faits par M. Mer-
ens pendant la grande expédition russe de
amiral Lutke, prouvent que ce nom russe
st donné à plusieurs Saumons qui ressem-
olent autant au Bécard que celui-ci. On peut
ire dans l'ouvrage de Richardson les procédés
inguliers que les naturels emploient pour la
oréparation des œufs. Il a extrait ces docu-
nents des notes du journal de Mackensie.
Tous ces observateurs s'accordent à dire que

la chair de ces poissons est excellente et tout
à fait d'aussi bonne qualité que celle de nos
Saumons d'Europe.

La Truite Namagcush

(Salar Namagcush, nob.; *Salmo Namagcush*,
Pennant)

Est une grande et magnifique espèce de
Truite, qui égale et surpasse même la taille
du Saumon commun. Le Namagcush vit dans
tous les grands lacs entre les États-Unis et
l'Océan arctique, mais le docteur Richardson
croit pouvoir affirmer qu'il ne peut exister
dans aucune eau saumâtre. Suivant le rapport
des pêcheurs du lac Huron, son poids moyen
est de dix-sept livres, mais ils en prennent
quelquefois des individus pesant jusqu'à soixante livres, et Mitchill a établi qu'il était
bien reconnu à Michilimackinac, que ce poisson atteignait le poids énorme de 120 livres.

Ce Namagcush ressemble au Saumon ordinaire.
Les mâchoires sont très-fortes. Il y a un double
rang de dents vomériennes. Richardson les a comp-
tées. Je répète ce caractère générique pour bien
établir que la taille, pas plus que la forme du museau dans l'espèce précédente, ne peuvent nous
servir de guide pour déterminer les poissons de la
famille des Salmones. On ne peut se fier qu'à l'examen

des dents. La forme de la mâchoire inférieure avec son grand crochet prouve que la tête de ce poisson, comme celle de l'espèce précédente, ressemble plutôt sous ce rapport, à notre *S. hamatus* qu'à toute autre espèce. Les écailles sont petites, flexibles.

B. 11 — 12; D. 14 — 0; A. 11; C. 25; P. 14; V. 9.

La couleur est un verdâtre cendré, plus ou moins foncé, avec des taches d'un gris jaunâtre. Le ventre est blanc, à reflets bleuâtres.

Telle est l'espèce qui sort à certaines saisons du lac Huron pour frayer. La chair ressemble à celle des autres Saumons. Mitchill a décrite sous le nom de *Salmo amethystus,* et cette dénomination a été acceptée par les naturalistes américains, qui ont eu le tort de laisser de côté le nom de la Zoologie arctique de Pennant. M. Dekay en a donné une excellente figure; il dit que ce poisson a été observé jusqu'au 68.ᵉ degré de latitude boréale.

Je crois devoir rapporter à cette espèce le dessin d'un Saumon fait au Kamtschatka par M. Mertens et qui est intitulé *Tohlezz;* il me paraît probable que c'en serait une espèce très-voisine, si elle n'est pas la même, comme je le crois. Le poisson était peint en plombé verdâtre, blanc sous le ventre et tout couvert sur le dos et les flancs de petites taches rondes, serrées et fauves.

Ici je termine l'examen des Saumons et des Truites que j'ai pu déterminer, soit par des descriptions faites sur nature, soit en extrayant des auteurs que j'ai consultés, les caractères qui me permettaient de rapporter ces espèces à l'un des trois genres que je viens d'établir. Mais je dois dire qu'il en reste encore un assez grand nombre mentionnées dans Pallas; j'ai le regret d'être réduit à les indiquer seulement, à cause de l'incertitude que ce grand naturaliste a laissée dans des descriptions faites pour satisfaire aux besoins de l'histoire naturelle de son époque. Comme ses espèces sont décrites dans un ouvrage rare, je vais en rapporter ici, d'une manière très-abrégée, les principaux traits des caractères mentionnés par Pallas.

Afin d'éviter toute confusion, je les désignerai par le nom linnéen que Pallas a donné à ces poissons, et je ne les désignerai en français que par le nom de la tribu des Saumons, dans la grande famille des Salmonoïdes. Le nom de Salmone aura à peu près la même valeur que dans l'ichthyologie de Lacépède.

Le Salmone batard

(*Salmo spurius*, Pallas[1])

a le corps tacheté de brun. La queue presque carrée. Le museau est prolongé. Chaque mâchoire est crochue; la supérieure est obtuse; l'inférieure est plus aiguë.

C'est, suivant Pallas, le *Loch* ou *Lochowina* es Russes. Il le croit le *Salmo eriox* de inné ou le Grey de Willughby. Ce pourrait tre une espèce voisine de notre *Salmo ha-atus*, si elle en est différente. Les pêcheurs r les différents fleuves de la Russie les distinguent très-bien du Saumon ordinaire. Ils roient qu'ils remontent le Terek avant cette spèce.

Le Salmone bars

(*Salmo labrax*, Pallas[2])

serait une espèce à corps argenté et sans tache, à museau conique, à mâchoires égales. La dorsale est seule chargée de points noirs.

Pallas se demande si ce n'est pas le *Salmo lbus* de Pennant. On prend cette espèce à évastopol et sur les autres points de la mer

---

1. *Faun. rosso-asiat.*, III, p. 343.
2. *Loc. cit.*, III, p. 346.

Noire. C'est un délicieux poisson à chair rouge.
Pallas lui a donné le nom de *Salmo labrax*,
qui rappelle la couleur argentée de notre Bars.

Le SALMONE TRUITÉ

(*Salmo trutta* de Pallas[1])

est une espèce du littoral de la Crimée qui
n'a jamais été observée dans les eaux de la
Russie ni de la Sibérie. Malgré la synonymie
que Pallas a donnée à cette espèce, je crois
ce poisson voisin des Truites de nos ruisseaux
et par conséquent du genre Salar.

Le corps est couvert de points noirs et rouges
subocellés. La dorsale est pointillée de noir. La mâchoire supérieure est plus longue que l'inférieure.
Il y a des dents au palais et dans un sillon sous le
vomer; mais comme il ne dit pas si cette rangée est
simple ou double, il est difficile de rien préciser
de plus.

J'ai trouvé dans le Cabinet de Berlin une
assez grande espèce de Truite, considérée
comme le *Salmo trutta* de Pallas. Le dessin
que j'en ai fait et la courte description que
j'en ai prise, ne s'accordent point avec celle
du *Fauna rosso-asiatica*.

---

1. *Loc. cit.*, III, p. 347.

Ce poisson brun a le dos et le ventre semé de nombreux points plus foncés. Voici les nombres que j'ai comptés sur cet individu :

D. 12; A. 15; C. 25; P. 13; V. 10.

Il portait le n.° 89 dans les collections de l'Université. Comme je n'ai pas décrit les dents vomériennes, je ne puis en parler avec plus de précision:

Le SALMONE FARION.

(*Salmo fario*, Pallas.[1])

Je lis dans le même ouvrage la description d'un *Salmo fario*

qui aurait le corps ponctué de noir et de rouge. Le museau conique et les deux mâchoires égales. La dorsale ponctuée de rouge.

Après en avoir donné une longue synonymie dans les différents dialectes de l'empire de Russie, Pallas dit que ce poisson vit dans tous les petits ruisseaux à fond pierreux et glaiseux, qui descendent des montagnes de la Russie, du Caucase, de presque toute l'Asie centrale, et même dans les torrents des îles Aléutiennes. Mais il observe que ce poisson manque aux eaux de la Sibérie, comme la

---

1. *Loc. cit.*, III, p. 348.

Brême et l'Écrevisse. Il est très-possible que ce soit en effet la Truite commune.

Le SALMONE FLUVIATILE.

(*Salmo fluviatilis*, Pallas.[1])

Pallas a décrit sous ce nom une grande et belle espèce qui appartient très-probablement à notre genre Fario. Il l'avait citée dans ses voyages sous le nom de *Salmo Taymen*, et c'est d'après ce document qu'elle a paru dans Gmelin et dans M. de Lacépède.

Ce poisson, long de deux pieds, et du poids d'environ six livres, a la tête longue, conique, épaisse. La bouche grande; les mâchoires presque égales. Le corps épais; le dos arrondi; le ventre saillant; le corps tacheté de noir. L'anale et la caudale sont rouges. Le dos est rembruni; le ventre est blanc; les côtés sont argentés.

La description des dents jette de l'incertitude sur le genre auquel peut appartenir cette espèce, mais elle montre qu'il ne s'agit pas ici d'un Saumon, tel que nous les caractérisons.

J'ai trouvé dans le Musée de Berlin deux exemplaires de Saumon ou de Truite ainsi nommés : l'une, sous le n.° 84, a de nom-

---

1. *Loc. cit.*, III, p. 359.

breuses taches sur tout le corps, l'autre est indiqué comme une variété sans taches. En comparant les deux dessins que j'en ai faits, je crois que ces deux poissons sont d'espèces différentes et qu'il faut les distinguer de celui que Pallas a décrit. Les maxillaires du premier et la troncature du museau me semblent ramener ce poisson vers le genre des Thymales, tandis que le second est certainement une truite.

Le *Salmo fluviatilis* abonde dans tous les fleuves des contrées transourales, qui se déchargent dans l'Obi, l'Irtish et l'Iénisei, la Léna et leurs affluents. Espèce essentiellement d'eau douce, elle ne paraît pas remonter de la mer dans les eaux où on la prend. Elle atteint une taille considérable, car les individus varient ordinairement entre vingt et trente livres de poids, et on en a vu qui atteignaient jusqu'à quatre-vingts livres. Elle entre dans les nombreux affluents des fleuves que nous venons de citer, mais on ne la trouve point au delà de la Léna, ni vers l'Océan oriental; on ne la trouve pas non plus au Kamtschatka. La chair, qui est molle et malsaine pendant l'été, prend des qualités opposées pendant l'hiver.

Le Salmone oriental.

(*Salmo orientalis*, Pallas.[1])

J'ai vu à Berlin plusieurs exemplaires conservés en peau de cette espèce de Saumon.

Il a le corps plus large et plus trapu que le Saumon ordinaire. Les mâchoires un peu courbées. Pallas dit qu'elles sont presque égales; la supérieure m'a cependant paru un peu plus longue. Le profil du dos et du ventre est assez convexe. La couleur argentée, d'un bleuâtre rembruni sur le dos, devient blanche sur le ventre.

Ce poisson, rapporté par Merk, passe de l'Océan oriental dans les fleuves qui s'y versent. On le prend en abondance au Kamtschatka à la fin de juin.

M. Mertens en a rapporté un dessin fait au Kamtschatka d'après une femelle. Il a écrit *Tschewitscka* pour nom kamtschadale, ce qui se rapporte assez bien à ceux indiqués par Pallas. Son beau dessin était peint des couleurs suivantes:

Le fond, cendré bleuâtre, était plus foncé vers le dos; les flancs et le ventre, plus pâles, prenaient une teinte rosée. De nombreux traits noirs, en croissant, forment des taches au-dessus de la ligne laté-

---

1. *Loc. cit.*, III, p. 367.

rale. Le bord antérieur des nageoires paires, ainsi que celui de l'anale, est rosé.

M. Mertens observe que les mâles ont les opercules un peu plus longs que les femelles.

Le SALMONE LYCAODONTE

(*Salmo Lycaodon*, Pallas[1])

est une autre espèce qui remonte de la mer d'Okotsk et du Kamtschatka au mois de mai, qui a trois rangs de dents sur le palais, et qui aurait tantôt les mâchoires droites et pointues, mais chez lesquels les mâchoires se courberaient en un crochet remarquable.

Le poisson, de couleur argentée très-pure, me paraît sous beaucoup de rapports ressembler au *Salmo Scouleri* de Richardson.

Les Russes du Kamtschatka l'appellent *Krasnaja ryba*, ce qui, d'après Pallas, veut dire poisson rouge. Je trouve une figure de ce poisson sous ce même nom dans les dessins faits au Kamtschatka par M. Mertens. Il est en effet d'un rouge carmin assez brillant. La tête, les pectorales et le bord de la caudale sont bleuâtres ou verdâtres. M. Mertens dit qu'il l'a dessiné au temps de l'amour.

---

1. *Loc. cit.*, III, p. 370.

Le SALMONE TÊTE DE LIÈVRE

(*Salmo Lagocephalus*, Pallas[1])

est une autre espèce de la mer orientale,

à corps argenté, à museau obtus, qui remonte dans les eaux du Kamtschatka après le *S. lycaodon* et le *S. orientalis.* Lorsqu'ils arrivent de la mer ils brillent d'un bel éclat d'argent; mais les côtés semblent tachés de sang après l'agitation que leur cause le séjour de l'eau douce.

Cette espèce a été observée par Steller.

M. Mertens l'a également vue et en a fait un dessin que l'on peut facilement rapporter à la description de Pallas, à cause de la grosseur de son museau, formé par des mâchoires armées de fortes dents, ce naturaliste l'a intitulée *Choiika.*

Le SALMONE POURPRÉ

(*Salmo purpuratus*, Pallas[2])

est une petite truite d'un pied et demi, à tête assez grande, glabre, convexe sur la nuque et entre les yeux; en suite un peu carénée. Les yeux sont grands. Les dents petites et serrées sur le bord des mâchoires.

---

1. *Loc. cit.*, III, p. 372.
2. *Loc. cit.*, III, p. 374.

Le corps, tacheté de brunâtre, a une bande rouge
le long des côtés. La dorsale est bleuâtre; l'anale
rougeâtre; l'une et l'autre variée de taches brunes.
Il y en a aussi sur l'adipeuse, qui est olivâtre.

C'est encore une espèce observée par Steller,
et qui remonte du golfe de Penschiné dans les
fleuves qui s'y versent. Elle est très-vorace,
très-grasse; sa chair est blanche; c'est une des
meilleures truites de ces contrées. Elle se
nourrit non-seulement d'œufs de poissons,
de petits poissons, de phryganes, de potamo-
zetons, mais encore des rats qui traversent le
fleuve dans leurs migrations. Lorsqu'elle aperçoit des branches du sorbier nain pendantes
sous le poids de leurs baies rouges, elle s'élance,
par de grands sauts, hors de l'eau et en saisit
les fruits. Aussi, au contraire des autres Salmonoïdes, elle ne maigrit pas par suite des
pertes de la ponte, mais elle reste grasse et
bien nourrie.

J'ai trouvé dans le Cabinet de Berlin deux
peaux desséchées, étiquetées toutes deux par
Pallas *Salmo purpuratus;* l'une sous le n.° 82
et l'autre sous le n.° 83. Elles n'appartiennent
pas à la même espèce; car le poisson du n.° 82
a la tête beaucoup plus courte que celui du
n.° 83. Le premier a la bouche moins fendue
que l'autre; il est couvert de taches au-dessus

de la ligne latérale, mais le ventre est blanc.
Le n.° 83 a de nombreuses taches noires étoi-
lées répandues sur tout le corps, au-dessous
comme au-dessus de la ligne latérale. Je laisse
aux zoologistes, qui étudieront ces poissons,
le soin d'établir par ces remarques les deux
espèces.

J'en trouve aussi un dessin fait par M. Mertens, reconnaissable à la belle bande cramoisie
des flancs et à l'ensemble de ses formes. Le
nom kamtschadale que Pallas a écrit *Mykk*,
est changé sur le dessin du compagnon de
Lutkee en celui de *Mykysha*. Dans le *Fauna
rosso-asiatica* on a transcrit *Mykyss*.

Le Salmone Protée

(*Salmo Proteus*, Pallas[1])

est un Saumon qui, au sortir de la mer, ressemble à nos Truites ou au *S. eriox* de cet
auteur,

ayant tantôt le museau conique et les mâchoires à
peine courbées, mais aussi prenant, après quelques
jours, des formes toutes différentes; car les mâchoires se recourbent en crochets opposés et s'allongent plus que dans aucune autre espèce de Saumon.
Les dents se développent et croissent en même

---

1. *Loc. cit.*, III, p. 376.

temps; tandis qu'à la mer, le Saumon paraissait n'en avoir que de simples germes. En même temps le dos, principalement chez les mâles, se courbe en une bosse très-élevée, qui augmente dans l'eau douce jusqu'à la mort de l'animal. La couleur qui brillait dans la mer d'un éclat d'argent, commence à devenir, à l'entrée dans l'eau douce, livide, passe ensuite à des teintes de rouille, et change encore, comme si le poisson, devenu malade, était sali par du sang épanché.

Au moment où il entre dans l'eau douce ce Saumon est très-gras, de très-bon goût et très-agile. Le séjour dans les fleuves lui fait perdre toutes ces qualités. La description de Pallas prouve que cette espèce est une de ces Truites à mâchoire recourbée, probablement voisine du *S. Scouleri*. Pour en fixer la place, il faudrait que Pallas eût décrit les dents du vomer. Ce poisson remonte dans les fleuves de la Sibérie et du Kamtschatka de la mer d'Okotsk en même temps que les *S. collaris* et *S. lagocephalus*. Environ à la mi-juillet, ils arrivent en troupes si nombreuses qu'ils soulèvent dans le fleuve un véritable reflux, et on peut les prendre à la main. Le séjour dans l'eau douce, allonge la mâchoire à ce point qu'ils ne peuvent plus fermer la bouche ni prendre de nourriture. Aussi, après avoir satisfait aux conditions du frai, ces poissons

périssent tous dans les fleuves au mois d'août,
jonchant les fonds et les rives de leurs cadavres qui, seuls retournent à la mer : aucun
individu n'y rentre vivant. Les Russes des rives
de l'Océan oriental l'appellent *Gorbucha* que
Pallas traduit par *Gibberulus*. Cette espèce a
été mentionnée par Van Couver ; j'en ai retrouvé de très-jolis dessins qui m'ont été communiqués par M. Mertens au retour de son
expédition.

Le Salmone sanguinolent

(*Salmo sanguinolentus*, Pallas [1])

est une espèce que Pallas a proposée, mais
avec quelque doute d'après les renseignements
de Steller. Il entre dans les fleuves vers le
milieu d'août.

Sa couleur est alors blanche et brille de l'argent le
mieux poli ; mais, après un séjour de six à sept
semaines dans le fleuve ou dans les lacs, ils sont
tout à fait amaigris, et leurs côtés deviennent rouges.
Pallas en indique plusieurs variétés. Cette espèce
est encore une de celles à mâchoire supérieure,
allongée et crochue, à pectorales bleuâtres, à dorsale brune, à dos verdâtre et à flancs rougeâtres.

Je crois l'espèce de Steller bonne à con-

---

1. *Loc. cit.*, III, p. 379.

server, et je crois en avoir retrouvé une figure dans les dessins de M. Mertens.

Le SALMONE JAPON.

(*Salmo Japonensis*, Pallas.[1])

Pallas a indiqué sous ce nom une espèce qui ne me paraît pas suffisamment bien déterminée. C'est encore une de celles dont je recommande l'examen aux naturalistes qui voudront entreprendre ce travail. Pallas dit de son Saumon qu'il

a le corps argenté et sans tache; la mâchoire inférieure plus longue; la tête courte pour une Truite saumonée; les yeux près du museau. Il a le dos brun; il est argenté au-dessous de la ligne latérale.

Voici les nombres que j'ai comptés à Berlin :

D. 18; A. 18; C. 19; P. 19; V. 10.

Ce poisson remonte de l'Océan oriental dans le fleuve Amour.

J'ai vu à Berlin les deux exemplaires rapportés des îles Couriles par Merk; l'un, sous le n.° 76, me paraît correspondre parfaitement à la description de Pallas, mais l'autre, n.° 75, également nommé *Salmo japonensis* sur l'étiquette mise par la main de Pallas, comme

---

1. *Loc. cit.*, III, p. 382.

M. Rudolphi me l'a appris, est d'une espèce différente, distincte par ses petites écailles, par sa bouche plus fendue, par sa mâchoire supérieure plus longue, redressée, crochue, comme celle d'un *S. Scouleri* ou d'un Gorbucha.

———

Je crois enfin pouvoir placer à la suite de cette longue énumération de Salmones, des espèces que je ne connais qu'imparfaitement par les dessins du savant zoologiste, compagnon de l'amiral Lutkee. Ce seront des indications pour les naturalistes que la baie porte vers les îles aleutiennes et le cercle du Kamtschatka.

Le SALMONE TAPDISMA.

(*Salmo Tapdisma*, nob.)

J'ai trouvé, dans les dessins de M. Mertens, un Salmonoïde du Kamtschatka, très-voisin de ces espèces.

Il a la tête courte; l'œil très-petit; la mâchoire supérieure un peu plus longue que l'inférieure; le dos relevé en bosse; le dessus verdâtre, avec les flancs et le ventre argentés, et les nageoires brunes.

Ce poisson vient du Kamtschatka.

Le Salmone arabatsch.

(*Salmo Arabatsch*, nob.)

a les mêmes formes que le précédent; mais le museau est beaucoup moins gros. La couleur est cendrée, devenant noirâtre sur le dos et plus blanche sous le ventre.

M. Mertens dit que quelques pêcheurs kamtschadales le prenaient pour une variété du *Krasnaja ryba*. Il faudrait de grandes altérations dans les formes pour qu'il en fût ainsi.

Le Salmone nummifère.

(*Salmo nummifer*, nob.)

Nous avons vu que le nom russe de *Krasnaja ryba* s'appliquait à plusieurs espèces assez différentes les unes des autres. J'en dis autant du nom de *Kunsha;* car j'ai sous les yeux deux dessins de M. Mertens qui portent ce nom, et qui représentent des poissons certainement différents des espèces précédentes.

Celui-ci a la bouche très-peu fendue. La mâchoire inférieure plus longue que la supérieure; les dents petites et égales; le dos est vert noirâtre; les flancs gris, à reflets roussâtres; le ventre blanc, teinté de rougeâtre. Des taches, rondes et blanches, ou roussâtres, très-serrées, d'inégales grandeurs, couvrent tout le corps. Le bord de la caudale est vert assez foncé. L'adipeuse est rougeâtre. Les autres nageoires sont grises ou verdâtres. La dorsale est un peu rougeâtre. Les nombres sont :

D. 12; A. 10; C. 28; P. 15; V. 9.

Cette jolie espèce rappelle à certains égards notre *Salmo fontinalis*. M. Mertens l'a donnée comme un poisson du Kamtschatka.

Le Salmone mélamptère.

(*Salmo melampterus*, nob.)

J'ai encore trouvé, dans les dessins de cet infatigable naturaliste, la figure d'un autre saumon que j'appelle *Salmo melampterus*, parce que ses deux nageoires, sa pectorale et sa caudale, sont noirâtres; que les ventrales et l'anale sont grises, plus ou moins foncées. Le bleu violet très-foncé du dos s'éclaircit sur les flancs pour se fondre dans le blanc argenté du ventre. Le dessin représente des mâchoires égales, non crochues; une tête courte; l'œil de médiocre grandeur.

L'espèce vient du Kamtschatka.

Le Salmone au bec rouge.

(*Salmo erythrorynchos*, nob.)

Je n'ai pas osé placer à la suite de notre *Salmo alpinus* cette espèce, qui y prendra

robablement place lorsqu'elle sera mieux
connue.

C'est un Saumon à petite tête; à bouche peu fendue,
qui est vert sur le dos, rouge sous le ventre. Tout
le corps est semé de points fauves. Les deux dorsales et la caudale sont noirâtres, sans aucune tache.
La pectorale, la ventrale et l'anale ont leur premier
rayon blanc et les autres rouges. Le bout du museau est également peint en rouge.

On voit que cette espèce doit être très-
voisine de notre *Salmo alpinus* si elle en est
différente. Le dessin, fait au Kamtschatka,
porte pour dénomination en langue de ces
peuples, *Kamenoïlgoletz.*

CHAPITRE IV.

Du genre ÉPERLAN (*Osmerus*, Cuv.)

La dentition caractérise très-bien le genre des Éperlans. Les dents intermaxillaires sont petites et crochues ; celles des maxillaires sont beaucoup plus petites ; celles du vomer sont grosses, coniques et si avancées, qu'on les croirait implantées sur les mâchoires. Il y en a une rangée sur le bord externe du palatin et une autre sur le bord interne du ptérygoïdien : on en voit aussi de grosses sur la langue. Du reste, ces poissons ressemblent aux autres Salmonoïdes par leur petite adipeuse ; les ventrales répondent au bord antérieur de la première dorsale ; les ouïes sont largement fendues ; les parois de la vessie natatoire sont minces et argentées : cet organe communique avec le haut de l'œsophage. Les Éperlans ressemblent donc, dans leur constitution générale, à nos truites ; ils vivent, comme elles, dans la mer ou à l'embouchure des fleuves. L'espèce, que l'on peut appeler marine, ne remonte pas au delà de l'endroit où arrivent les plus fortes marées. On connaît une seconde, plus petite, qui se tient dans les grands lacs, d'où elle passe dans les rivières.

Nous désignons ce genre par la dénomination employée par Artedi; elle vient d'ὀσμερης,
odorant. Ainsi caractérisé, ce genre ne comprend plus les mêmes espèces que cet auteur
y avait réunies; en effet, il l'a composé de
notre Éperlan et du Saurus.

Notre Éperlan a été assez mal représenté
dans Rondelet[1], qui le reconnaît très-bien
pour une espèce vivant à l'embouchure des
fleuves tributaires de l'Océan, très-commune
à Rouen et à Anvers. Cet auteur croit que
le nom d'Éperlan vient de la couleur argentée
et brillante, qui rappelle celle des perles.

La figure de Belon est sensiblement meilleure que celle de Rondelet; la description
qu'il en donne, prouve que cette espèce était
bien mieux connue d'un ichthyologiste né en
Normandie. Il le distingue d'ailleurs très-bien,
sous le nom d'Éperlan de mer de l'Éperlan
de Seine, appelé aussi par les Rouennais
Velle; c'est le *Leuciscus punctatus*.

Gesner, qui n'a point copié les figures de
l'Éperlan de mer de Belon ou de Rondelet,
ne donne que celle de l'Able que je viens
de désigner.

Schœnevelde a latinisé le nom de la Basse-

---

1. Rond., *De pisc. fluv.*, p. 196, ch. 21.

Allemagne en l'appelant *Spirinchus*, il a imité
ce que Rondelet avait fait du mot éperlan.

Willughby[1] a donné une description assez
exacte de ce poisson, qui lui était fort connu,
à cause de son abondance dans les eaux de
la Tamise.

Linné qui avait adopté, dans le *Fauna
suecica* le genre *Osmerus*, a confondu l'espèce dans son genre *Salmo*, lorsqu'il rédigea
la dixième édition du *Systema naturæ*, mais
en laissant subsister, comme une division,
le nom d'*Osmerus*, et en rangeant auprès
l'un de l'autre l'Éperlan et le Saurus. Il n'y
changea rien dans la douzième édition, qui
fut copiée sous ce rapport dans la treizième.
M. de Lacépède reprit le genre Osmère, en
le composant des deux espèces d'Artedi, en
y ajoutant trois autres saurus qu'il trouvait
dans Linné, dans Bloch ou dans les peintures
de Plumier, et en y plaçant aussi le *Salmo
falcatus* de Bloch, qui est un Hydrocyon.
Le genre primitif d'Artedi, déjà mal composé, fut donc gâté plutôt que corrigé,
jusqu'à ce que M. Cuvier l'ait réduit dès la
première édition du Règne animal à la seule
espèce qui pouvait alors former un genre na-

---

1. Will., p. 202.

turel; ce qui n'a pas empêché MM. Nilsson et Faber d'associer dans un même genre l'Éperlan et le *Salmo arcticus* ou le *Capelan*. Depuis la publication du Règne animal, les naturalistes ont découvert d'autres espèces que nous allons successivement décrire.

L'Éperlan de la Seine.

(*Osmerus eperlanus*, Cuv.)

Cette espèce, qui abonde sur les marchés de Paris et de Rouen, et qui est surtout célèbre dans cette dernière ville, est un poisson qui remonte de la mer dans les rivières. On la trouve assez abondamment dans toute la mer du Nord ou à l'embouchure des fleuves qui viennent y verser leurs eaux. Je crois devoir la distinguer du petit Éperlan que j'ai observé dans les grands lacs de la Prusse.

L'éperlan

a le dos et le ventre arrondis et les flancs un peu comprimés. La hauteur mesure un peu moins que le sixième de la longueur totale. La longueur de la tête est comprise quatre fois et trois quarts dans la longueur totale. Le dessus de la tête est large et arrondi. La mâchoire inférieure dépasse la supérieure; ses branches sont larges et arquées, et elles contribuent à rendre l'extrémité du museau grosse et obtuse. L'œil est de grandeur moyenne; son diamètre est un peu plus court que le sixième de la longueur de la tête; il est éloigné du bout du museau de deux fois la longueur du diamètre; l'intervalle qui sépare les deux yeux est aussi long, le cercle de l'orbite n'entame pas la ligne du profil. Les deux ouvertures de la narine ne sont séparées l'une de l'autre que par la simple épaisseur de la membrane qui leur sert de cloison; elles sont au milieu de la distance entre l'extrémité de la mâchoire supérieure et le bord de l'œil. Les deux intermaxillaires sont courts, étroits; l'angle externe atteint un peu au delà du maxillaire, lequel se prolonge de chaque côté de la branche; son extrémité ne dépasse pas le bord postérieur de l'orbite. Ces deux os portent des dents crochues sur un seul rang, les dents maxillaires sont excessivement petites; le vomer est très-court, assez large; il a à son extrémité deux ou quatre grosses dents coniques, implantées tout près des intermaxillaires. Comme le corps du vomer est très-court et que l'os est un peu mobile au-dessous de l'ethmoïde cartilagineux, on pourrait aisément prendre ces grosses dents, comme appartenant aux intermaxillaires. La plus grande partie de l'axe du palais est soutenue par les corps du sphénoïde qui est remarquablement allongé et dilaté dans ce poisson. La largeur du palais est encore accrue par la dilatation des ptérygoïdens qui recouvrent une partie des palatins. Ces deux os sont cependant comme à l'ordinaire très-distincts; ils portent chacun une rangée de dents coniques beaucoup plus grosses que celles des mâchoires, mais plus petites que les vomé-

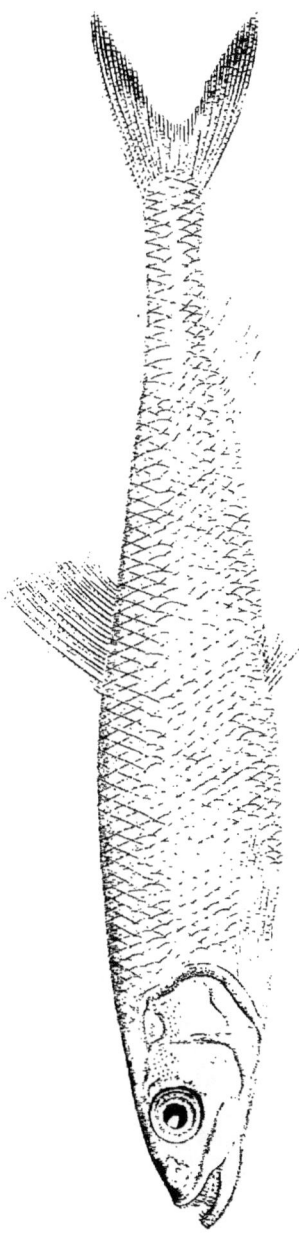

L'ÉPERLAN.

Beckmann del.

OSMERUS *Eperlanus Linn.*

Annedouche sculp.

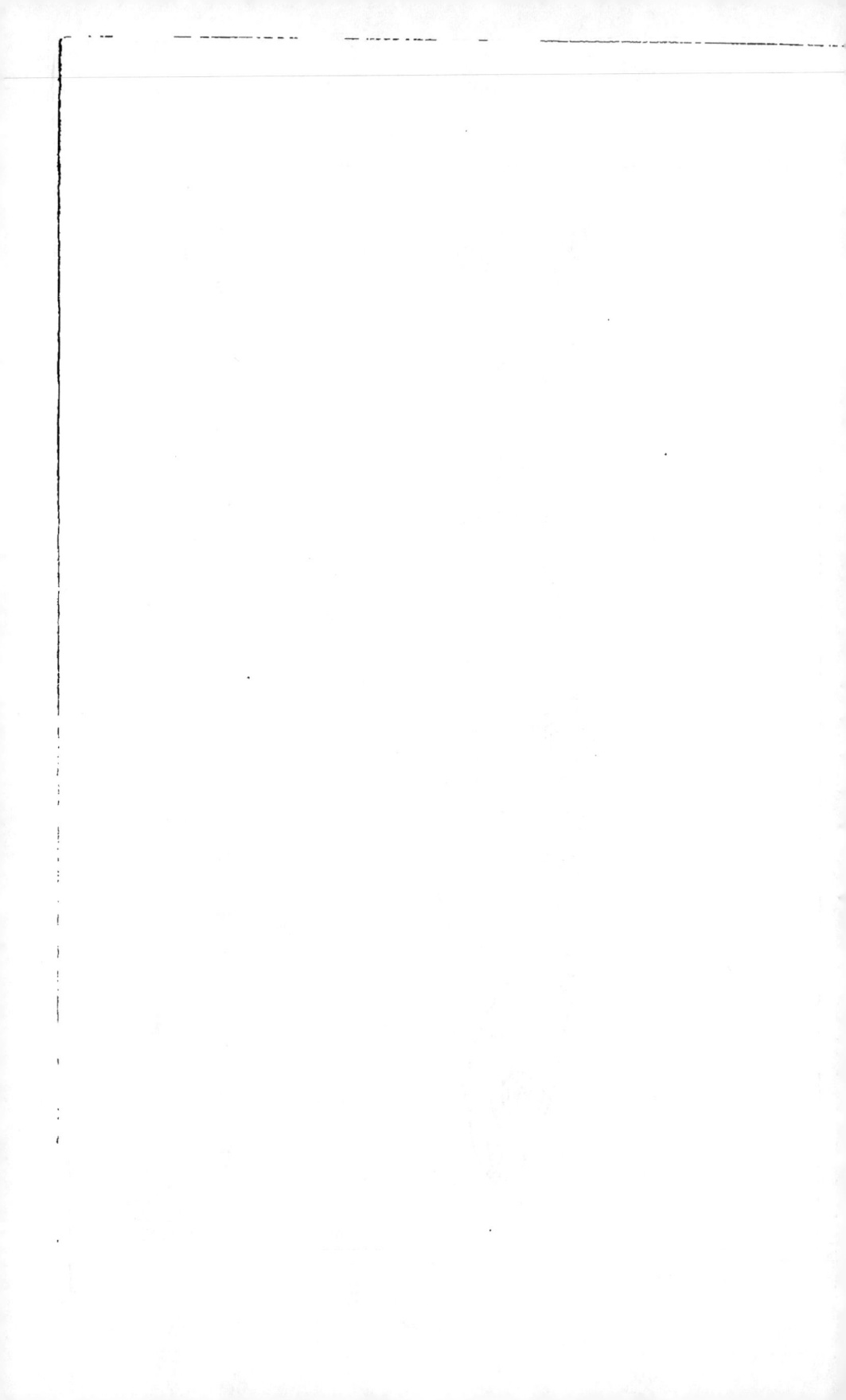

riennes. Les dents palatines sont implantées sur le bord externe de l'os et les ptérygoïdiennes sur le bord interne. Les dents de la mâchoire inférieure sont plus grandes auprès de la commissure que vers la symphyse. On en voit manifestement deux rangées dont l'extérieure est formée de plus petites. La langue porte des dents sur plusieurs rangs dans toute sa longueur; les trois ou quatre qui sont à l'extrémité dépassent de beaucoup les autres. Les osselets sous-orbitaires sont petits, étroits et cependant un peu caverneux. Le préopercule a son angle arrondi, l'opercule est trapézoïde, le sousopercule en demi-arc, l'interopercule remonte assez haut entre les deux premiers os nommés de l'appareil operculaire. Les ouïes sont très-largement fendues. Il n'y a pas de branchie supplémentaire au dedans de l'opercule. Les râtelures des branchies sont assez grandes. Il y a huit rayons à la membrane branchiostège. Les pectorales sont pointues, les ventrales insérées sous le commencement de la dorsale. Celle-ci est assez pointue. L'adipeuse est petite; l'anale est trapézoïdale, la caudale est fourchue.

B. 8; D. 11; A. 16; C. 25; V. 8; P. 11.

Les écailles sont d'une excessive minceur, caduques. On en compte environ soixante le long des côtés.

Ce poisson légèrement teinté de verdâtre sur le dos, brille du plus bel éclat d'argent poli. Il y a un peu de noirâtre à l'extrémité de la dorsale et au bord de la caudale. Le péritoine est non moins brillant que l'extérieur du corps au-dessous de la vessie natatoire, mais tout le repli qui tapisse les reins est noirâtre par la quantité de points pigmentaires qui y sont serrés.

A l'ouverture de l'abdomen on voit le foie situé derrière le diaphragme et occupant un peu moins du quart de la longueur de la cavité abdominale. Le lobe gauche est beaucoup plus grand que le droit, qui n'est en quelque sorte qu'un petit appendice court et obtus de celui-ci. La couleur est d'un rouge très-pâle. La vésicule du fiel est petite. L'estomac et les intestins sont recouverts par des épiploons graisseux, très-épais. La branche montante de l'estomac revient à gauche sous le foie; le pylore est étroit; j'ai compté six appendices cœcales courtes et obtuses. Les ovaires sont petits, la vessie natatoire est grande, à parois peu épaisses; elle communique avec l'œsophage par un canal court, ainsi que cela a lieu dans les saumons.

Le squelette de l'Éperlan ressemble à plusieurs égards à celui des saumons. Ainsi les frontaux sont séparés sur le devant et laissent entre eux un petit trou oblong. Il y a sur les côtés du crâne deux grands trous mastoïdiens. Les surscapulaires sont grêles et arqués, et s'unissent aux scapulaires sous l'angle supérieur de l'opercule. Je compte soixante vertèbres à la colonne épinière, trente-cinq premières sont abdominales; elles portent des côtes grêles et nombreuses. Celles-ci ont au-dessus d'elles des arêtes transversales, grêles, courtes, qui s'attachent sur la base de l'apophyse épineuse de chaque vertèbre.

Nous avons des éperlans de dix pouces de

long. Les individus de cette taille sont cependant rares ; ordinairement ils ont six à sept pouces ; on en vend aussi de plus petits. Outre les exemplaires que l'on pêche en si grande abondance à l'embouchure de la Seine, nous en avons encore dans le Cabinet du Roi qui viennent de l'embouchure de la Somme. Nous en possédons encore de grands individus qui ont été rapportés du Cap Nord par Noël de la Morinière. Ces exemplaires sont importants à étudier, parce qu'ils nous font connaître avec certitude l'espèce d'Artedi. Je rapporte encore à ce poisson les éperlans qui ont été envoyés de Pétersbourg à M. Cuvier par S. A. I. la grande duchesse Hélène de Russie. Ceux-là auront le mérite de nous fixer sur le *Salmo eperlanus* de Pallas.

On pêche l'éperlan en abondance dans la Seine vers son embouchure ; il remonte ce fleuve jusqu'aux environs de Rouen. On en prend quelquefois du côté de Pont-de-l'Arche ; mais la pêche la plus abondante se fait à Villequier, non-seulement pour le vendre, mais parce que les pêcheurs regardent ce poisson comme l'un des meilleurs appâts pour la pêche de l'anguille. Après l'homme, l'ennemi le plus redoutable de l'éperlan, est l'aiguillat ou le chien de mer (*squalus acanthias*). Quand ce

squale s'établit à l'embouchure de la rivière,
il y cause de grands ravages. L'éperlan est
aussi très-commun, non-seulement dans la
Tamise, mais dans plusieurs autres rivières
d'Angleterre. Ainsi, on le trouve dans le Mer-
sey, et presque dans toutes les rivières d'É-
cosse. Il remonte deux fois par an la Tamise,
en mars et en août. Au printemps il s'élève
volontiers jusqu'à Richmond ; à la seconde
époque il ne dépasse guère Blackwall ou
Greenwich. Pendant l'hiver on pêche l'éperlan dans le Tay, où l'eau est moins salée qu'à
Dundee. On les prend dans des guideaux,
de la même manière qu'à l'embouchure de
la Seine. Le flot les y pousse avec la marée,
et on va retirer les éperlans du filet à chaque
basse-mer. Les pêcheurs d'Erskine, comté de
Renfrew, en prennent aussi dans le Clyde,
et ceux d'Alloa dans le Forth. On trouve aussi
dans le Dee, à Birth, où il est connu sous
les deux noms, de *Sterling* et de *Doubreck*.
A Londres, et dans presque toute l'Angleterre
on l'appelle *Smelt*. On pêche aussi l'éperlan
en Livonie, dans le *Stint-see,* lac auquel le
poisson a vraisemblablement donné son nom.
On le prend aussi en abondance près de
Bernau.

Je crois qu'il faut rapporter à l'espèce dont

nous nous occupons les figures de Rondelet
et de Gesner; celles de Duhamel[1]; car la
grosseur des dents de l'individu, n.° 2, ainsi
que la forme de la dorsale, me fait croire que
ce naturaliste n'a observé que des animaux
de même espèce, mais de taille différente.
Bloch avait désigné notre espèce sous le nom
de *Salmo Eperlanus marinus,* et il l'a figurée,
pl. 28, n.° 1.

On trouve dans le *Fauna suecica*[2] que les
pêcheurs suédois distinguent l'espèce décrite
dans cet article sous le nom de *Slom.*

L'Éperlan ne me paraît pas se porter plus
au nord; car je ne le vois pas cité dans l'Histoire
des poissons d'Islande, ni dans les Faunes du
Groenland. M. Nilsson[3] donne les deux espèces comme simples variétés l'une de l'autre,
malgré les distinctions qu'en font les pêcheurs suédois. Il dit qu'on le trouve principalement dans la Suède centrale, mais jamais en Scanie. Notre Osmère est aussi décrit
avec beaucoup de détail dans les Poissons du
Mörkö de M. Crepling; cet auteur ne croit
pas non plus à la distinction de nos deux espèces. Müller a aussi cité ce poisson dans le

1. Duh., Tr. des pêches, part. II, S. 11, pl. 4.
2. Pag. 118, n.° 311.
3. *Prodr. icht. scand.,* p. 12, n.° 2.

Fauna suecica. C'est, suivant lui, le *Smelt* des Danois; mais le *Lodde* des Norwégiens, qui distinguent encore, comme les Suédois, la grande espèce de la petite par un nom particulier. Ils appellent celle que nous traitons *Quarre, Gern-Lodde,* ou *Slomme.*

On conçoit que l'Éperlan, si commun dans les eaux de l'Angleterre, ait été cité par les successeurs de Ray ou de Willughby. On le trouve dans Pennant, qui ajoute au nom anglais de *Smelt* celui de *Spirling,* usité dans le pays de Galles et dans le nord de l'Angleterre, et qui dérive de la dénomination française de ce poisson. Donovan[1] peut être cité comme l'auteur qui ait donné la meilleure figure connue de ce poisson. Je le vois aussi dans Turton, Jenyns et Fleming; celui-ci a réduit à cette seule espèce son genre *Osmerus.* M. Yarrell[2] a aussi représenté notre Éperlan.

Pallas a aussi décrit l'Éperlan, qui est très-commun dans la Néwa; mais il croit avoir retrouvé la même espèce dans la mer d'Okotsk et du Kamtschatka où, à cause de son odeur, on dédaigne le poisson : la plupart du temps on le donne à manger aux animaux carnas-

---

1. Donovan, *Brit. fish.*, pl. 48.
2. Yarrell, *Brit. fish.*, p. 75.

ers domestiques. Il ne croit pas qu'on l'ait
ouvé dans les autres fleuves de la Sibérie,
xcepté peut-être dans l'Oby. Ce naturaliste
n donne une synonymie vulgaire fort éten-
ue. Le nom russe *Korrucha*, paraît corrompu
e *Kurva*, il est tiré de l'odeur du poisson.
e renvoie à la Faune russe pour tous les
utres noms vulgaires peu connus.

M. Noël de la Morinière[1] a publié une His-
oire naturelle de l'Éperlan dont nous allons
xtraire les observations suivantes :

L'Éperlan, comme nous venons de le dire,
abite plus particulièrement les eaux sau-
nâtres, puisque nous ne le voyons plus re-
nonter dans les rivières au delà des lieux où
a marée se fait encore sentir. On croit même
u'il y est poussé avec la mer; car dans les
randes marées de l'équinoxe on prend dans
a Seine des éperlans un peu plus haut que
lans les marées ordinaires. Pennant[2] observe
ue dans la Mersay l'éperlan ne remonte
amais qu'après l'écoulement des eaux prove-
ant de la fonte des neiges. Il paraît que ces
oissons remontent à la file, et que leurs ra-
leaux n'occupent jamais une grande largeur.

---

1. Noël, Hist. nat. de l'Éperlan de la Seine inférieure.
2. Pennant, *Zool. brit.*, III, p. 314.

Les pêcheurs des bords de la Seine, à Oissel, à Freneuse, croient que la largeur de la colonne est si petite, qu'en quelques endroits elle n'est que de quatre à cinq pieds. Aussi, quand ils sont assez heureux pour placer une de leurs nasses sur le trajet de la colonne, les poissons s'y amoncèlent de manière à la remplir tout entière. Il arrive souvent qu'il y a autour de cette nasse une vingtaine d'autres filets de même forme dans lesquels il n'est pas entré un seul poisson. Quelques pêcheurs prétendent que l'étroitesse de ces bandes dépend de la division de grandes troupes qui s'engagent dans les sillons dont le lit de la Seine se trouve souvent creusé par suite de l'inégalité des falaises de craie sur lesquelles coule ce fleuve. Les pêcheurs croient aussi que l'éperlan, à son entrée dans la Seine, n'a pas la qualité ni la grosseur qu'il acquiert lorsqu'il a demeuré longtemps dans l'eau douce. Il y a une grande différence entre l'éperlan pris au Hoc ou à Berville, et celui qu'on pêche dans les environs de Caudebec ou de Jumiège. De grandes troupes de ces poissons paraissent faire leur résidence sur les bancs de Quillebœuf et de Tancarville, très-probablement à cause de la nature saumâtre de ces eaux. Dans l'équinoxe du printemps ces troupes se divisent par

andes, dont la montée se fait en une di-
aine de jours. Une seconde montée a lieu à
équinoxe d'automne. A Duclair on regarde
éperlan de la seconde montaison comme
lus gros que ceux de la première; mais les
êcheurs d'Orival ou de Cléon disent le con-
raire. On croit que l'éperlan dépose ses œufs
u fond de l'eau dans le creux des rochers,
ortes de petits réservoirs où l'eau est tran-
uille. Un certain nombre de ces points con-
us des pêcheurs de la Seine, s'appelle le
rand passage. A l'époque du frai, l'éperlan
xhale une très-forte odeur, souvent insup-
ortable à un grand nombre de personnes,
t que les uns comparent à l'odeur du thym,
'autres à celle de la violette, d'autres encore
 celle du fumier. Je crois cette odeur très-
emarquable propre à tous les individus de
espèce; car il me semble que les petits ont
utant d'odeur que les grands. Il paraît qu'en
Écosse les éperlans se rassemblent en bandes
lus nombreuses que dans la Seine; car les
êcheurs de la Mersay, du Tay, du Lamon,
t d'autres rivières encore, disent que leur
pparition donne une teinte grise aux eaux de
a rivière. Shyrley[1] rapporte, dans son Traité

---

1. Shyrl., *angl. Mus.*, p. 106. Hawkins *Compt. angl.*, p. 186.

des pêches, qu'au mois d'août de l'année 1720,
il en entra une si grande quantité dans la Tamise, que les femmes et les enfants, au nombre de plus de deux mille, en pêchèrent pendant plusieurs jours un nombre incroyable,
depuis Londonbridge jusqu'à Greenwich. On
a conservé aussi le souvenir de pêches ex-
traordinaires aux embouchures de la Vistule,
de l'Elbe, de l'Ems, de l'Escaut; elles se sont
renouvelées quelquefois aux embouchures de
la Seine, sur les fonds de Freneuse, de Duclair ou de la Mailleraie ; le produit de la
pêche était tel qu'on vendait les éperlans par
charretées. Il est souvent arrivé de prendre
jusqu'à vingt mille de ces poissons avec vingt
brasses de seine.

Tout en citant ces mouvements extraordi-
naires des éperlans, il ne faut pas croire qu'il
n'y ait pas des individus sédentaires dans les
eaux de la Seine; au contraire, à quelque
époque qu'on y pêche, on y trouve toujours
de ces poissons, tantôt pleins, tantôt vides,
d'autres commençant à développer leur rogue.
On peut donc assurer, que ces grands ra-
deaux ou lits d'éperlans, sont toujours composés de poissons fonciers mêlés aux individus
de remonte. Quand le jeune frai est assez fort
pour venir s'essayer à la surface de l'eau, on

e remarque facilement à la couleur légèrement brunâtre de sa caudale. Les hommes
qui, vers la fin du printemps, sont obligés
d'entrer dans l'eau jusqu'à la ceinture pour
l'exécution de certains travaux, assurent qu'ils
sentent très-souvent leurs jambes châtouillées
par les myriades d'éperlans qui passent autour de leurs membres, et ils remarquent que
le grands individus ne sont jamais mêlés à ces
petits, ce qui leur fait croire que les individus
adultes sont déjà redescendus vers la mer.

La couleur des éperlans varie suivant les
fonds. Noël de la Morinière a déjà indiqué
ces variétés de couleur dans son petit Traité
sur l'Éperlan. Les pêcheurs distinguent l'Éperlan blanc et le vert. On pêche des blancs à
Villequier, et plus bas, vers la mer, au Hoc
ou à Berville on prend des verts. La chair de
ceux-ci est maigre et de mauvais goût; cependant, l'Éperlan vert du Pont-de-l'Arche est
d'une excellente qualité.

Dans la basse Seine la pêche de l'éperlan
se fait avec des filets sédentaires ou avec des
filets mobiles, tels que la seine, le tramail,
etc. Les bas parcs employés sur quelques
points, tel qu'à l'embouchure de l'Orne, ne
sont pas plus destinés à retenir l'éperlan que
beaucoup d'autres poissons. On prend rare-

ment l'éperlan à la ligne. La pêche est, dit-on, meilleure par les vents doux d'est ou sud-ouest, que par ceux de la partie nord; cela doit tenir surtout à ce que ces derniers agitent beaucoup trop fortement la surface de l'eau. Les pêcheurs de Tancarville préfèrent pêcher pendant la nuit, et ils aiment, en général, ce quils appellent une eau blonde, c'est-à-dire une eau légèrement troublée ; cependant, à mesure que l'on remonte dans la Seine, on voit donner la préférence aux eaux claires.

On regarde, comme le meilleur éperlan, celui qui se prend depuis Caudebec jusqu'au Pont-de-l'Arche, et on assure que le poisson de ces eaux est préférable à ceux de même espèce qui habitent la Loire, l'Escaut ou l'Orne. C'est à ce titre que, sur nos marchés, on dit éperlan de Caudebec, de la même manière qu'on dit hareng de Fécamp, ou truite des Andelys, etc.

La pêche de ce poisson a été de tout temps une source de richesses pour Caudebec; aussi cette ville porte trois éperlans dans l'écusson de ses armes, comme Enkhuysen, dans la Nord-Hollande, a trois harengs dans le sien, et Anstruther, en Écosse, un saumon. Il faut cependant remarquer que l'espèce est considérablement diminuée sur ces points, surtout depuis l'établissement des nombreuses fabriques de toute espèce qui, versant leurs eaux dans le fleuve, nuisent au frai. Les guideaux sédentaires établis dans la basse Seine, nuisent aussi, suivant Noël de la Morinière, au développement du jeune poisson qui vient périr dans ces filets, où chaque marée l'entraîne au flux comme au reflux. L'oubli des règlements les a tellement multipliés, que l'embouchure du fleuve en est comme obstruée.

On consomme chez nous l'éperlan frais; mais dans quelques points de l'Angleterre et de l'Allemagne on a essayé de le saler et de le sécher. Il ne paraît pas que ces essais aient réussis.

L'Éperlan aux petites dents.

(Osmerus microdon, nob.)

Nous avons reçu du Musée de Bergen une très-jolie espèce d'Éperlan, que la petitesse de ses dents fait distinguer à la première vue de la précédente.

Elle ne paraît pas même en avoir de grandes sur la langue. J'en vois cependant une rangée de très-petites sur les palatines et les ptérygoïdiens, de sorte qu'il ne peut y avoir de doute sur le genre dans lequel il faut faire entrer ce poisson. Il se distingue

21. 25

aussi du précédent par son œil beaucoup plus grand, car ce diamètre mesure le tiers de la longueur de la tête. Celle-ci est comprise quatre fois et demie dans la longueur totale. La mâchoire inférieure dépasse un peu la supérieure. Le maxillaire finit sous le milieu de l'œil. Le dessus du crâne est étroit et le profil est concave. Les ventrales correspondent à la dorsale, l'anale est basse et longue. La caudale est fourchue.

D. 15; A. 18; C. 25; P. 17; V. 8.

Les écailles sont petites. La couleur est un argenté très-brillant devenant verdâtre sur le dos.

Je ne possède qu'un seul exemplaire de cette espèce. L'individu, long de six pouces, a été envoyé au Cabinet du Roi par M. Löwen.

Je ne vois pas que cette espèce ait été décrite par les ichthyologistes; cependant il ne me paraît pas impossible d'admettre que ce serait elle qui aurait été signalée à Pennant[1] par Daines Barrington, qui la distingue de l'éperlan commun par la petitesse des dents; il ajoute même qu'il n'y en a pas à la mâchoire inférieure.

---

1. Daines Barrington *apud* Pennant; *brit. Zool.*, 1769, vol. 3, p. 266.

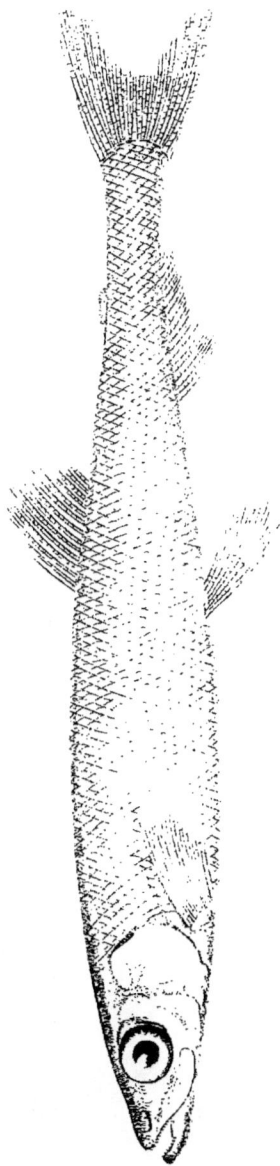

ÉPERLAN aux petites dents.

OSMERUS microdon. Val.

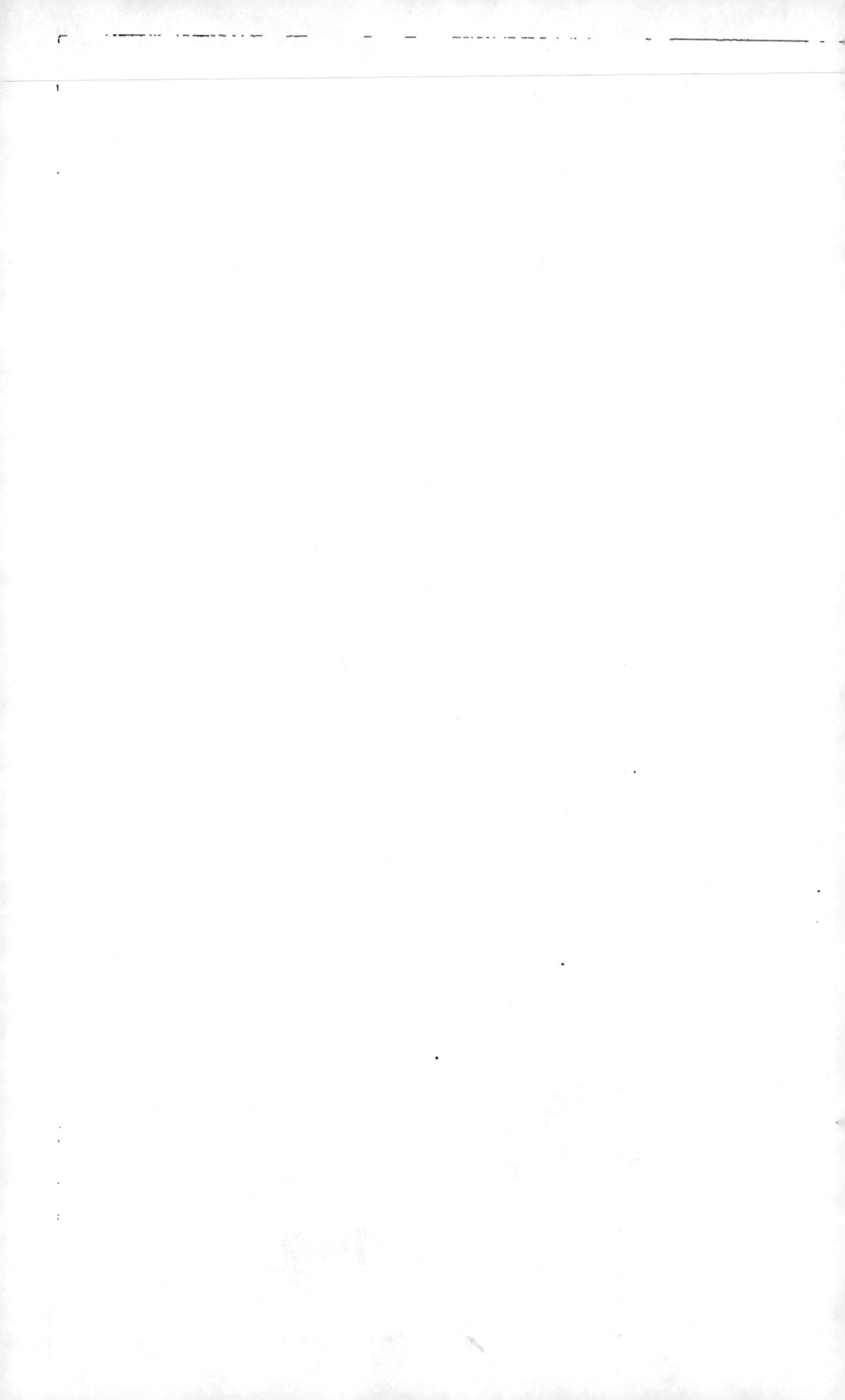

L'ÉPERLAN DES LACS.

(*Osmerus spirinchus*, Pallas.)

J'ai rapporté du lac de Harlem, en 1824, un petit éperlan que j'ai retrouvé en très-grande abondance dans le lac de Tegel, lorsque j'avais le bonheur d'habiter dans la famille de Humboldt.

Ce petit poisson me paraît avoir le corps un peu plus court et les nageoires plus hautes que l'Éperlan ordinaire. Il a l'œil plus grand et plus rapproché du bout du museau. Le cercle de l'orbite entame la ligne du profil, et il n'y a qu'un diamètre entre l'œil et l'extrémité de la mâchoire inférieure. Les dents des mâchoires sont beaucoup plus petites, celles de la langue sont longues et fortes.

D. 9; A. 16; C. 25; P. 11; V. 8.

Les écailles sont de grandeur moyenne. Le poisson est de couleur argentée et semé de nombreux petits points noirs. J'ai vu des centaines d'individus de cette espèce. Les plus grands avaient trois pouces et demi de long.

Il me paraît évident que c'est là le poisson dont Bloch a donné une figure, planche 28, figure 1, et qu'il a rapporté à l'*Osmerus eperlanus* d'Artedi. C'est lui que les Suédois désignent sous le nom de *Nors*, et que les Nor-

---

1. Linné, *Fauna suecica, l. c.*

wégiens , suivant Müller[1] appellent *Krökle*,
Sild-Lodde, où en ajoutant encore d'autres
épithètes à cette dernière dénomination. MM.
Nilsson et Crepling l'ont confondu avec l'espèce précédente. Pallas l'a aussi observé dans
les lacs et les fleuves de la Russie, de l'Ingrie
et de la Livonie. On les apporte en quantité
à Moscou du lac Blanc de la Russie centrale,
appelé *Bjlosero*. Le lac Paypus, en Livonie,
en fournit abondamment. Ce célèbre zoologiste dit que cette espèce abonde aussi dans
les fleuves du Kamtschatka, où on la prend
avec des sacs au moment de la rupture des
glaces, tant est grand le nombre des individus. Pallas observe, avec beaucoup de raison,
que cette espèce a été confondue avec le
Salmo eperlanus par tous les ichthyologistes,
sans en excepter Linné et Artedi.

L'ÉPERLAN DE NEW-YORK.

(*Osmerus viridescens*, Lesueur.)

Cette espèce se distingue
par un museau plus pointu, un corps plus long et
plus grêle, et par les dents de l'intérieur de la bouche plus longues et plus fortes. La hauteur est en
effet près de neuf fois dans la longueur. La tête est

---

[1]. Muller, *Fauna dan.*, *l. c.*

comprise cinq fois et demie dans la longueur totale.
L'œil est éloigné du bout du museau d'une fois et
demie son diamètre, qui est compris cinq fois dans
la longueur de la tête.

D. 11; A. 16; P. 12; V. 8.

Il est verdâtre sur le dos, argenté sur le reste
du corps.

Nous en avons reçu un grand nombre
d'exemplaires du marché de New-York par
les soins de M. Milbert; mais l'espèce se
porte beaucoup plus haut vers le Nord; car
M. Lapylaie paraît l'avoir dessinée à Terre-
Neuve.

Mitchill l'a confondue avec l'Éperlan d'Europe sous le nom de *Salmo eperlanus* ou de
Smelt; mais on conçoit que M. Lesueur, né
au Hâvre, par conséquent à l'embouchure de
la Seine, ait facilement distingué à la première
vue, un poisson qu'il connaissait depuis l'en-
fance.

La couleur verte et olivâtre de cette espèce
a frappé ce naturaliste, qui l'a décrite et figurée dans le Journal de l'Académie des sciences
de Philadelphie[1] sous le nom d'*Osmerus vi-
ridescens*.

M. Dekay[2] a aussi compté ce poisson dans

1. Lesueur, *Journ. acad. sc. Phil.*, vol. I, p. 230.
2. Dekay, *New-York Fauna, four.* 3, p. 243, pl. 39, fig. 124.

sa Faune de New-York, où il en a publié une description détaillée et une très-élégante figure. Il dit que ce poisson leur vient du Nord en novembre et en décembre, et qu'il est si abondant dans les eaux saumâtres, qu'on le vend à la mesure sur les marchés. On le trouve aussi dans les petits cours d'eau de Long-Island, de Hackensack et de Passau, deux rivières du New-Jersey. Cet auteur observe déjà qu'il remonte tout le long de la côte, depuis l'embouchure de l'Hudson jusqu'à la côte du Labrador. J'ai établi, dans la description de l'espèce les raisons qui me la font distinguer de notre Éperlan. M. Richardson, s'en rapportant aux notes écrites dans le Règne animal de M. Cuvier, a cru que l'on ne devait pas conserver l'espèce nommée par M. Lesueur, de sorte qu'il a donné, dans sa Faune de l'Amérique boréale, une très-bonne description de notre espèce sous le nom de *Salmo eperlanus*. M. Richardson en a reçu plusieurs dessins; mais il ne paraît pas avoir trouvé le poisson.

CHAPITRE V.

Du genre LODDE (*Mallotus*).

Le genre des Loddes, établi par M. Cuvier, a fixé la place d'un poisson qui avait
été rangé alternativement par ses prédécesseurs dans les Clupées ou les Saumons. Les
caractères de ce genre consistent dans une
bouche un peu moins fendue que celle des
Éperlans, armée de très-petites dents fines et
coniques, et, sur un seul rang aux mâchoires.
Celles du palatin et du vomer sont un peu
plus nombreuses; il y en a aussi de petits sur
la langue. Il y a huit rayons aux ouïes. Les
viscères sont semblables à ceux des Truites.

Ce que l'espèce de nos mers Arctiques présente de remarquable, est la différence des
deux sexes. J'ai accepté, pour désigner ce
genre, la dénomination employée par M. Cuvier, quoique je regrette que cet illustre naturaliste n'ait pas adopté celle qui est usitée
par nos pêcheurs de morue et qui n'est appliquée qu'à ce poisson. Tous les Terreneuviers,
en effet, connaissent le Capelan; c'est pour eux
l'objet d'une pêche active, parce qu'il est un
des meilleurs appâts pour la morue, et en
général pour les grands gades.

Le nom de Lodde, inscrit par M. Cuvier, s'applique non-seulement, dans le langage de Suède ou de Norwége au Capelan, mais aussi à l'Éperlan. L'espèce la plus connue, et qui est peut-être l'unique de ce genre, abonde sur les côtes de Norwége, de Laponie, d'Islande, du Groenland, de Terre-Neuve, et peut-être aussi dans les mers du Kamtschatka, si, comme le suppose M. Richardson, le *S. catervarius* de Steller est le même que notre Capelan.

Cet ichthyologiste croit avoir une seconde espèce de *Mallotus* de la côte nord-ouest d'Amérique; mais il ne rapporte ce poisson de l'Océan pacifique qu'avec doute à ce genre. Je crois qu'il a parfaitement raison, puisqu'il dit positivement que le bord de la mâchoire supérieure est entièrement formé par les intermaxillaires, qui ont un petit nombre de soies grêles en place de dents. La mâchoire inférieure, le vomer et les palatins n'ont point de dents, mais la langue est rude. Je crois qu'il faudra parler de cette espèce, lorsque je traiterai des poissons voisins des saurus.

Le LODDE CAPELAN.

(*Malottus villosus*, Cuv.)

Le poisson célèbre et recherché des pê-

cheurs de morues, qui abonde dans les mers
septentrionales de Terre-Neuve sous le nom
de Capelan, et à la pêche duquel de nombreuses embarcations sont constamment em-
ployées, afin de fournir les amorces nécessaires pour prendre le grand gade, est un
des Salmonoïdes les plus singuliers. Il faut
d'abord remarquer que le mâle et la femelle
offrent des différences assez grandes pour
que, sans un examen attentif, on les décrive
comme d'espèces distinctes ; aussi sommes-
nous obligés d'appeler l'attention des naturalistes sur les caractères particuliers à chacun
des sexes. Nous allons d'abord parler du mâle.
En voici la description détaillée :

C'est un poisson à corps allongé, arrondi. La hauteur est comprise sept fois et quelque chose dans la
longueur totale. La plus grande épaisseur mesurée
entre les flancs surpasse un peu les deux tiers de
la hauteur. La longueur de la tête est à peu de chose
près du cinquième de la longueur totale. Elle est
étroite et comprimée vers le bas, tellement que l'é-
paisseur de l'isthme n'est guère que la moitié de
l'intervalle qui sépare les deux yeux. Cette distance
égale le diamètre de l'œil qui est lui-même contenu
quatre fois dans la longueur totale. Le sous-orbitaire est étroit, allongé et même presque comme
membraneux. Les autres osselets se perdent sous la
peau muqueuse qui recouvre toute la joue. L'œil

est libre, c'est-à-dire qu'il n'est pas recouvert par une paupière adipeuse. Les deux ouvertures de la narine sont rapprochées l'une de l'autre et plus près de l'extrémité du museau que du cercle de l'orbite. Le préopercule est très-mince, cependant il est un peu plus résistant que les autres pièces de l'appareil operculaire. Je ne vois pas de branchie à la face interne. Quant aux os, ils sont minces et mous comme de véritables membranes; ils ne résistent pas plus que le bord membraneux de l'opercule. Les ouïes sont largement fendues; les râtelures des branchies sont assez longues. La ceinture humérale a un peu plus de dureté que les os de l'opercule. Les nageoires paires sont attachées tout à fait vers le bas; elles sont très-grandes, arrondies et se dirigent horizontalement de chaque côté du corps quand les rayons sont écartés. Les ventrales, quoique un peu plus petites, ont à peu près la même forme, les rayons internes sont un peu plus long que les autres; ils sont d'ailleurs subdivisés en branches nombreuses, tandis que ceux de la pectorale n'ont que deux grandes divisions principales. La dorsale est reculée au-dessus des ventrales; elle est petite, trapézoïdale, puis au-dessus des derniers rayons de l'anale, il y a une nageoire adipeuse, basse et oblongue, très-mince. Quant à l'anale, la structure de cette nageoire est tout à fait remarquable. Elle est attachée sur une sorte de pédoncule élevé garni d'écailles, le bord en est arqué, il est assez élevé pour que la hauteur du tronc ou de la queue, mesurée au-dessus de cette anale, soit un peu plus élevée que la hau-

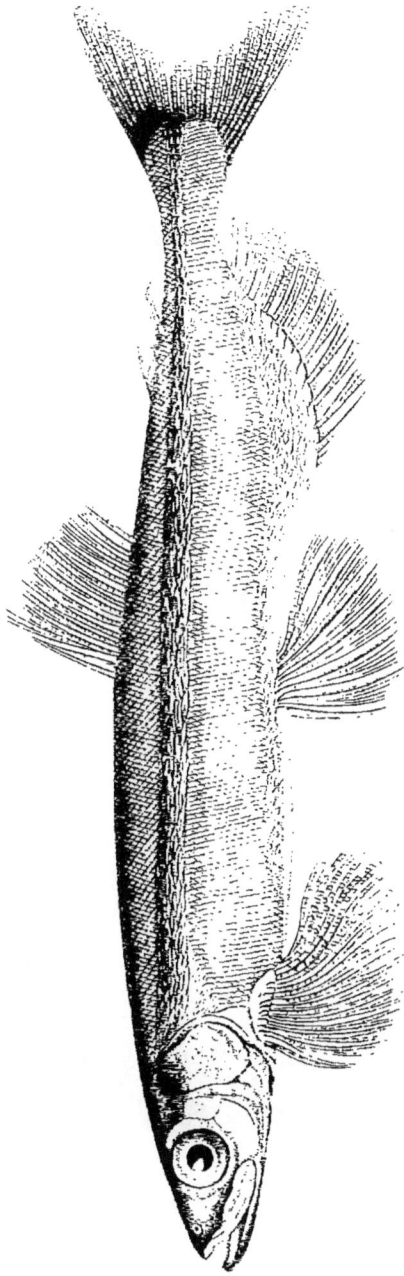

LE CAPELAN mâle.

Richmann del

MALLOTUS villosus. Cuv.

Imelouche sculp

teur du tronc. Quand l'anale est étalée, elle paraît longue et arquée. Les premiers rayons paraissent simples, tant ils sont peu profondément divisés et tant la réunion des branches est grande. Ces rayons résistent sous le doigt comme de véritables épines; il n'est cependant pas difficile de reconnaître les articulations qui les divisent. Les neuf premiers rayons peuvent s'écarter beaucoup les uns des autres quand ils se redressent, parce que la membrane qui les réunit est assez large. Ils sont suivis de cinq autres tellement réunis et serrés, que cela forme une nageoire sans aucune flexibilité. Le poisson ne peut pas abaisser ou fermer son anale, ainsi que tous les autres poissons le font de leurs nageoires. Mais les les rayons qui suivent, quoique peu écartés les uns des autres, sont tout à fait mous : ceux-ci sont au nombre de neuf. La caudale a tous ses rayons mous et flexibles; elle est fourchue.

B. 8; D. 14 — 0; A. 22; C. 27; P. 19; V. 8.

Le museau de ce poisson est assez aigu; la mâchoire inférieure dépasse un peu la supérieure; ses branches sont larges et un peu arrondies. Quand la bouche est fermée les deux branches se touchent en-dessous; elles se séparent d'ailleurs facilement l'une de l'autre auprès de la symphyse, ce qui arrive si fréquemment qu'on doit y faire attention pour ne pas prendre cette disposition comme un caractère de ces espèces de poissons. Les intermaxillaires sont assez petits : placés à l'extrémité du museau et ils s'étendent en une pointe courte le long du bord inférieur du maxillaire. Cet os est libre dans pres-

que toute sa longueur; mais il s'articule avec les intermaxillaires de la même manière que dans les Éperlans, au lieu d'avoir une articulation semblable à
celle des truites. Les os sont minces, mais résistants.
Leurs dents sont excessivement fines, serrées et pointues sur un seul rang. Je ne crois pas qu'on puisse
leur donner le nom de dents en velours. Il y a aussi
une rangée de petites dents coniques, situées en
travers sur le chevron du vomer; il y en a d'autres
un peu plus petites sur l'extrémité du palatin et une
rangée sur le bord interne du ptérygoïdien. La langue
est armée de dents un peu plus longues, coniques,
disposées sur une plaque elliptique qui porte en
outre une ou deux rangées longitudinales et inté-
rieures. On voit donc que la dentition des capelans offre une disposition très-voisine de celle des
éperlans. Les écailles sont très-petites, très-molles;
celles du dos et des flancs sont semblables, ainsi que
celles de la partie moyenne et inférieure du ventre;
mais il y a le long de la ligne latérale et le long d'une
carène, qui va de la pointe de la pectorale à l'insertion de la ventrale, une suite d'écailles oblongues,
très-molles, étroites, qui semblent à cause de la li-
berté de leur partie nue, former une espèce de villo-
sité le long de ces deux lignes. Les écailles qui couvrent le pédoncule de l'anale, sont plus grandes que
celles du tronc, et elles sont disposées sur des ban-
delettes un peu différentes. Nous avons compté deux
cents rangées transversales le long des flancs. La
couleur de certains individus est tellement rembrunie
au-dessus des villosités des flancs que le dos paraît

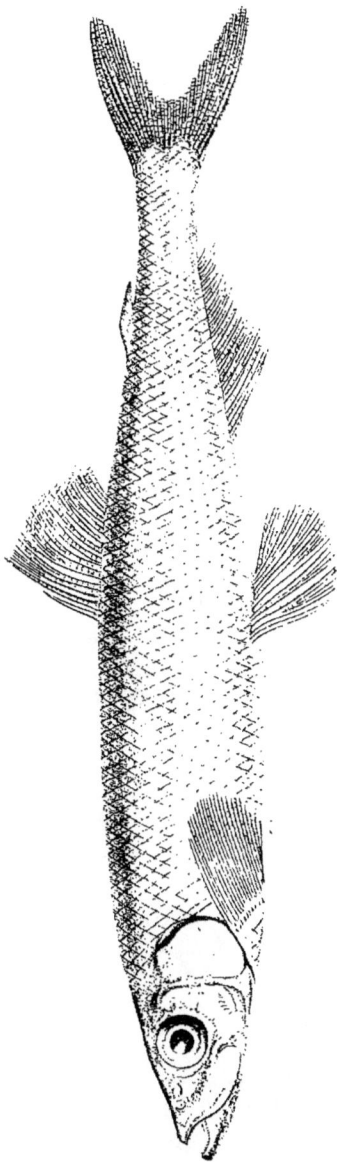

LE CAPELAN femelle.

Dickmann del.

MALLOTUS *villosus. Cuv.*

Annedouche sculp.

quelquefois noirâtre, lorsqu'ils ont été longtemps
conservés dans l'alcool. Lorsqu'ils sont frais, le dos
est d'un vert cuivré, rembruni; la tête est cendrée.
Les opercules sont noirs. Au-dessous de ces villosités, le corps brille d'une couche argentée éclatante
comme ce métal le mieux poli. Les nageoires paires
ont le bord foncé, le reste est verdâtre.

La femelle me paraît avoir la mâchoire inférieure
un peu plus longue. L'anale, qui est basse et courte,
a tous ses rayons semblables, grêles, mous et branchus. Elle n'a point d'écailles prolongées et formant
les villosités si singulières du mâle; elle me paraît
d'ailleurs beaucoup plus petite.

Les viscères de ce poisson ressemblent en général
à ceux des autres saumons. L'estomac est un long
cul-de-sac avec une branche montante, assez épaisse;
les appendices cœcales sont très-courtes. L'intestin,
qui est assez large, se rend sans faire de repli à la
papille de l'anus. La vessie natatoire communique
avec l'œsophage; elle est simple, ses parois sont argentées. Il y a deux laitances chez le mâle, mais
l'ovaire est unique chez la femelle. Les œufs tombent
dans la cavité abdominale de la même manière que
dans nos autres salmonoïdes.

Les mâles sont beaucoup plus grands que les femelles; nous en avons qui ont plus de sept pouces
de longueur, tandis que nos femelles n'en ont généralement que six. Nous comptons soixante-huit vertèbres dont quarante-trois sont abdominales.

Les côtes sont excessivement fines; chaque apophyse épineuse a aussi sa petite arête horizontale.

Les interépineux de la dorsale sont très-grêles; ceux de l'anale sont au contraire gros et élevés; ils contribuent par leur longueur à donner à cette partie postérieure du tronc, la hauteur que nous avons signalée dans la description extérieure. Le dessus du crâne est lisse; il devient creusé de gouttières caverneuses entre les yeux; il y a sur les côtes des petits trous mastoïdiens.

Nous avons reçu de nombreux exemplaires de cette espèce par M. Despréaux, commandant à Terre-Neuve en 1829. M. Petit nous en a aussi donné plusieurs. Nous en avons un exemplaire venant du Groenland, que M. le professeur Reinhart a bien voulu nous envoyer. Notre collègue, M. Alex. Brongniart, en a rapporté des exemplaires lors de son voyage en Norwége : enfin, M. d'Orbigny, de La Rochelle, et M. Baillon, d'Abbéville, s'étaient procurés des Capelans par les pêcheurs terreneuviens de ces ports, qu'ils ont bien voulu aussi donner à la collection du Jardin du Roi.

Cette espèce a commencé à paraître dans le Prodrome du *Fauna danica* sous le nom de *Clupea villosa*. Olaüs[1], dans son Voyage en Islande, en a donné une figure sous le nom de *Lodna*. Très-peu de temps après, Othon Fabricius jugea beaucoup mieux des affinités

1. Olaüs, *Reise*, 358, tab. 28.

de cette espèce, en la décrivant dans le *Fauna groenlandica* sous le nom de *Salmo arcticus*. Cet habile zoologiste a soin de citer les différents voyageurs vers le cercle polaire qui ont parlé du Capelan. Ainsi Egedde, Pontoppidan, Ström, Anderson sont mentionnés dans la synonymie très-exacte donnée par Fabricius. Cet auteur appelle l'attention sur les espèces de cirrhes mous des flancs, et qui caractérisent en général le mâle de cette espèce; mais il ne reconnaît pas dans ces singuliers organes une excroissance ou un prolongement des rangées d'écailles voisines de la ligne latérale ou de la carène des flancs. Il observe d'ailleurs que l'on présente, mais très-rarement, des mâles qui manquent de ces villosités.

Les Groenlandais les désignent sous un nom particulier différent de celui qu'ils donnent au mâle velu. Ce nom, suivant Fabricius, est *Sennersulik* pour le mâle, à villosités, et *Sennersuitsut* pour les mâles lisses. Fabricius observe encore que ce poisson, au moment où on le tire de l'eau, a une odeur forte de concombre, ce qui indique quelque affinité avec l'Éperlan. Suivant ce voyageur la chair est blanche, grasse et d'un bon goût. Il croit que certains auteurs ont attribué à tort à ce poisson des propriétés nuisibles : il le man-

geait souvent et avec plaisir pendant son
séjour au Groenland. Il a vu un marchand de
cette colonie nourrir des chèvres, et lui-
même en faisait manger à ses brebis lorsque
le foin lui manquait. Les animaux le man-
geaient avec plaisir, et ils restaient gras, et
leur chair conservait son bon goût. Cependant Pontoppidan assure que la chair de ce
bétail prend un goût huileux et désagréable.
L'exactitude de cette description faisait connaître ce poisson qui avait échappé à Artedi
et à Linné. Gmelin l'indroduisit dans la treizième édition du *Systema naturæ*, mais en
suivant les errements de Müller et en le plaçant par conséquent dans le genre des Clupées. Il est probable d'ailleurs qu'il a préféré
le nom de *Clupea villosa* à celui de *Salmo
arcticus*, parce qu'il empruntait à Pallas, sous
cette dénomination, l'établissement d'une espèce voisine des Thymales, et que le célèbre
voyageur, dans les contrées septentrionales
ou orientales de la Russie, a effectivement
donné dans la Faune russe comme une simple variété du *Salmo thymalus*. Peu de temps
après, Bloch donna une figure de ce poisson
sous le nom de *Salmo groenlandicus*, en
adoptant pour dénomination française le nom

de Lodde, quoique Duhamel[1] et Pennant[2] aient déjà fixé celui de Capelan. Le premier de ces deux ichthyologistes[3] l'a figuré comme un poisson de l'Amérique septentrionale, à cause de son usage dans la pêche de la morue. C'est à la suite du long article écrit sur ce gade, que l'on trouve la mention de notre Capelan.

La figure donnée par cet auteur serait excellente, si elle était un peu moins molle; les caractères de la bouche n'ont pas été suffisamment exprimés par le dessinateur; elle est cependant supérieure à celle de Bloch.[4]

Wahl avait préparé, pour le IV.e volume du *Fauna danica*, quelques matériaux qui ont paru en 1806 par les soins d'Abildgaard, de Holten et de Rathke. La planche 160 est la dernière que ce naturaliste ait laissée : elle représente le *Salmo villosus*.

Le genre des Loddes n'ayant été établi que dans la seconde édition du Règne animal, M. Faber a inscrit, dans son Histoire des poissons d'Islande, le *Salmo villosus* comme une espèce de la seconde famille, désignée sous le

---

1. Duhamel, Pêches, 2.e partie, pl. 26.
2. Penn., art. Zool., III, p. 394, n.° 176.
3. Duh., Pêches, 2.e partie, 2.e sect., p. 149, ch. 9, pl. 26.
4. Bloch, 381.

nom d'*Osmerus*. Cet auteur en donne une description très-détaillée.

Quoique le Prodrome d'Ichthyologie scandinave soit postérieur à la seconde édition du Règne animal, M. Nilsson a réuni le Capelan et l'Éperlan dans le même genre.

Dans ces derniers temps, M. Richardson[1] a inscrit le *Mallotus villosus* dans la Zoologie du *North America*. La description a été faite sur un mâle pris à l'île de Bathurst par le 67.e degré de latitude nord. Il a trouvé de légères différences avec des individus plus frais qui lui venaient de Terre-Neuve. En examinant avec soin ces légères variations, on voit que M. Richardson a eu raison de considérer le poisson de Bathurst comme le véritable Capelan.

Tel est le poisson, de la grandeur d'une sardine, qui vient couvrir vers le quinze juin les plages de Saint-Pierre de Miquelon et de la partie sud de Terre-Neuve. Son apparition est à peu près régulière; il ne précède presque jamais cette époque, et il ne retarde guère que de huit à dix jours. La morue a coutume de le suivre, et elle disparaît souvent lors de la retraite du capelan. Sa

---

1. Rich., *Fauna bor. amer.*, t. III, p. 187.

chair, très-délicate, peut être comparée à celle du goujon; mais elle a un goût particulier et très-distinct. Les bancs de ce poisson se jettent à la côte pour s'y reproduire. Les femelles déposent les premières leur rogue; il en périt une quantité considérable, parce qu'elles sont poussées sur le rivage par la vague qui s'y brise. Les capelans mâles arrivent en troupes après les femelles pour féconder les œufs que celles-ci ont abandonnés : ils ont souvent le même sort qu'elles. Les pêcheurs ont soin de remarquer l'abondance des cadavres des poissons de ce sexe; car on a reconnu que, s'il y a peu de femelles, l'année suivante est pauvre en capelans; s'il arrive, au contraire, qu'elles soient en plus grand nombre que les mâles, la saison suivante sera riche. On examine aussi les capelans morts pour s'assurer si les femelles ont déposé leurs œufs, attendu, qu'après la ponte, cette espèce ne tarde pas à quitter la côte. Il est fort aisé de connaître si la ponte a eu lieu, parce que le ventre, qui était rond pendant la gestation, devient aussi plat que celui du mâle. Au moment du frai, les yeux, la caudale et le pourtour de l'anus prennent une teinte rouge assez vive dans les deux sexes.

Pour conserver le capelan, il faut le saler

assez promptement. Les pêcheurs lui coupent la tête, et ils ôtent les intestins : puis, après un court séjour dans le sel, on le lave à l'eau de mer, et on le laisse égoutter ou sécher au soleil; quand il est sec, on le renferme dans de petits barils, et on le transporte ainsi en France; car, lorsque le poisson a été salé, la chair n'a pas assez de fermeté pour tenir à l'hameçon et n'est plus un appât avantageux pour la pêche de la morue. Les Anglais et les Américains se servent du capelan salé pour attirer la morue, en le jettant autour de leurs navires; mais ils amorcent la ligne avec des morceaux de flétans (*pleuronectes hypoglossus*), ou avec des coques (*Cardium edule*), des moules et autres mollusques que l'on trouve ordinairement dans l'estomac de ce grand gade. Les capelans qui ont deux ou trois soleils, sont assez secs pour être déposés dans des paniers d'osier, que l'on charge de pierres quand ils sont parfaitement remplis : c'est afin de faire sortir l'huile que la chair du poisson peut contenir. Le capelan de la première saison, celui qui arrive le premier à la côte, est toujours plus gros, plus gras que celui de la seconde; la morue en est alors très-avide. Les pêcheurs ne le conservent pas, parce que sa graisse les en empêche. On choisit pour être gardé celui de la dernière saison, parce qu'il devient maigre après le frai. A cette époque il ne peut plus servir d'amorce; la morue n'en veut plus, soit parce que la chair change de nature ou, ce qui me paraît plus probable, parce qu'elle se jette sur l'Encornet (*Onychotheutis piscatorum*) qui succède d'ordinaire au Capelan.

Les pêcheurs croient avoir observé qu'à cette époque, une morue qui aurait l'estomac vide, refuse les capelans, même lorsqu'ils sont encore très-frais. Les pêcheurs disent, que ce poisson agit si fortement sur la chair des morues, qu'une seule gorgée de capelans a l'air d'avoir l'abdomen réduit à la peau et aux os, tant elle est maigre. Quoique gorgée de capelans, on la voit se jeter sur l'hameçon comme si elle était affamée. La morue nourrie de capelans s'échauffe bien plus vite que l'autre, mais, pour se servir de l'expression des pêcheurs, elle a des *foies superbes,* c'est-à-dire que le foie est beaucoup plus gros; aussi elle donne beaucoup plus d'huile. Il faut cinquante-cinq quintaux de morues pour faire une barique d'huile avec la morue de capelans. Il est nécessaire d'employer moitié plus environ, pour obtenir la même quantité d'huile avec celle que l'on prend avec les coques.

Le Capelan n'entre jamais dans les eaux douces; il paraît même éviter l'embouchure des fleuves. On le trouve en Groenland, en Islande, tantôt en troupes à la surface de l'eau, tantôt se tenant à une profondeur considérable. Les Groenlandais se servent, pour le prendre, de petits filets tissus avec les filaments tendineux des phoques ou de petites cardes de boyaux. Ce salmonoïde se nourrit de petites crevettes, d'algues et d'œufs de différents poissons, sans épargner les siens propres, ainsi que Fabricius l'a observé dans les baies du Groenland. Il a pour ennemis tous les grands Gades, ainsi que les grands Pleuronectes, comme les Flétans; les Marsouins, le Balénoptère lui donnent aussi la chasse. Lorsque le Lodde se presse dans les baies, les oiseaux de mer en détruisent un grand nombre. Le Capelan pond en mai, juin et juillet. Les mâles, en lâchant leur laitance pour féconder les œufs, rendent l'eau de la mer trouble et comme laiteuse: il arrive alors ce que nous avons déjà signalé pour le hareng.

Sur les côtes de Laponie, les pêcheurs qui montent au Nordland pour se livrer à la pêche du Dorsh peuvent, quand le vent et la marée sont favorables, charger leur barque de loddes deux fois par jour. On le sale comme en Islande. Au Groenland la préparation consiste à le faire sécher en l'exposant au grand air sur des rocs élevés. Pour le conserver, les peuples déposent les sacs où ils enferment le poisson sec dans des grottes ou sous de gros quartiers de rochers. Si la saison pendant la pêche est très-humide, les Groenlandais sont exposés à perdre une grande partie de leur poisson. Les pluies par trop abondantes causent donc de grandes pertes parmi ces populations maritimes; mais, si la pêche se fait par un beau temps et par un air sec, les ressources que le Capelan apporte aux Groenlandais, sont considérables, puisque ce poisson sert à nourrir, non-seulement l'homme, mais encore ses troupeaux. La pêche du Lodde est donc une véritable richesse pour ces régions désolées sous de si hautes latitudes. Cette pêche n'entraîne avec elle ni dépenses ni dangers; elle peut se faire par le plus pauvre comme par le plus riche; les femmes et les enfants peuvent s'en occuper avec succès; chaque jour apporte son tribut. Ce poisson est non moins utile aux pêcheurs européens, que les spéculations commerciales envoient sur le banc de Terre-Neuve à la poursuite des Morues. Cette espèce de salmonoïde est donc, malgré sa petitesse, une des plus importantes de cette famille.

Les cadavres des capelans qui se pressent sur la plage où la mer les rejette, sont souvent enveloppés de terre glaiseuse, où ils se conservent assez bien en se fossilisant promptement. On retrouve ensuite ces rognons récents sur toute la côte de la mer Blanche et de la mer Glaciale. En les fendant, on voit le squelette du poisson parfaitement conservé. Il se passe donc de nos jours un phénomène tout à fait comparable à celui qui a donné lieu à ces nombreux rognons des schistes cuivreux du Hartz, et qui contiennent des *palæoniscus*.

CHAPITRE VI.

Des Argentines (*Argentina*).

L'Argentine est un poisson abondant sur
es marchés de Rome; il y est très-connu
par l'usage que l'on fait en Italie de la vessie
aérienne. Elle est le type d'un genre dont nous
connaissons aujourd'hui plusieurs espèces igno-
rées avant nous. Bien qu'on la trouve désignée
sous ce nom dans le *Systema naturæ*, les
caractères n'en ont été véritablement fixés que
par M. Cuvier[1], qui a publié, dans les Mémoires du Muséum, une histoire de ce poisson. Ce travail l'a conduit à réduire le genre
à la seule espèce qui en eût les caractères;
car Linné et Gmelin y avaient associé des
poissons très-différents.

Les Argentines sont de véritables Salmonoïdes; elles ont une nageoire adipeuse, et
l'arcade de la mâchoire supérieure formée
par de très-courts intermaxillaires, et sur
les côtés, par les maxillaires. Leur bouche
est petite, et les mâchoires ne portent pas

---

1. Cuv., Mém. du Mus., t. I, p. 228, pl. 11.

de dents. Derrière la supérieure on voit un arc, ou une bandelette arquée de petites dents en velours, implantées sur le chevron du vomer. La bande est allongée de chaque côté par un petit groupe de dents contiguës à celles du vomer, adhérentes à chaque palatin. La langue a aussi des dents, mais de grandeur variable, selon les espèces, de sorte qu'il ne faut pas dire de ces poissons, comme on peut le faire pour les Truites, que leur langue est armée de fortes dents. Les ouïes sont largement fendues ; la membrane branchiostège porte six rayons ; l'estomac est assez grand et en cul-de-sac ; le pylore est entouré d'appendices cœcales nombreuses, mais courtes ; l'intestin ne fait qu'un repli ; l'ovaire est composé de feuillets, flottant dans la cavité abdominale et y laissant tomber les œufs, comme dans les autres Salmonoïdes.

On voit que, sous ce rapport la splanchnologie des Argentines ressemble beaucoup à celle des espèces dont nous avons déjà traité ; mais leur vessie natatoire, en général assez grande, l'est cependant beaucoup moins que celle des Truites. Elle en diffère aussi par l'épaisseur de ses parois fibreuses et argentées, chargées de cette substance brillante qui se divise par le lavage, d'abord en paillettes, puis par la précipitation, avec l'ammoniaque, en une poussière argentée, si abondante dans un grand nombre de poissons, mais que l'on n'extrait dans le commerce que de deux ou trois espèces, afin de s'en servir pour la fabrication des fausses perles.

La vessie natatoire de l'Argentine a un autre caractère anatomique et physiologique fort intéressant pour nos études; elle ne communique pas avec le canal digestif; je n'ai pu du moins trouver de conduit pneumatique dans les trois individus d'espèces différentes que j'ai disséqués et dont les viscères étaient cependant parfaitement conservés.

Le péritoine est d'un brun roussâtre, tirant au chocolat sur toute sa face interne : mais l'externe, ou celle qui tapisse les muscles, a le même éclat que la vessie natatoire. On aperçoit son éclat métallique à travers la couche peu épaisse des muscles abdominaux ; aussi éprouve-t-on quelque surprise, quand on ne connaît pas la coloration des deux faces de cette séreuse, à trouver tout l'intérieur de l'abdomen si rembruni lorsqu'on fend ces parois, qui paraissaient à l'extérieur brillantes de l'éclat de l'argent.

Tels sont les caractères d'un genre dont nous possédons dans le Cabinet du Roi quatre espèces : deux nous viennent de la Méditerranée ou des côtes méridionales de l'Europe baignées par l'Océan; deux autres nous ont été envoyées des mers de Norwége. L'une d'elles , remarquable par sa taille et par la grandeur de ses yeux, est un poisson fort rare , tiré des grandes profondeurs de cet Océan septentrional.

Il est assez curieux, qu'un poisson si connu en Italie, puisqu'il sert à un commerce qui a tant de célébrité, n'ait pas été indiqué par Salviani, par Belon ou par Paul Jove. Rondelet[1] ne paraît pas avoir oublié cette espèce. On doit admettre, avec M. Cuvier, que c'est la petite sphyrène de cet auteur; cependant il a oublié de faire représenter l'adipeuse. Gesner et Aldrovande, selon la méthode suivie dans leurs traités, se bornèrent à copier Rondelet. Ces auteurs ne parlent pas encore de l'emploi de la vessie dans la fabrication des fausses perles; mais du temps de Willughby et de Ray l'usage en était généralement connu à Rome, où ces naturalistes revirent ce poisson. Willughby ajoute quelques détails à ceux que Rondelet avait déjà donnés sur ce poisson, qui prouvent que ce

---

1. Rond., *De piscibus*, p. 227.

aturaliste avait sous les yeux l'Argentine ; mais comme il s'en est rapporté à Rondelet pour la figure, il a oublié la nageoire adipeuse, dont il ne fait également aucune mention dans son texte qui, cependant n'est pas copié sur celui de l'Ichthyologie de Montpellier.

L'ARGENTINE DE CUVIER.

(*Argentina Cuvieri*, nob.)

Je commence par décrire dans ce genre dont M. Cuvier, comme nous venons de l'établir, ne connaissait qu'une espèce, celle que ce célèbre savant a figurée dans les Mémoires du Muséum, t. XI, pl. I, fig. 1. Comme je fais ma description d'après l'exemplaire qui a servi au mémoire de mon très-illustre maître, on ne pourra douter de l'identité spécifique. D'ailleurs j'en ai plusieurs autres exemplaires qui présentent les mêmes caractères.

Ce poisson a le corps arrondi, un peu méplat sur les flancs, allongé, car la hauteur n'est que le huitième de la longueur totale. La tête est longue; portée sur le corps, elle y est contenue quatre fois et un tiers. Le museau est étroit et déprimé; la bouche est petite et peu fendue. L'œil est grand; son diamètre mesure à peu près le tiers de la longueur de la tête. L'intervalle qui sépare les deux yeux, ne fait guère que la moitié de ce diamètre; mesuré entre les mastoï-

diens, l'occiput a la même largeur que l'œil. On ne
trouve aussi qu'une longueur du diamètre de l'œil
entre le bord antérieur de cet organe et l'extrémité
du museau. Il y a une paupière adipeuse très-mar-
quée, qui recouvre presque entièrement le cercle de
la pupille. La paupière postérieure est beaucoup
moins large. Le sous-orbitaire est une pièce triangulaire, assez large, couchée derrière le maxillaire
sans le recouvrir, et il est placé tellement au devant de l'œil, qu'on ne peut véritablement dire qu'il
contribue à former par en bas la portion antérieure
du cercle de l'orbite; il en est éloigné par une très-
large adipeuse. Le second sous-orbitaire est étroit
et allongé; il commence tout près de la terminaison
du maxillaire, par conséquent bien au devant de
l'œil; il n'atteint pas en arrière la moitié du globe.
Celui-ci est suivi d'un troisième, qui est également
une petite pièce oblongue; puis, vient le quatrième
sous-orbitaire, qui est quadrilatère et forme une
petite plaque au-dessous du cercle de l'orbite auquel
il ne touche que très-peu. Le cinquième sous-orbitaire remonte derrière l'orbite presque jusqu'au haut
de l'œil; sa partie inférieure est élargie en une sorte
de petite palette; cependant une sixième pièce très-
étroite et pointue, courbée en arc, complète le cercle
de l'orbite sous le bord des frontaux. Tous ces os
sont un peu caverneux. Il résulte de là que l'ensemble du sous-orbitaire forme une sorte de plaque,
que l'on pourrait comparer à un triangle rectangle,
dont l'angle droit est au-dessous et derrière l'œil,
et l'hypothénuse serait tracée de l'angle externe du

frontal postérieur vers le bout du museau. Cette forme générale de l'os a été indiquée plutôt qu'étudiée dans la figure des Mémoires du Muséum. Les deux bords du préopercule sont parallèles à ceux de la plaque sous-orbitaire. La limbe inférieure de cet os est caverneuse. L'opercule est très-mince; le bord postérieur a une faible échancrure; son angle inférieur est peu profond. Le sous-opercule est étroit et placé obliquement le long du bord de la pièce précédente. L'interopercule est un petit os en arc très-mince, presque entièrement caché sous le bord horizontal du préopercule; on ne le voit qu'en écartant la membrane branchiostége, et on le prendrait, si l'on n'examinait pas avec attention, pour un rayon de cette membrane. Ceux-ci sont longs, grêles, parce que la forme des ouïes est très-largement ouverte. Il y a six rayons à la membrane branchiostège. Il n'y a pas de branchie supplémentaire à la face interne de l'opercule. Nous avons déjà indiqué la petitesse de la bouche. Les intermaxillaires sont très-courts, très-grêles, placés un peu au-devant des maxillaires qui cependant bordent presque en entier l'arc supérieur de la fente. Les branches de la mâchoire inférieure sont hautes, mais courtes. Ces os n'ont pas de dents, mais la lèvre supérieure a de petites papilles, que l'on prendrait facilement pour des dents. Le chevron du vomer et l'extrémité des palatins en ont de petites en velours, qui forment derrière les mâchoires un arc parallèle au leur. La langue en a cinq ou six qui sont crochues et longues, méritant, comme l'a très-bien dit M. Cuvier;

d'être comparée avec celles des truites. L'os de la
ceinture humérale, quoique très-mince, est assez
large et a son bord festonné. On les voit se réunir
tous deux sur la gorge et former une grande plaque
en losange, à laquelle sont attachées les pectorales,
de sorte que ces deux nageoires sont insérées tout à
fait sur la ligne du profil à la même hauteur que les
ventrales, et elles s'étendent horizontalement quand
le poisson les écarte du corps. La ventrale est insérée à peu près au milieu de la longueur du corps
en n'y comprenant pas la caudale. La dorsale dépasse
de plus de la moitié de sa longueur ces nageoires.
L'anale est basse, peu longue; la caudale est fourchue.

B. 6; D. 10 — 0; A. 12; C. 29; V. 10; P. 12.

Les écailles sont plutôt grandes que petites; elles
se détachent si facilement qu'elles ne sont conservées
sur aucun des trois exemplaires qui font partie de
notre collection. La couleur est verdâtre sur le dos;
une bandelette argentée, placée à la hauteur de la
ligne latérale, va se perdre sur le verdâtre du bas
des flancs; le dessous du ventre est d'un blanc d'argent mat. L'iris de l'œil est aussi brillant; il en est
de même des opercules et de toute la peau qui passe
sous l'isthme. On aperçoit à travers la minceur des
téguments du ventre, le brillant argenté de la vessie
épaisse et fibreuse, si remarquable dans cette espèce.
L'estomac est très-petit et très-faible; il est de couleur noirâtre, ou plutôt c'est le péritoine qui paraît
lui donner cette teinte. L'intestin est replié deux fois;
il y a une douzaine de cœcums. La vessie natatoire
a ses deux extrémités coniques et pointues. Elle est

assez renflée dans le milieu ; ses tuniques sont très-épaisses et brillent du plus bel éclat argenté. Elle n'a assurément aucune communication avec le canal digestif. Les œufs tombent dans l'abdomen comme dans les autres salmonoïdes. Je crois n'avoir vu qu'un seul ovaire.

Le plus long de nos exemplaires a près de sept pouces : il vient de Malte. Nous en possédons un autre, originaire de Malaga. Celui que M. Cuvier a décrit, avait été rapporté des îles Baléares par M. de la Roche.

Cette espèce d'Argentine a été très-probablement confondue avec les autres du genre, de sorte qu'il est impossible de s'étendre plus longuement sur sa synonymie.

L'Argentine a langue lisse.

(*Argentina leioglossa*, nob.)

J'ai une seconde espèce d'Argentine, qui ressemble par ses formes extérieures à celle décrite dans l'article précédent, mais qui s'en distingue par un caractère facile à saisir. Le poisson n'a pas de dents sur la langue. Je me suis demandé, si ce caractère ne devait pas le faire séparer des autres Argentines. Les espèces décrites plus loin montreront que les dents sur la langue deviennent très-petites,

21.   27

et que ce caractère ne peut pas être considéré comme d'une assez haute valeur pour devenir générique.

Notre Argentine léioglosse a le corps un peu plus court que l'espèce précédente ; car la hauteur ne mesure que le septième de la longueur totale. La tête est proportionnellement beaucoup plus longue ; elle n'est contenue que trois fois et demie dans cette même longueur totale. Le museau est plus aigu. L'œil est aussi grand. Les dents palatines et vomériennes sont plus fines.

D. 12; A. 14; P. 19; V. 12.

Les écailles sont tout aussi caduques que dans l'espèce précédente, et les couleurs me paraissent semblables. La vessie natatoire de cette espèce est petite et ses parois sont peu épaisses.

Les exemplaires qui ont servi à cette description sont longs de quatre pouces et quelque chose. Ils ont été rapportés de la côte d'Afrique par M. Guichenot, l'un des préparateurs du Muséum, et qui a pris ces poissons dans la rade d'Alger pendant l'expédition scientifique de l'Algérie.

L'ARGENTINE DE YARRELL.

(*Argentina Yarrelli*, nob.)

Nous avons déjà eu occasion de signaler plusieurs fois la ressemblance qui existe entre

ARGENTINE à langue lisse.

ARGENTINA leioglossa. Val.

Plichannn del.

Annedouche sculp.

certains animaux des mers septentrionales et ceux de la Méditerranée. Nous trouvons une nouvelle preuve de cette affinité de la Faune des deux mers dans les deux belles espèces d'Argentine trouvées sur les côtes de Norwége.

L'une d'elles a d'ailleurs le corps presque tétraèdre, tant le méplat des flancs est prononcé. La hauteur est contenue à peu de chose près huit fois dans la longueur totale. La longueur de la tête y est quatre fois et un cinquième. L'œil est plus petit; son diamètre est du quart de la longueur de la tête; il est éloigné du bout du museau d'une fois et un tiers le diamètre. La tête a la nuque plus large; le museau déprimé est un peu moins pointu. Les deux mâchoires sont à peu près égales. L'arcade des dents palatines et vomériennes est composée de très-fines aspérités qui semblent placées sur deux rangs. Je vois sur la langue deux rangées de dents crochues, plus petites que dans l'espèce de la Méditerranée, même lorsqu'on les a entièrement dégagées de la muqueuse épaisse, qui les cache en partie. La dorsale est haute de l'avant, ses derniers rayons sont très-bas. L'anale est courte et basse; la caudale est fourchue.

D. 11; A. 12; P. 14; V. 11.

Les écailles sont grandes, assez résistantes, peu adhérentes; cependant elles sont restées sur les exemplaires du Cabinet du Roi. Elles sont beaucoup plus hautes que longues; leur bord radical n'a que de fines stries concentriques, sans rayons à la racine.

Les stries sont plus rares sur la partie nue, qui est
hérissée de petites pointes visibles à l'œil nu. Je
compte quarante-huit rangées d'écailles le long des
flancs. Une bande argentée, brillante, assez large,
en couvre la partie inférieure. Le dos et le bas du
corps paraissent dans l'esprit de vin d'une couleur
ambrée avec quelques reflets argentés. Une plaque
d'argent très-vif est étendue sous l'isthme. Les viscères sont semblables à ceux du poisson de la Méditerranée. La vessie natatoire se détache par son bel
éclat d'argent sur le fond très-noir du péritoine; sa
partie antérieure est plus courte et plus obtuse que
celle de l'*Argentina Cuvieri*.

Le Cabinet du Roi possède deux exemplaires de ce curieux poisson : le plus grand
est long de sept pouces; ils y ont été donnés
par M. le professeur Nilsson de Stockholm.
Cette espèce est figurée dans le supplément
du second volume de l'Ichthyologie anglaise
de M. Yarrell; la description de cet habile
observateur confirme cette détermination.

M. Yarrell a reçu ce poisson d'un de ses
correspondants, M. William Euing, de Glas-
gow, qui le tenait lui-même d'un pêcheur de
la baie de Rothsay : il avait été pris à deux
cents toises de la côte par douze brasses de
profondeur. Le pêcheur disait que c'était un
poisson rare. Plus tard, M. Yarrell en a reçu
un second exemplaire des mêmes lieux, plus

grand que le précédent et long de huit pouces.
Ce naturaliste a publié l'espèce, en la classant
dans le genre des Éperlans, sous le nom d'*Osmerus hebridicus*. On voit qu'il n'avait pas
bien saisi les différences génériques qui peuvent séparer les Argentines des Éperlans ; car
il a donné une nouvelle figure de l'*Osmerus
eperlanus* de la Tamise, dans une vignette
placée à la fin du nouvel article, destiné à
faire connaître cet *Osmerus hebridicus*. Or,
la différence des formes dans les mâchoires,
l'absence de dents et la position avancée de
la dorsale auraient dû lui montrer qu'il avait
sous les yeux deux poissons de genres différents ; néanmoins, ce naturaliste nous ayant
mis sur la voie de déterminer notre poisson
par l'excellente figure qu'il en a publiée, je me
suis fait un vrai plaisir de lui donner une
nouvelle preuve de la haute estime que je
joins aux sentiments d'amitié que j'ai pour
lui, en lui dédiant cette argentine.

*L'*ARGENTINE SIL.

(*Argentina silus,* Risberg.)

La grande et belle espèce d'Argentine que
je vais décrire est remarquable par la dimension de son œil. Le Pomatome télescope ou

les Priacanthes sont les seuls poissons que
l'on pourrait lui comparer pour la grandeur
de cet organe.

La forme générale du corps est semblable à celle
de nos petites espèces. Le dos est large et arrondi;
les flancs sont méplats; ils sont séparés par une
carène obtuse du dessous du ventre qui est également aplati. La hauteur est six fois et demie dans
la longueur totale. Celle de la tête en mesure le quart.
Le diamètre de l'œil n'est que deux fois et demie
dans la longueur de la tête. La distance du bord
antérieur à l'extrémité du museau n'est guère que de
la moitié du diamètre. Une paupière épaisse et adipeuse le couvre en partie; elle s'étend en arrière
jusque sur l'opercule; elle cache également la plupart des pièces sous-orbitaires, qui ne diffèrent pas
beaucoup de celles de nos petites espèces. Elle remonte aussi sur la nuque et se confond avec la peau
épaisse qui recouvre tout le dessus du crâne. Cette
peau est traversée par de nombreuses veinules, ra-
mifiées et anastomosées, depuis la nuque jusqu'au-
devant des yeux. Les dents palatines et vomériennes
forment une bandelette arquée, plus large au centre
qu'aux extrémités. Les dents de la langue sont petites, nombreuses. La dorsale est haute et pointue;
les rayons antérieurs égalent la hauteur du tronc;
les derniers n'ont guère que le cinquième de la hauteur des premiers. Les pectorales sont petites; la
ventrale est reculée sous le dernier rayon.

B. 6; D. 11 — 0; A. 15; C. 27; P. 17; V. 12.

La caudale est fourchue; l'adipeuse est petite. Les

écailles sont semblables à celles de l'espèce précédente. La ligne latérale est fortement marquée; l'é-
chancrure de ces écailles est profonde. La couleur
me paraît aussi avoir été argentée comme celle des
autres argentines. Les viscères offrent très-peu de
différences. La vessie natatoire me paraît un peu plus
étroite et un peu plus courte; ses extrémités coniques
sont plus aiguës; elle est d'ailleurs composée de ce
même tissu fibreux et argenté, que l'on emploie avec
tant d'avantage en Italie pour l'orientation des perles.

Le Cabinet du Roi a reçu un très-bel exemplaire de cette espèce par les soins des conservateurs du Musée de Bergen. Il est long
d'un peu plus d'un pied. J'ai lieu de croire
que cet individu a été tiré des grandes profondeurs, car son estomac était renversé.

Nous trouvons une très-belle figure de
cette espèce dans Ascanius[1]. Cet auteur nous
apprend que c'est le *Sil* ou le *Val-Sil* des
environs de Bergen. Il dit que sa grandeur
varie d'un à deux pieds; que le Sil est la seule
espèce du genre Saumon qui soit vraiment
pélagique, c'est-à-dire, qu'on ne le prend qu'à
la haute mer, parce qu'il ne s'approche jamais
des côtes. Ce poisson, très-gros, a une chair
très-blanche, quoique rempli de petites arêtes
comme le Lavaret. Sans l'examen du poisson

---

1. Asc., *Icon rerum nat.*, tab. 24.

il était difficile de déterminer, d'après l'inspection seule de la figure, le genre auquel il appartient, quoique rien ne devienne plus aisé quand on possède des individus de l'espèce. Aussi, M. Cuvier, qui n'a jamais vu le poisson, a-t-il placé l'espèce, d'après Ascanius, comme une Corégone. Il faut s'étonner davantage que M. Nilsson ait commis la même faute en n'admettant pas, dans son Prodrome d'ichthyologie, le genre des Argentines. Ce naturaliste d'ailleurs ajoute, sur ce *Coregonus silus,* plusieurs observations qu'on ne trouve point dans Ascanius. Son nom norwégien de *Val-Sil* se traduirait par *Clupea aspera;* ce qui convient très-bien à ce poisson, ainsi que la description peut le prouver. Il dit aussi que le Sil se pêche pendant l'été sur la côte occidentale de Norwége par une profondeur de cent à cent cinquante brasses avec le *Sebastes norwegicus.* Dans l'automne, on le prend à la seine avec le *Gadus virens.* Au nom norwégien cité plus haut, il ajoute ceux de *Blankesten* ou de *Gullax.* Sous le premier de ces noms, Ström[1] en a donné une figure; mais ce poisson a été ramené à son véritable genre dans une dissertation inaugurale, sou-

---

1. Str., *Naturschrift*, t. II, 2.ᵉ partie, p. 12; t. I, fig. 1.

tenue, sous la présidence de M. Nilsson, par Gustave Risberg [1], de Gothembourg. Ce jeune naturaliste, qui a publié des observations intéressantes sur l'Ichthyologie septentrionale, a donné une description fort détaillée, zoologique et anatomique de cette belle espèce, sous le nom d'*Argentina silus*. Il dit qu'en Norwége on le nomme, à Bergen, *Gullax*; à Söndmör, *Blankesten*, et à Christiania, *Strömsild*. En plaçant ainsi cette Argentine dans d'excellentes conditions ichthyologiques, il détruit le genre *Silus*, que M. Reinhardt voulait établir pour cette espèce, en la désignant sous le nom de *Silus Ascanii*. J'ai trouvé, comme lui, dans l'estomac de l'individu que j'ai observé, des débris de *Fucus*.

1. Risb., Observ. ichthyol.. Lond., 1835, p. 3.

CHAPITRE VII.

Des Ombres (*Thymalus*).

On doit à M. Cuvier l'établissement du genre Thymale. Il l'a caractérisé par la petitesse de la bouche, fendue en travers sous le museau; des petites dents coniques et sur un seul rang, existent aux mâchoires, sur le chevron du vomer et sur le devant des palatins : les viscères ressemblent à ceux des Truites. J'ai été frappé de la grandeur de la vessie natatoire qui communique avec l'œsophage par un très-petit conduit.

La forme du corps est élégante; la hauteur et la longueur de la dorsale, très-agréablement variées, ajoutent encore à l'élégance de ces poissons. C'est une des plus jolies espèces de Salmonoïdes européens qu'on aime à voir nager dans les eaux limpides qu'il préfère.

M. Cuvier, et tous les ichthyologistes qui l'ont précédé, n'ont reconnu qu'une seule espèce dans ce genre, et cependant il est facile d'en distinguer au moins trois en Europe, en faisant attention au caractère singulier de la distribution des écailles sous les parties inférieures de la gorge et de l'abdomen. L'espèce qui se trouve dans le midi ou dans l'est de la

France, dans le lac de Genève, dans le lac Majeur, a tout le corps couvert de petites écailles ; c'est avec peine que l'on trouve une trace de nu au-dessous des nageoires pectorales, tandis qu'une autre espèce, que j'ai rencontrée fréquemment sur le marché de Berlin, a sous la gorge une plaque entièrement nue. Nous en avons reçu une troisième des eaux douces de la Russie qui a le ventre nu dans toute sa longueur. Enfin, l'on peut en distinguer d'autres encore, à cause de là hauteur de la dorsale.

Les eaux douces de l'Amérique septentrionale en nourrissent aussi des espèces différentes de celles d'Europe ; car j'en ai reçu une du lac Ontario, que je ne vois pas signalée dans l'ouvrage de M. Dekay, ni dans celui de M. Storer, et qui est fort différente du très-joli poisson décrit et figuré par le docteur Richardson sous le nom de *Thymalus signifer*. C'est au moyen des matériaux de la collection du Muséum d'histoire naturelle que je suis arrivé à ces déterminations.

Il est assez curieux, que le caractère remarquable qu'offre le nu des parties inférieures, ait échappé à mes prédécesseurs. Enfin, je placerai à la suite du genre un singulier poisson de la Russie qui me paraît ressembler

sans aucun doute aux Thymales par la forme
de sa bouche, mais qui n'en a point, il faut
bien le dire, ni la dorsale ni les écailles. En
examinant les caractères que le *Thymalus
signifer* de Richardson nous offre et ceux de
ce singulier poisson de la Russie, les zoologistes se convaincront que les deux genres des
Thymales et des Truites sont beaucoup moins
distincts qu'on ne le croirait par l'examen ou
par la seule comparaison d'un Thymale ordinaire à une de nos Truites. En France, ces
poissons sont connus sous le nom d'*Ombres*.
Les Anglais les appellent *Grayling,* tiré très-
probablement de sa couleur grise ou cendrée,
qui lui a valu son nom le plus commun en
Allemagne, celui de *Asch* ou de *Æsche,* plus
ou moins modifié dans les différentes provinces. Comme tous ces auteurs ont cru retrouver dans le poisson qu'ils décrivaient,
l'espèce indiquée par Linné ou par Bloch,
comme aucun d'eux n'a signalé le caractère
sur lequel je fonde les divisions spécifiques,
il me paraît impossible d'établir, pour des
espèces si voisines les unes des autres, une
synonymie. Je crois donc qu'il est préférable
de donner, dans les considérations générales
sur le genre, des observations sur la synonymie
de ces espèces, en signalant les rapports que

je puis trouver entre ces différents poissons et les articles où on les aurait mentionnés.

Il est assez curieux que le Thymale, si connu en Italie, et qu'on trouve dans la Meurthe, dans la Moselle et dans d'autres rivières de France, n'ait pas été mentionné dans Pline. On est assez d'accord pour lui rapporter l'*Umbra* d'Ausone[1], que ce poëte a signalé dans ce vers :

Effugiensque oculos celeri levis Umbra natatu.

Il n'y a pas lieu de discuter longuement sur cette synonymie, car cette célérité du nager peut être appliquée à beaucoup d'autres poissons ; mais, puisque nous voyons que le nom d'Ombre est conservé encore dans plusieurs provinces de la France, on peut admettre cette interprétation.

Élien[2] parle du Thymale en termes si précis, qu'on ne peut hésiter à reconnaître notre poisson. Ce qu'il en dit au chapitre XXII du livre XIV, convient non-seulement aux caractères spécifiques, mais parfaitement aux habitudes de l'espèce.

« Le Θύμαλλος tient, dans sa forme générale,

---

1. Ausone, *Mosella*, v. 90.
2. Élien, *De nat. anim. edente* J. G. Schneider. Leipz. 1784, p. 455.

du Labrax et du Céphale. Or, la dépression du museau et l'ouverture de la bouche, justifient très-bien la comparaison avec le Muge. Ce Thymale, poisson du Tessin, est remarquable par son odeur de thym. On le prend à la mouche; c'est le seul appât qui lui convienne, parce qu'il fait sa nourriture habituelle des cousins (κώνωψ), petits insectes fort incommodes à l'homme par leurs morsures et par leur bourdonnement. » Il est impossible de se méprendre sur cet article d'Élien, parce que le poisson que l'on trouve en abondance dans le Pô et dans ses affluents, est encore nommé aujourd'hui par les riverains de ces fleuves, *Temelo, Temalo* ou *Temola,* qui a bien, comme l'expression greeque, la même origine. Toutes ces dénominations sont tirées de l'odeur du thym qu'exhale le poisson. Cependant je n'ai pas remarqué ce parfum du thym sur les individus que j'ai vus vivants.

Si des auteurs anciens nous arrivons à ceux de la renaissance, nous trouvons dans Belon[1] une figure un peu grossière du *Thymalus.* Il y en a aussi une dans Salviani[2]; celle-ci, plus

---

1. Belon, *De aquat.*, p. 184.
2. Salviani, *De aquat.*, fol. 81, pl. 16.

élégante que celle de Belon, me paraît tout
à fait convenir à notre quatrième espèce,
celle que M. Savigny nous a rapportée du Pô;
je la regarde donc comme différente de celle
de Bloch. Rondelet a aussi donné une figure
du Thymale et en a dit quelques mots; mais
il est difficile de se prononcer sur les affinités
de ce dessin. Gesner[1] a donné deux figures
originales assez élégantes du Thymale. Les
détails fort étendus qu'il ajoute sur le séjour
et les habitudes de ce poisson, dans les différentes parties de l'Allemagne, commencent
déjà à établir son histoire.

On devait naturellement trouver dans Willughby une description de l'Ombre, qui est
nommé en anglais *Grayling*, puisque c'est
un poisson commun dans toutes les eaux
qui descendent des contrées montueuses de
l'Angleterre. Cet auteur donne quelques détails anatomiques, aussi vrais que curieux,
sur l'organisation de ce poisson. Il signale
très-bien les dents palatines, la disposition
du canal intestinal, le grand nombre des cœcums, la largeur de la vessie aérienne, si peu
adhérente au péritoine. Il faut cependant ajouter que tous ces traits, fort exacts, convien-

---

1. Gesner, 979.

nent en général à presque toutes nos espèces.

Tels sont les documents d'après lesquels Artedi a établi la synonymie de son troisième Corégone, auquel il assigne pour caractère, d'avoir la mâchoire supérieure plus longue que l'inférieure et vingt-trois rayons à la dorsale. Cette espèce a été introduite, d'après cela, dans le *Systema naturæ*, et est devenue dès la dixième édition le *Salmo Thymalus;* car Linné n'accepta pas, en composant cet ouvrage, le genre *Coregonus* d'Artedi.

Comme les Thymales sont fort répandus dans toute l'Europe, on les retrouve dans presque tous les auteurs qui se sont occupés de la Faune ichthyologique de nos diverses contrées. Linné le donne pour un des poissons communs en Laponie; mais il paraîtrait plus rare en Norwége, puisque Pontoppidan n'en parle pas. Ekström ne le cite pas non plus dans ses Poissons du Mörkö. Il n'existe pas dans les Faunes d'Islande ni dans celles du Groenland. Il monte au nord jusque dans les Orcades, puisque Lowe[1] donne le Grayling comme une espèce que l'on y trouve très-fréquemment. On en prend des individus qui ont jusqu'à dix pouces de long.

---

1. Lowe, *Fauna Orcad.*, p. 224.

M. Nilsson a un *Thymalus vulgaris* des fleuves de Nordland et de Laponie; il indique le mois de mai pour la saison du frai, et dit qu'alors le poisson remonte des grands lacs dans les fleuves. Wulf le compte parmi les poissons de Prusse. J'ai lieu de supposer que cet ichthyologiste a vu l'espèce de Berlin, ou mon *Thymalus gymnothorax*. Il n'a pas cependant indiqué le caractère que j'y ai observé.

Les auteurs qui ont traité des poissons de la Suisse, parlent tous du Thymale : Nenning, dans ses Poissons du lac de Constance; Hartmann, dans l'Ichthyologie helvétique, et M. Jurine[1], dans son Mémoire sur les poissons du lac de Genève.

En France, ce poisson est surtout connu sous le nom d'Ombre d'Auvergne; aussi le trouve-t-on dans la Faune de ce pays, écrite par M. Delarbre; et avant lui Duhamel en avait laissé, sous ce même nom, une figure où les caractères génériques sont seuls reconnaissables.

M. de Selys-Longchamps, dans sa Faune belge, a donné le Thymale sous le nom qu'Agassiz a imposé à ce Salmonoïde : c'est bien

---

1. Jurine, pl. 6.

l'Ombre de France, mais non pas l'Ombre
chevalier, comme le croit M. de Selys. Il suit
ce poisson dans les petites rivières ou les
torrents des Ardennes, où il est assez commun. Il dit qu'il est très-rare dans la Meuse;
j'ai cependant été assez heureux pour le voir
vivant à Liége. Il fait remarquer que l'espèce
a considérablement diminué depuis qu'on a
chaulé les terres d'une grande partie de l'Ar-
denne et du Condroz avec de l'arsenic.

Nous avons déjà signalé Willughby comme
le premier des auteurs anglais qui ait indiqué
cette espèce sous le nom de Grayling.

Pennant[1] ne l'a pas négligée dans la Zoologie
britannique. Ce zoologiste n'a jamais pu trouver dans ce poisson l'odeur particulière, d'où
ses noms de *Thymus* ou de *Thymalus* sont
tirés. Le plus grand Grayling qu'il ait vu, avait
été pris près de Ludlow : il était long d'un
pied et demi environ, et pesait quatre livres
six onces; mais les exemplaires de cette taille
sont très-rares.

Donovan[2] nous a donné une très-jolie figure
de Thymale, sur laquelle il indique un grand
nombre de points noirs.

---

1. Pennant, *Zool. brit.*, t. III, p. 262.
2. Donovan, *Brit. fish.*, pl. 88.

On doit s'attendre à trouver le Grayling dans la Faune de Turton [1], dans Fleming [2] comme *Coregonus thymalus,* dans M. Jenyns [3] et enfin dans M. Yarrell [4] qui en a donné aussi une très-bonne histoire.

Toutefois, en ce qui concerne les habitudes de ce poisson d'Angleterre, M. Yarrell a été précédé par le célèbre Humphrey Davy. On trouve, dans le *Salmonia* de cet illustre chimiste, des détails curieux sur l'introduction du Grayling dans le Tay, rivière coulant dans le Hampshire, où on l'avait apporté des eaux de l'Avon. Il remarque, qu'au contraire de la plupart des autres Salmonoïdes, le Grayling fraie au commencement d'avril ou de mai, tandis que les autres préfèrent la fin de l'année, et généralement les eaux très-froides. Quoique Donovan ait considéré ce poisson comme remontant, ainsi que les autres Salmonoïdes, de la mer dans les eaux douces, Davy établit que le Grayling d'Angleterre ne peut supporter l'eau légèrement saumâtre sans périr. Cependant Bloch assure que le Thymale descend à la Baltique vers l'automne.

1. Turt., p. 104, n.º 100.
2. Flem., *Brit. anim.,* p. 181, n.º 49.
3. Jen., *Man. brit. anim.,* p. 430, n.º 112.
4. Yarrel, t. II, p. 79.

La nourriture du Grayling consiste principalement en larves de phryganes, d'éphémères et de libellules; mais M. Yarrell a aussi
trouvé, dans l'estomac, des physes et le *neri-
tina fluviatilis;* ce qui prouve que ses aliments
sont assez variés, puisque j'y ai observé des
crevettes.

Le Thymale existe aussi dans l'est de l'Europe : c'est un poisson commun dans le Danube ; il est très-bien figuré dans Marsigli[1]; il
ne prendrait, suivant lui, le nom allemand
d'*Asch* que lorsqu'il est tout à fait adulte. Les
pêcheurs qui l'apportent à Vienne le nom-
meraient, dans la première année, *Sprensling;*
depuis le mois de mai jusqu'à la S. Jean,
Mayling, et jusqu'à la seconde année, *Vier-
tigerfisch.* C'est en mars qu'il fraie dans ce
grand fleuve.

M. Reisinger l'a inscrit aussi dans son Ichthyologie de Hongrie sous les noms de *To-
molezko* ou de *Timalko.*

Pallas a aussi un *Salmo thymalus,* et on
peut juger par la phrase de cet illustre zoologiste, ainsi que par les réflexions qui précèdent
sa description, qu'il n'a pas suffisamment distingué les espèces qu'il a observées. Il avoue

---

1. Mars., *Danub.*, t. IV, p. 75, pl. 25, fig. 2.

que la distance entre ces différentes variétés lui avait fait faire trois figures qui nous auraient beaucoup éclairé, si nous avions pu les consulter. J'ai examiné et dessiné à Berlin un de ses exemplaires. La hauteur des rayons de la dorsale ne me laisse aucun doute sur ce prétendu *Salmo thymalus* : il appartient évidemment à notre quatrième espèce.

Je trouve aussi dans les dessins faits au Kamtschatka par M. Mertens, un Thymale qui y est désigné par le nom russe de cette espèce (*Charius*). Je crois que ce poisson offre quelque caractère distinctif, si le dessinateur les a rigoureusement observés. Ce que nous pouvons conclure des observations de Pallas, c'est que les Thymales existent dans toute la Sibérie, dans la Tartarie, chez les Samoyèdes, au Kamtschatka et au Japon. Cet illustre zoologiste a présenté, sous le nom de *Salmo arcticus*, qu'il faut bien se garder de confondre avec l'espèce décrite sous ce même nom par Othon Fabricius, des Thymales de l'Oural.

Enfin, pour terminer cette revue des auteurs qui ont parlé des Thymales, il ne me reste plus qu'à ajouter que M. Nordmann a cité, dans sa Faune pontique, qu'on ne prend ce poisson qu'un à un dans les rivières de la nouvelle Russie.

On ne fait subir aux Ombres aucune des préparations conservatrices, qui en rendraient le transport facile pour d'autres pays. Cela tient à ce que l'espèce n'est pas assez abondante pour être séchée, ni salée, ni marinée; il n'est pas d'ailleurs certain que la chair pourrait supporter ces apprêts. Dans la Sibérie et dans la Laponie, ainsi que dans les montagnes de la Hongrie et de la Transylvanie, l'Ombre procure un aliment recherché. Linné dit, dans son *Fauna suecica,* que les Lapons se servent des entrailles de ce poisson, au lieu de pressure, pour faire cailler le lait de leurs rennes et obtenir ainsi leur fromage.

D'après ce que j'ai fait remarquer en commençant ce chapitre, nous allons, à la suite de cette revue critique, donner les descriptions des espèces, faites d'après nature.

*L'*Ombre d'Auvergne.

(*Thymalus vexillifer,* Agassiz.)

Les nombreux individus de cette espèce réunis dans le Cabinet du Roi, nous viennent des rivières de France et des différents lacs de la Suisse; j'ai donc lieu de croire que j'ai sous les yeux le poisson figuré par M. Agassiz, planches 16 et 17 de son Histoire des poissons d'eau douce de l'Europe centrale. Il me semble que le dessinateur a indiqué quelques écailles au-dessous des pectorales ; il est évident cependant que ce caractère n'a pas été nettement rendu sur la figure, parce que l'auteur n'avait pas son attention éveillée sur cette particularité. Je crois aussi devoir rapporter à notre espèce la figure du Thymale donnée par M. Jurine, qui a représenté peut-être trop fortement les écailles abdominales.

Le Thymale est un élégant Salmonoïde, qui a la tête petite, le profil du dos convexe jusqu'au premier rayon de la dorsale ; cette ligne s'abaisse ensuite d'une manière régulière jusqu'à la queue. Le profil inférieur est à peu près droit ; il remonte cependant par une courbe insensible depuis les ventrales jusqu'à l'extrémité de la queue. La plus grande hauteur se mesure en avant de la nageoire du dos, et elle est le cinquième de la longueur totale. Les flancs sont méplats ; l'épaisseur du tronc est à peu près moitié de la hauteur. La tête est petite ; elle mesure à peu de chose près le sixième de la longueur totale. Le profil, depuis le bout du museau jusqu'à la nuque, est convexe ainsi que l'arc transversal qui passe entre les deux yeux et qui est égal à une fois et demie le diamètre longitudinal de l'œil, lequel d'ailleurs est sensiblement plus grand que le diamètre vertical ; car celui-ci mesure le cinquième de la longueur de la tête, tandis que l'autre n'est compris que quatre fois et un tiers dans cette même

mesure. Nous trouvons cinq osselets sous-orbitaires:
l'antérieur est couché tout à fait au-devant de l'œil;
il est à peu près triangulaire; le second et le troisième sont plus étroits; le quatrième et le cinquième
sont trapézoïdes et tout à fait relevés derrière le bord
de l'orbite. Le préopercule a un très-large limbe arrondi; l'opercule est petit, mais situé sur le haut de
la joue; le sous-opercule est assez large et arqué;
l'interopercule, qui forme une langue étroite sur le
bord intérieur du préopercule, s'étend entre cet os
et le sous-opercule en une palette triangulaire assez
large. Le bord membraneux de l'opercule est extrêmement étroit, mais l'ouïe est très-largement fendue.
Nous avons dix rayons à la membrane branchiostège.
La partie supérieure du museau est convexe et l'extrémité charnue s'avance au delà de la mâchoire inférieure qui est tout à fait aplatie. Sa branche se
porte en arrière jusqu'à l'aplomb du bord postérieur
de l'orbite; elle a peu de mobilité, et à cause de la
petitesse des intermaxillaires et des maxillaires l'ouverture de la bouche est très-petite. Les intermaxillaires sont placés en travers, et l'articulation du maxillaire se fait à leur extrémité externe; ils n'ont
presque pas de mouvement. Les maxillaires forment
deux petites palettes mobiles sur les côtés de la bouche en dehors de l'angulaire de la mâchoire inférieure, qui est assez élevée. Ces deux mâchoires ont
de petites dents coniques très-courtes et sur un seul
rang. Il y en a un tout petit groupe sur le chevron
du vomer et à l'extrémité des palatins; mais celles
du vomer me paraissent caduques, car sur un grand

individu rapporté de la Moselle, le vomer n'a plus
de dents. Le reste de la bouche, ainsi que la langue,
est entièrement lisse. La ceinture humérale est assez
forte, mais en partie cachée avec les écailles. La
pectorale est insérée tout à fait vers le bas et tout
près de la fente de l'ouïe. Cette nageoire est pointue
et sa longueur est comprise six fois et demie dans
la longueur totale. La ventrale, qui est triangulaire
et beaucoup plus large que la pectorale, est un peu
plus courte. Elle a dans son aisselle une assez forte
écaille. Elle est insérée en avant sur la première
moitié du corps. La dorsale est longue, haute;
son premier rayon est plus avancé que le tiers de
la longueur. La nageoire est à peu près deux fois
aussi longue que haute; ses rayons les plus longs
mesurent la moitié du tronc sous eux. L'adipeuse
est haute et assez grande. L'anale est petite; la caudale est profondément échancrée.

B. 10; D. 21 — 0; A. 11; C. 27; P. 15; V. 10.

Les écailles sont disposées en séries longitudinales régulières, dont on compte facilement seize
rangées dans la hauteur. Celles de la ligne latérale
sont sensiblement plus petites. Une d'elles, isolée,
montre que la surface radicale est beaucoup plus
large que celle restant externe. Il n'y a que de fines
stries d'accroissement, mais point de stries rayon-
nant du centre vers la base radicale; mais il y a
deux ou trois dentelures sur le bord, qui correspondent évidemment aux rayons de l'éventail. Tout
le dessous du ventre, depuis la gorge jusqu'aux nageoires paires, est couvert d'écailles; il y a cepen-

dant une petite place nue sur le devant de la ceinture thoracique, cachée par la membrane branchiostège. Il y a aussi du nu auprès de l'insertion de la pectorale. On compte quatre-vingt-sept écailles depuis les ouïes jusqu'à la caudale.

La couleur de nos poissons, conservés dans l'esprit de vin, est un argenté plus ou moins pur. Nous avons beaucoup d'individus sans aucune tache, mais nous en avons un aussi grand nombre qui ont le corps rayé de lignes grises longitudinales comme les écailles. Les membranes des nageoires varient de couleur suivant les saisons. A l'époque du frai, les pectorales ont une teinte rougeâtre; les ventrales et l'anale sont plus colorées; la caudale et l'adipeuse ont une teinte bleu de lavande; la dorsale est rayée de taches carrées, nuancées de rouge, de violet et de brun. Plusieurs ont des taches noires, de figure inégale, situées obliquement entre deux rangées d'écailles. Il y en a davantage au-dessous de la ligne latérale. M. Jurine a compté trente-deux points sur un individu de huit pouces de longueur. Il ajoute qu'on prétend que les ombres ponctués ont la chair plus savoureuse que les autres.

A l'ouverture de l'abdomen, le foie se fait remarquer par sa petitesse. L'œsophage descend sous la vessie natatoire; arrivé un peu au delà du tiers de la cavité abdominale, il se courbe et remonte sur le diaphragme, en se dilatant un peu et en s'épaississant, mais sans former de cul-de-sac. Revenu sous le diaphragme, on voit l'intestin se recourber pour descendre droit à l'anus. Nous avons compté vingt-deux appendices cœcales autour du duodénum. Les ovaires de l'individu que j'ai disséqué formaient deux petits rubans plissés à la partie antérieure, flottant librement dans la cavité abdominale où les œufs tombent librement comme dans les autres salmonoïdes. La vessie natatoire est d'une grandeur remarquable. Elle occupe plus de la moitié de la cavité abdominale, car elle est étendue depuis le diaphragme jusqu'à l'anus; elle est très-large, et arrondie aux deux extrémités. Elle communique avec l'intestin dans le haut de l'œsophage par un conduit pneumatique remarquablement petit.

Le squelette de cette espèce ressemble dans ses principaux traits à celui des autres salmonoïdes. J'y trouve deux grands trous mastoïdiens latéraux. J'ai compté cinquante-huit vertèbres, trente-trois côtes, dont les dix à douze premières ont à leur articulation, près de la vertèbre, une apophyse styloïde horizontale, et les vingt-cinq premières vertèbres ont en outre à la base de l'apophyse épineuse un autre osselet horizontal. C'est là ce qui explique le grand nombre d'arêtes que l'on trouve dans ces poissons, car on voit que ce squelette rappelle à beaucoup d'égards celui des clupées. La longueur de nos différents individus varie entre douze et dix-sept pouces.

Nous avons reçu plusieurs exemplaires du Thymale écailleux : ils nous sont venus de Nancy par les soins de M. Kiener; du Doubs, auprès de Montbéliard, par les soins du pas-

teur Berger. M. de Candolle et M. Major nous
l'ont envoyé du lac de Genève. On le trouve
aussi dans le lac Majeur et dans le Pô ; car
M. Savigny en a rapporté de ces localités.
Enfin, cette espèce se trouve aussi dans le
Danube ; M. le conseiller aulique Schreibers
en a envoyé de Vienne au Cabinet du Roi.

Les Thymales paraissent dans le Rhône dès
le mois de novembre ; en décembre il y en a
davantage ; à la fin de l'hiver le poisson remonte les torrents, et principalement celui
que l'on nomme Alondon. Aussi le connaît-
t-on à Genève sous le nom d'Ombre de l'Alondon. Les Ombres remontent le Rhône en
troupes, en s'élançant fréquemment hors de
l'eau pour attraper les éphémères et les phryganes. M. Jurine dit que c'est un spectacle assez
amusant à voir. Il croit, que le peu d'Ombres
pris dans les nasses de Genève, dépend du
passage que trouvent ces poissons dans les
interstices du clayonnage. Lorsqu'ils ont passé
dans le lac, ils ne tardent pas à remonter les
rivières qui s'y jettent, et même le Rhône
en Valais ; car on en prend jusque dans le
torrent de Pissevache, au delà de Saint-
Maurice.

La chair de l'Ombre est préférable à celle de
la Féra : elle est blanche, ferme et de bon goût.

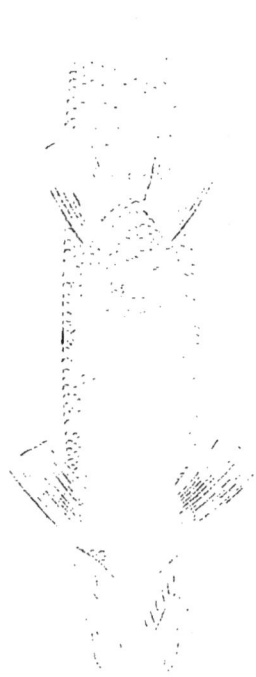

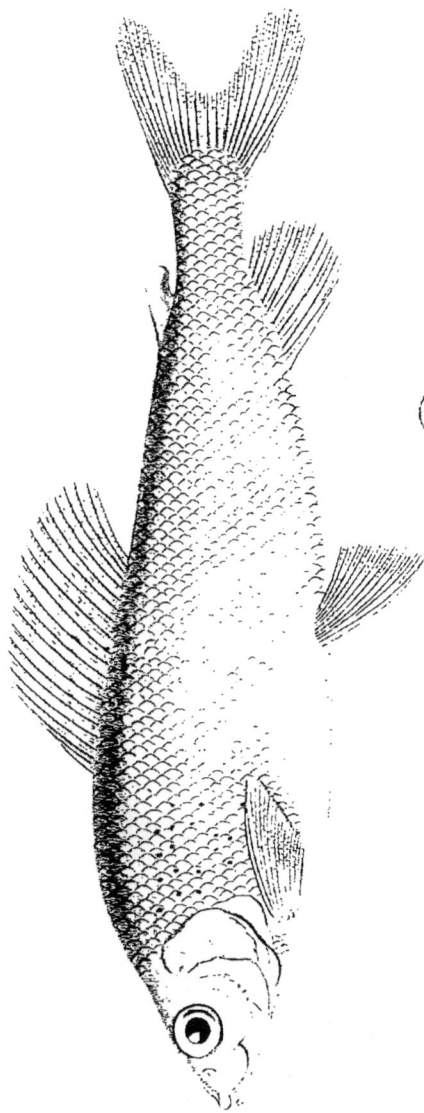

THYMALLUS squamothorax. Val.

Annedouche sculp.

L'OMBRE à poitrine nue.

Deshayes del.

Ce poisson n'a pas la vie dure; car il meurt presque aussitôt qu'on le tire de l'eau, et il ne se développe que dans les eaux vives et rapides. On ne peut pas le faire prospérer dans les eaux tranquilles.

L'Ombre a poitrine nue.

(*Thymalus gymnothorax,* nob.)

J'ai rencontré fréquemment sur le marché de Berlin un Thymale, qui a été, sans aucun doute, confondu avec l'espèce précédente; il offre cependant un caractère qui le rend très-facile à reconnaître. Tous les individus que que j'ai achetés

ont le dessous de la gorge nu, sans écailles. On en trouve seulement un petit groupe au-devant de l'insertion de la pectorale. Le nu ne dépasse pas la longueur de cette nageoire, c'est-à-dire que le reste du dessous du ventre, jusqu'aux nageoires ventrales, se trouve recouvert d'écailles qui augmentent sensiblement à mesure qu'elles s'en approchent, pour devenir aussi grandes que celles des flancs. On les voit commencer sous la ligne médiane, à peu près au milieu de la longueur de la pectorale. Il y a donc une pointe avancée d'écailles sous le milieu du ventre qui limite de chaque côté les deux profondes échancrures du nu de la gorge. Je compte de soixante-dix à soixante-quinze rangées d'écailles le long des flancs; il y en a donc moins que dans l'espèce précédente. Le museau me paraît moins avancé. Les dents palatines et vomériennes sont plus fortes. La dorsale me paraît un peu moins grande. La couleur est semblable à celle de l'espèce précédente.

Les viscères ne m'ont pas offert de différences notables.

Je trouve d'autres exemplaires de cette espèce parmi les poissons envoyés de Russie par S. A. I. la Grande-Duchesse, à qui nous avons déjà adressé plusieurs fois nos remercîments.

Il est probable que Bloch a fait dessiner des individus de cette espèce pour représenter son *Salmo thymalus;* mais sa planche est tout à fait incorrecte.

L'OMBRE A VENTRE NU.

(*Thymalus gymnogaster,* nob.)

Le Thymale que j'ai reçu de la Néwa est encore différent des deux précédents. Les trois exemplaires conservés dans le Cabinet du Roi

ont le dessous du ventre nu, beaucoup au delà de la pectorale. L'échancrure de ce nu atteint jusqu'aux deux tiers du dessous du ventre. Ces poissons ont le museau plus arrondi; la mâchoire supérieure plus saillante; la dorsale beaucoup plus basse, les écailles sensiblement plus petites, puisque nous

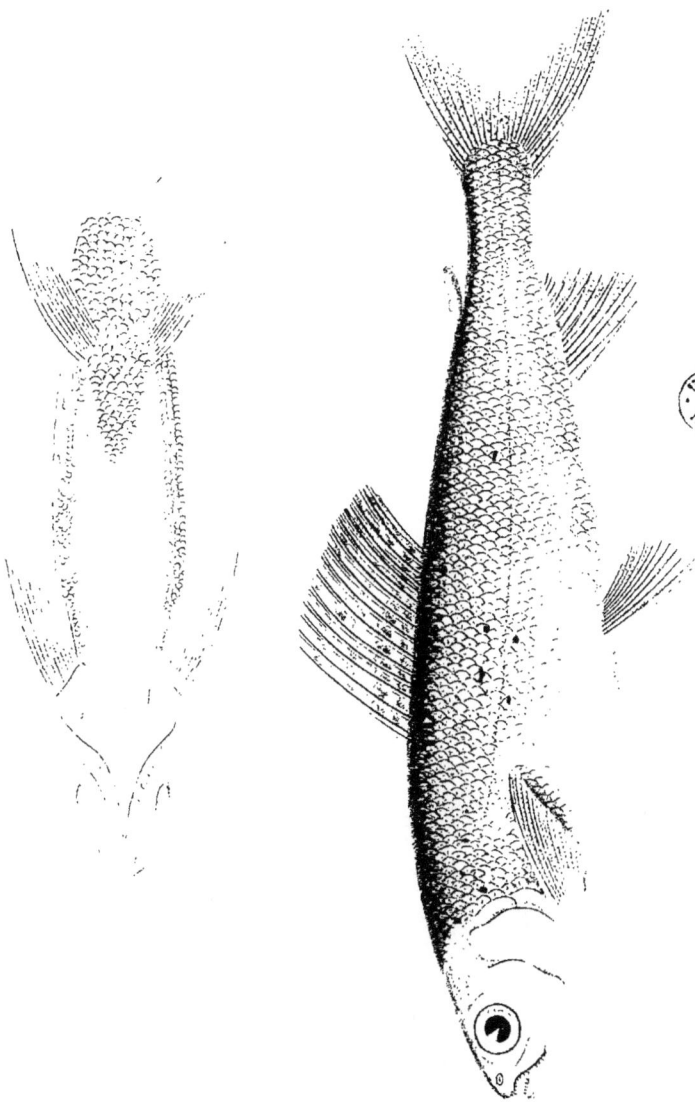

OMBRE à ventre nu.

THYMALUS, gymnogaster. Val.

M.ᵉ Alberti del.

Annedouche sculp.

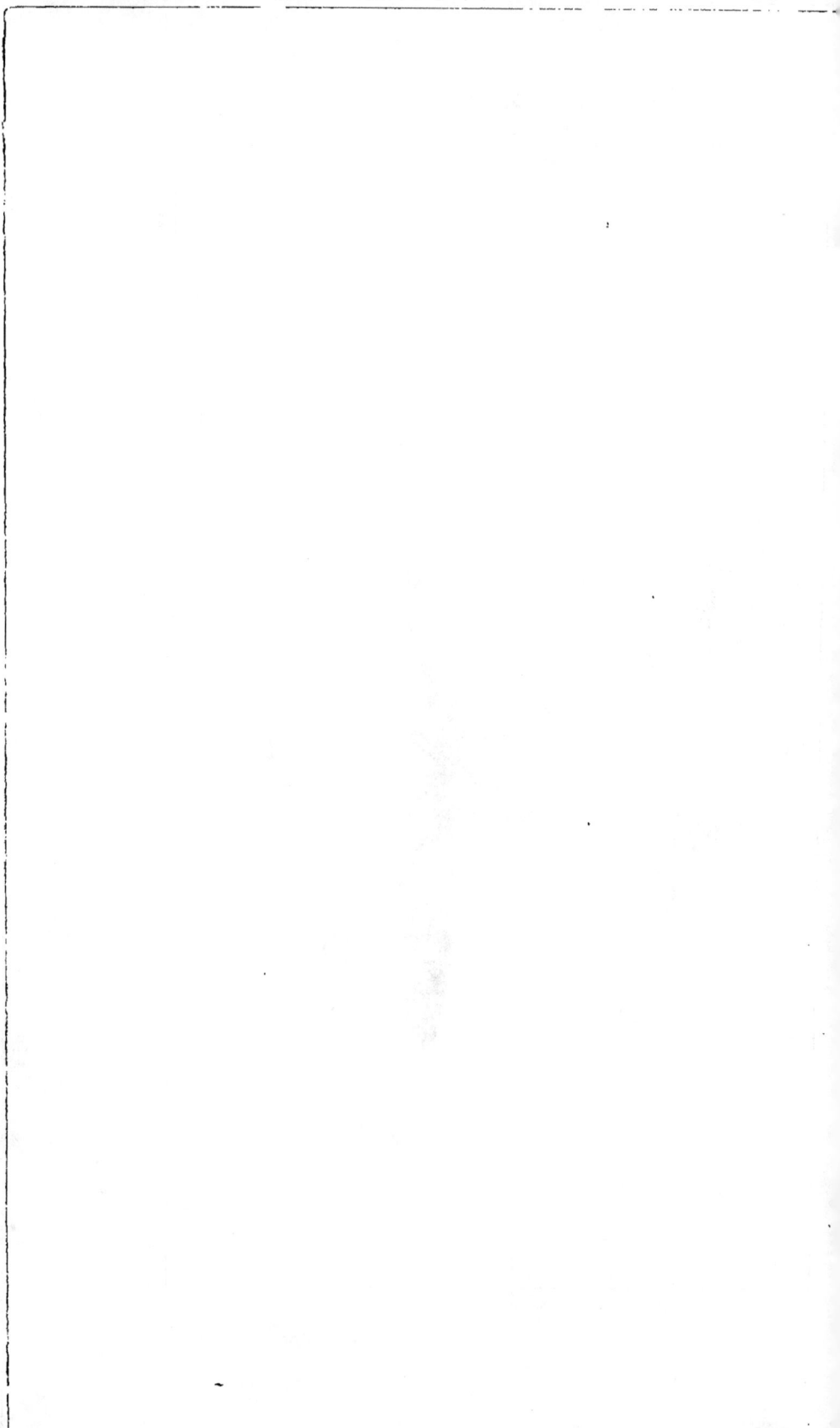

en comptons au moins cent rangées le long des flancs. L'examen des viscères nous confirme dans la distinction spécifique que nous venons d'établir; car nous trouvons le canal intestinal proportionnellement beaucoup plus gros. Les cœcums sont plus forts, mais moins nombreux; il n'y en a que dix-sept. L'animal avait pris des crevettes et des larves de phryganes.

Nos individus sont longs de treize pouces. Ils ont été donnés par S. A. I. la grande duchesse Hélène.

Il est possible que Pallas ait vu ce poisson, puisqu'il paraît commun dans la Néwa : c'est peut-être le *Charius* des Russes de Pétersbourg.

L'Ombre d'Élien.

(*Thymalus Æliani*, nob.)

J'ai observé, dans les collections faites en Italie par M. Savigny, un Thymale du lac Majeur, différent de ceux du lac de Genève et des espèces des contrées septentrionales de l'Europe, que j'ai décrites, quoiqu'elle paraisse se rapprocher de celles-ci par quelques caractères.

Cet Ombre

a le corps allongé, étroit; sa hauteur est cependant du cinquième de la longueur totale. Sa tête n'en mesure que le sixième. La dorsale est beaucoup plus courte et beaucoup plus basse; les pectorales sont peu pointues, égales, en longueur, aux ventrales.

B. 8; D. 17; A. 12; C. 27; P. 15; V. 9.

Les écailles sont petites, et cependant il n'y en a que quatre-vingt-quatre rangées le long des flancs. Il y a du nu sous la gorge et le long de la pectorale; mais cependant les écailles de la ligne moyenne s'avancent en une bandelette encore assez large jusqu'auprès de la ceinture humérale. Les couleurs sont d'un gris argenté, mêlé de bleu sur le dos; la dorsale a quelques points rouges.

J'ai sous les yeux trois individus parfaitement semblables, longs de neuf pouces. Je ne doute pas que ce poisson ne soit encore une espèce particulière de ce genre; il ne ressemble à aucun de ceux déjà décrits.

J'ai donné à cette espèce le nom du naturaliste grec qui a fait connaître le Thymale comme un des poissons originaires des fleuves de cette partie de l'Italie. Que l'on ne croie pas cependant que je sois très-sûr de retrouver ici l'espèce décrite par Élien.

L'Ombre de Pallas.

(*Thymalus Pallasii*, nob.)

Nous avons reçu des eaux douces de la Russie par les soins de S. A. I. la grande duchesse Hélène un Thymale, qui se distingue par la plus grande élévation de sa dorsale ;

car les rayons sont aussi hauts que le tronc mesuré au-dessous d'eux. Je trouve aussi que ce poisson a l'adipeuse un peu plus petite, les ventrales plus larges, la pectorale moins aiguë. Il y a quelques stries rayonnantes sur l'opercule que l'on n'observe pas dans l'espèce précédente. Les maxillaires sont un peu plus longs et un peu plus étroits. Ces différences, quoique légères, jointes au plus grand nombre de rayons à la dorsale, me prouvent que nous avons là une espèce particulière de Thymale.

Ces différences nous paraissent d'autant plus remarquables, que nous avons reçu le véritable *Salmo thymalus* décrit dans l'article précédent dans le même envoi que ces poissons. Nos plus grands exemplaires ont près de quinze pouces.

Je publie cette espèce sous le nom de ce grand naturaliste, parce que je l'ai trouvée dans le Cabinet de Berlin; elle faisait partie des belles collections données à l'université de cette ville par M. Rudolphi. Je l'ai dessinée, et la hauteur des rayons de la dorsale ne me laisse aucun doute sur cette détermination.

L'Ombre de Back.

(*Thymalus signifer*, Richardson.)

Il faut placer à côté de l'espèce de Pallas, celle que le docteur Richardson [1] a publiée, d'abord dans l'appendice zoologique du voyage du capitaine Franklin, et qu'il a reproduite ensuite dans sa Faune de l'Amérique boréale [2] sous le même nom de *Thymalus signifer*. Il l'a dédiée à son ami, le capitaine Back, midshipman de l'expédition du célèbre J. Franklin. Il l'avait prise d'abord dans le lac Winter; il l'a retrouvée ensuite dans le lac du grand Ours (*Great Bear lac*); mais les exemplaires du second lac ont des teintes un peu différentes de ceux du premier, probablement parce que ces derniers avaient été pris au moment du frai. Il a vu ce poisson s'étendre jusqu'au 62° latitude nord, entre la rivière Mackensie et Welcome. Ce Thymale

a le corps comprimé, la tête petite, les intermaxillaires plus longs et plus étroits que ceux des Corégones; de petites dents pointues sur les mâchoires; deux rangs sur les os palatins, et six ou sept à l'extrémité antérieure du vomer. La langue est lisse.

---

1. Richardson, *Francklin's journal*, p. 711, pl. 26.
2. *Fauna borealis-amer.*, t. III, p. 190, pl. 88.

Les écailles sont au nombre de quatre-vingt-sept entre l'ouïe et la caudale. Le dos est foncé, les côtés ont une teinte de lavande purpurine, mêlée de gris-bleuâtre. Le ventre est grisâtre; il y a des points blancs parsemés sur les flancs et de grosses taches blanches le long du ventre. La dorsale bleue a de nombreuses taches bleu de Prusse plus foncées et une bordure rosée. On retrouve cette teinte sur les autres nageoires.

B. 9 ou 8; D. 23; A. 13; C. 27; P. 15; V. 9.

M. Richardson a donné des détails sur l'anatomie de ce poisson, et il a comparé les dimensions de ses individus à celles des mêmes parties mesurées sur le Grayling d'Angleterre. Le poisson avait dix-sept pouces anglais de longueur : c'est le *Hewlook-powak* des Esquimaux, ou le poisson bleu des voyageurs canadiens.

Ce Thymale a été inséré dans le *Synopsis* de M. Storer, d'après Richardson.

On trouve dans le même grand ouvrage de ce courageux explorateur des contrées septentrionales l'indication d'une seconde espèce d'Ombre sous le nom de *Thymalus thymaloides.*

Il y a quelque différence dans les nombres des rayons de l'anale et dans les couleurs; mais comme les individus étaient petits, M. Richardson pense qu'il n'a eu probablement à sa 'disposition que des jeunes de l'espèce précédente.

B. 8; D. 23; A. 10; C. 27; P. 17; V. 9.

Ce petit Grayling, long seulement de huit pouces, a été pris dans la rivière Winter, par conséquent dans la même contrée que le précédent.

L'OMBRE D'ONTARIO.

(*Thymalus ontariensis,* nob.)

Nous avons reçu du lac Ontario un Thymale très-voisin de celui du lac de Genève.

Il a cependant plus de nu sous la gorge, quoiqu'il n'en ait pas autant que notre Thymale de Berlin ou *Thymalus gymnothorax.* La tête est évidemment plus pointue; le corps plus allongé; la dorsale un peu plus longue. Les dentelures des écailles sont assez prononcées. Les couleurs doivent à peine différer de celles de notre Thymale, car nos exemplaires sont verdâtres, avec une douzaine de lignes grises le long des flancs. La dorsale a quatre ou cinq rayures longitudinales rouges.

Nos exemplaires ont un pied de long: ils ont été envoyés par M. Milbert.

Je ne trouve pas cette espèce dans le *Synopsis* de M. Storer, ni dans les autres Ichthyologies américaines, et cependant l'examen des individus que j'ai décrits et la certitude de leur origine, ne me laissent aucun doute sur l'établissement de cette espèce.

L'OMBRE CHARIUS.

(*Thymalus Mertensii*, nob.)

Je trouve parmi les dessins faits au Kamtschatka par M. Mertens, une figure d'Ombre qui doit avoir beaucoup d'affinités avec nos espèces européennes, mais qui me semble devoir en être distinguée à cause

de la petitesse de sa tête, et de la brièveté de l'anale et de la pectorale. Le corps est gris avec des lignes longitudinales cendrées et foncées. Le dessus de la tête est de la même couleur que le dos; la gorge et la poitrine blanches, couvertes de taches noires. Il y a aussi du noir entre les lignes cendrées. La dorsale est rayée de noir; le fond de sa couleur, ainsi que celui de l'adipeuse, de la caudale, de l'anale et de la pectorale, est un cendré foncé. La ventrale porte des bandes noirâtres sur un fond fauve-clair.

Le dessin est intitulé *Charius*; or, je trouve dans Pallas que ce nom désigne les Ombres en langue russe.

CHAPITRE VIII.

Des Corégones (*Coregonus.*)

Le genre des Corégones a été établi par Artedi pour les espèces de Salmonoïdes qui avaient de sept à dix rayons à la membrane branchiostège, des dents si petites, qu'on ne les apercevait plus dans quelques espèces; la dorsale devait être plus avancée que la ventrale. Il avait fait entrer la dentition dans le caractère générique, parce qu'il mêlait à des espèces sans dents, l'Ombre (*Salmo thymalus*).

M. Cuvier a précisé le caractère de ce groupe, en établissant le genre des Ombres. Ce qu'il a fait de mieux ensuite, c'est de déterminer les différentes espèces d'Europe, et surtout des lacs de Suisse, qui ont été méconnues par tous ses prédécesseurs. Le défaut de la détermination de ces espèces a conduit les différents naturalistes, qui ont traité de nos poissons d'Europe, à une telle confusion que, pour arriver à quelque chose de certain, je suis obligé de commencer par exposer une revue critique de tous ces travaux, avant d'appliquer à chacune des espèces en particulier les noms que nous allons essayer de leur donner, en en publiant une description comparative et faite d'après nature.

Les espèces de ce genre naturel sont toutes si voisines les unes des autres, que je ne puis espérer de les avoir caractérisées avec plus de certitude qu'on ne peut le faire pour les espèces du genre des Ables. Les différentes Corégones représentent par leur similitude, et cependant par leur variété spécifique, les mêmes formes dans le genre des Saumons, que les Ables dans la famille des Cyprinoïdes. C'est en quelque sorte là ce qui me justifie de n'avoir pas suivi l'exemple de plusieurs ichthyologistes qui ont cru devoir séparer les Cyprinoïdes à mâchoire dentée de nos Cyprins sans dents.

Le genre des Corégones est nombreux en espèces : le caractère repose sur la position des intermaxillaires et des maxillaires, et non, comme la dénomination d'Artedi semblerait l'indiquer, sur l'espèce d'angle que formerait en avant la pupille de ces poissons. Si plusieurs espèces appartiennent à l'Europe centrale, il faut bien remarquer que le plus grand nombre, et que celles qui sont l'objet d'une pêche importante, sont confinées avec les autres Salmonoïdes dans les mers ou dans les eaux circumpolaires. On doit donc conclure de cette monographie et de celles qui ont précédé, que la tribu des Saumons dans la famille des Salmonoïdes, est peut-être plus ca-

ractéristique d'une forme ichthyologique des
régions polaires, que les Gades ou toute autre
famille.

Quoique Belon[1] n'ait pas suffisamment distingué les espèces des lacs de la Suisse, il me
paraît cependant avoir donné quelques-uns
des traits du Lavaret; mais la figure est si
mauvaise qu'il est impossible de reconnaître
le poisson dont il parle. Il a soin néanmoins de
faire remarquer que le Lavaret appartient aux
Truites par la saveur comme par les formes
génériques; qu'on l'apporte communément
des lacs du Bourget, d'Aix et de Genève; que
ce poisson, très-commun, ressemblerait tout à
fait à l'Ombre, s'il n'avait pas le museau si tronqué et s'il ne manquait pas entièrement de
dents. Il se rapproche encore plus du Bezola;
mais le Lavaret ne dépasse jamais un pied, et
ne devient pas aussi large que celui-ci, qui a
quelquefois plus d'un empan. Sa tête est oblongue, ses écailles sont blanches et petites;
enfin, les autres observations qu'il a faites sur
son anatomie ou sur ses habitudes, conviennent assez bien à notre espèce. Mais les ichthyologistes de notre temps nous assurent

---

1. Belon, *De aquat.*, p. 284.

que le Lavaret n'existe pas dans le lac de Genève.

Rondelet[1], qu'il faut citer en même temps que Belon, traite dans les deux chapitres, XVI et XVII, du Lavaret et du Bezola. Il établit très-bien le Lavaret dans le lac du Bourget et la Bezole dans le lac Léman. Il reconnaît à celle-ci un museau plus pointu, une tête plus petite, un ventre plus large et plus saillant, une couleur moins blanche et plus bleuâtre : c'est un poisson propre au lac de Genève. Le Lavaret, qu'il croit essentiel aux lacs de la Savoie ou du Dauphiné, tels que le lac du Bourget et celui d'Aiguebelle, est un poisson toujours blanc et brillant. Rondelet tire même de cette qualité l'étymologie du nom de Lavaret. On doit conclure de ces deux descriptions, que l'habile ichthyologiste de Montpellier a connu notre première Corégone, et qu'il l'a distinguée des espèces du lac de Genève ; mais les figures qu'il a données de ces poissons, sont loin d'être aussi satisfaisantes que celles de beaucoup de ce livre original. Celle du chapitre XVI me paraîtrait plutôt appartenir à la Féra ; et quant à celle

---

1. Rondelet, *De pisc. lacust.*, liv. ch. XVI et XVII, p. 162 et 163.

du chapitre XVII, elle est tout à fait indéterminable.

Gesner[1] a commencé par donner aussi le Lavaret du lac du Bourget d'après Rondelet. Sa figure n'en est pas cependant une reproduction exacte. Puis il a repris l'article de Belon sur le même sujet; mais, ne trouvant pas assez fidèle la figure du Bezola, il a publié, à la page 3o, le dessin d'un Bezola du lac de Genève, qui lui avait été envoyé par un de ses amis. Ce ne peut être, ni la Féra, ni la Palée; et il me paraît bien douteux que ce soit la Gravenche. Je crois cependant qu'il conviendrait mieux de la rapporter à cette espèce qu'aux deux autres. Un peu plus loin, dans le même chapitre, Gesner donne une figure de l'Albelle du lac de Zurich, sous le nom d'*Albula parva*.

Nous avons reçu l'Albelle ou l'Elbel de Strasbourg par les soins de M. le Dr Reisseisen. Il nous a donné la facilité de reconnaître dans ce poisson le Lavaret du lac du Bourget et de déterminer en même temps l'Elbel de Baldner, dont la figure manuscrite est conservée dans la bibliothèque de Strasbourg. Mais la figure de Gesner n'est pas plus caractérisée

---

1. Gesner, *De albis pisc.*, fol. 29.

que celle des différents auteurs dont nous avons déjà parlé. Il n'est pas possible de déterminer son *Albula minima* du lac de Lucerne, où il est connu sous le nom de *Nacht-fisch*. Les pêcheurs de Fribourg l'appellent *Pfœren*, et ceux de Zurich *Hœgel* ou *Hœgling*. Ces noms, ainsi que les habitudes qu'il rapporte, me font croire qu'il s'agit là de jeunes féras, poisson que l'on prend principalement pendant la nuit, et dont on fait, dans les différents lacs de la Suisse, des pêches abondantes semblables à celles des harengs : toutefois ces dénominations sont toutes très-vagues. Sans en avoir donné de figure, Gesner a placé, dans le corollaire du Lavaret un *Albula nobilis,* qui serait l'*Adelfisch* ou le *Weisser-Blawling* du lac de Constance. Il donne encore d'autres noms provinciaux de ces différents poissons. Il me paraît difficile de les appliquer avec quelque précision, puisqu'il est bien évident que cet auteur n'a pas commencé par distinguer suffisamment les espèces, et que l'on sait d'ailleurs combien ces noms de localités varient d'un lieu à l'autre.

Aldrovande [1] a reproduit Rondelet et Gesner dans les figures du Lavaret, du Bezola et

---

1. Aldr., *De pisc.,* p. 657, 658, 659, 660 et 663.

de l'*Albula parva vel minima*. Nous voyons,
page 663, une Féra ou un Fala du lac de
Genève, mais qui, loin d'être un de nos Salmonoïdes, est plutôt un Vangeron ou quelque
autre able du lac.

Schönevelde[1] a aussi son *Albula nobilis;*
sa figure excellente est facile à déterminer;
c'est le *Hauting* ou le *Salmo oxyrynchus* de
Linné. Elle est copiée dans Willughby.[2]

Tels sont les documents qu'Artedi a réunis
pour former sa première et sa seconde espèce
de Corégone. La première est devenue le
Salmo albula de Linné; il se reconnaît à sa
mâchoire inférieure plus longue; mais toutes
les citations d'Artedi qui reposent sur la figure
de Gesner uniquement, puisque Aldrovande
et Willugbhy sont copistes de ce dernier, sont
certainement mauvaises. La seconde espèce de
Corégone, qui a servi à l'établissement du
Salmo lavaretus du *Systema naturæ,* est tout
aussi mal établie; car il a réuni, sous la phrase
caractéristique, cinq variétés : La première,
ou α, pourrait être rapportée à notre Lavaret;
la seconde, β, reposant sur l'*Albula nobilis* de
Gesner, auquel il associe Schönevelde, ce

---

1. Schönev., p. 32, t. I.
2. Will., *De pisc.*, t. 1, fig. 6.

qui montre deux espèces fort distinctes confondues en une seule; la troisième, γ, ap-
partiendrait à la Bézola du lac de Genève,
c'est-à-dire, à la Féra et aux espèces voisines.
La variété δ est l'*Albula parva* de Gesner
ou l'Elbel de Zurich, qui devrait rentrer, si
nos conjectures sont vraies, dans la variété α.
Enfin, la cinquième ou la variété ε, réunit et
la Féra de Rondelet, et celle de Gesner et
celle d'Aldrovande.

Linné, en publiant l'ouvrage de son ami,
a bien fait quelques observations sur ces différentes variétés, mais elles n'avancent en rien
la question, et on voit qu'il ne connaissait
pas mieux qu'Artedi les différentes Corégones
européennes, d'où il résulte que son *Salmo
lavaretus* est fondé sur une réunion faite sans
critique d'espèces toutes différentes. Le *Salmo
oxyrynchus* du *Systema naturæ* est bien
établi par le caractère de sa mâchoire supérieure longue et conique. Il n'y aurait même
rien à y reprendre, si Artedi avait rapporté
à cette espèce l'*Albula nobilis* de Schönevelde.
Ces trois espèces, inscrites dans la dixième
édition, reparaissent dans la douzième sans
aucun changement.

Il me paraît inutile de parler ici du *Fauna
suecica;* car la première Corégone, qui est

une de nos espèces d'Ascanius, est confondue avec le Lavaret du lac du Bourget. La seconde est confondue avec l'*Alb. minima* de Gesner. Nous possédons ces espèces : elles seront décrites dans ce chapitre.

Bloch est loin d'avoir éclairci la confusion que Linné et Artedi avaient faite entre ces différents poissons. Son *Salmo lavaretus* est évidemment le *Salmo oxyrynchus* de Linné, cela est facile à reconnaître. Mais pourquoi y associe-t-il alors celui de Wulf[1] et celui de Duhamel, qui n'appartiennent certainement pas à son poisson, et qui ne sont probablement pas tous deux de la même espèce. En effet, Duhamel[2] a une figure assez bien faite, sous le nom de *Lavaret, sorte de saumon*, d'un poisson qu'il avait reçu du lac du Bourget, et qu'il a fait dessiner de grandeur naturelle. La figure de Duhamel me paraît ressembler beaucoup plus à la Féra qu'à tout autre poisson, cependant on croit généralement que cette espèce ne se trouve pas dans ce lac. C'est aux naturalistes qui résideront assez longtemps auprès de ces lacs, à résoudre

---

1. Wulf, p. 36, n.° 46.
2. Duhamel, Pêche, 2.ᵉ partie, S. 4, pl. 14.

ces questions; mais pour ne pas quitter l'auteur qui nous occupe, il est évident que
Bloch a fait une grande confusion en donnant l'Oxyrynque sous le nom de *Salmo lavaretus*. Ce même ichthyologiste recevait du
docteur Wartmann, l'un de ses correspondants
établi dans le pays de Saint-Gall, une Corégone de la Suisse, qu'il a figurée sous le nom
de *Salmo Wartmanni*, planche 105. Que l'on
examine cette figure, on verra qu'elle est une
des plus inexactes que Bloch ait insérées dans
son Ichthyologie. Cependant le dessin que
j'ai pris à Berlin d'après les individus de
Bloch, me fait croire qu'il a plutôt examiné
le Lavaret que toute autre espèce suisse, et
cependant il ne devrait pas alors lui donner
le nom d'*Ombre bleu*, cette dénomination
convient mieux à la Féra.

M. de Lacépède a accepté le genre des
Corégones et y a inscrit dix-neuf espèces. Il
accepte les espèces de Bloch et de Linné, il y
ajoute celles de Pallas, sans apporter, comme
à son ordinaire, à l'examen des différents
synonymes ou des matériaux qu'il emploie, la
moindre critique. Son *Corégone Muller* est
une Scopèle; son *Corégone rouge* est un Saurus. Le *Coregonus umbra* est une mauvaise
répétition du Thymale, et il reprend, d'après

Linné, un *Coregonus oxyrynchus*, qui a donné lieu aussi à un second double emploi, puisqu'il l'a répété comme un genre distinct sous le nom de *Tripteronote*.

Ces difficultés ont laissé beaucoup d'incertitude dans les descriptions que les auteurs les plus récents nous ont données des poissons de la Suisse. Ainsi M. Nening, dans la description des poissons du lac de Constance, a cherché à retrouver le *Salmo marœna*. Il a une autre espèce, *Salmo marœna media*, et enfin un *Salmo Wartmanni*; mais j'avoue que je n'ose rapporter ces déterminations à aucune de nos Corégones.

M. Hartmann ne me paraît pas avoir pu distinguer le Lavaret et les différentes autres espèces des lacs de son pays. Il confond avec la grosse Marène de Suisse la Palée des lacs de Neufchâtel et de Morat, et la Féra du lac de Genève. Sous le nom de *Salmo marœna media* il désigne le *Kilchen* ou le *Kirchfisch* du lac de Constance, et il y rapporte le *Butz* ou le *Husen* du lac supérieur de Zurich, ou le *Halbken* du lac des Quatre-cantons. Puis il a un *Salmo marœnula* pour comprendre le *Gang-fisch* ou le *Weissgang-fisch* du lac de Constance, l'Albule du lac de Zurich, des Quatre-cantons et de plusieurs autres lacs de

Suisse, et il croit que la Bezole ou la Gravenche de la Suisse française, est le même
poisson que la petite Marène des Allemands.
Puis vient un *Salmo albula* qui serait, selon
lui, le *Hægling* du lac de Brientz et le *Nacht-
fisch* de celui de Lucerne. Or, il n'y a pas en
Suisse un seul Salmonoïde qui ait la mâchoire
inférieure plus longue que la supérieure. Enfin
il croit que le *Blaufelchen* de Wartmann, devenu *Salmo Wartmanni* dans Bloch, est l'a-
dulte d'un poisson que les Suisses du lac de
Constance appellent, dans sa première année,
Seelen ou *Heuerling*, et encore *Meidel* ou
Midelfisch; dans la seconde, *Stüben*; dans la
troisième, *Gang-fisch* ou *gröner Gang-fisch*;
dans la quatrième, *Renken*; dans la cinquième,
Halbfelch; dans la sixième, *Dreyer*; dans la
septième et dans les années suivantes, *Felchen*
ou *Blaufelchen*. Il donne encore d'autres
noms des provinces voisines des lacs de Thun,
des Quatre-cantons, etc., et enfin il croit que
la Palée des lacs de Genève et de Neufchâtel
n'est autre que ce poisson. Beaucoup de ces
noms ont été pris dans Gesner; il est fâcheux
qu'un naturaliste, établi dans ce pays, et qui
à fait de si bons travaux sur l'ichthyologie de
la Suisse, n'ait pas mieux déterminé les espèces
de son pays.

21. 3o

Cette revue générale nous permet maintenant de chercher à rapporter à quelques-unes de nos espèces les différentes citations ou les principaux traits de mœurs que nous trouverons dans les ouvrages de nos devanciers.

La Corégone Lavaret.

(*Coregonus Lavaretus*, Cuv.)

Le poisson, bien connu en Suisse sous le nom de Lavaret, et que les habitants de nos provinces de l'Est désignent plus spécialement sous le nom de Lavaret du lac de Bourget, est un poisson qui a la forme générale de nos Ables, mais son adipeuse l'en distingue.

Le corps est régulièrement et élégamment allongé. Le profil du ventre est un peu plus convexe que celui du dos. C'est surtout entre les ventrales et les pectorales que la saillie abdominale est la plus grande. La hauteur du tronc est comprise cinq fois et quelque chose dans la longueur totale. La tête est un peu plus courte, d'un neuvième ou d'un dixième de cette hauteur. Le museau est gros, arrondi, tronqué. Il ne fait point saillie à l'extrémité au-devant de la mâchoire inférieure. Les intermaxillaires sont petits et assez hauts : ils sont assez fortement unis par des ligaments fibreux aux maxillaires, qui passent un peu derrière eux. Ceux-ci sont courbés, couchés sur les côtés de la joue; un petit osselet

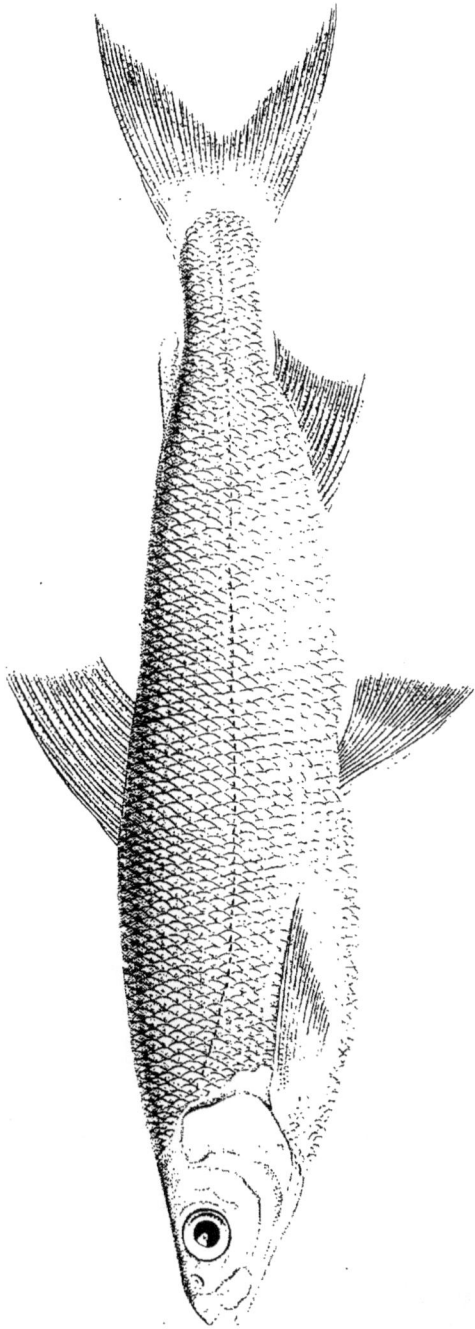

LE LAVARET.

Duhmann del

COREGONVS lavaretus. Cuv.

lanebmeln sculp.

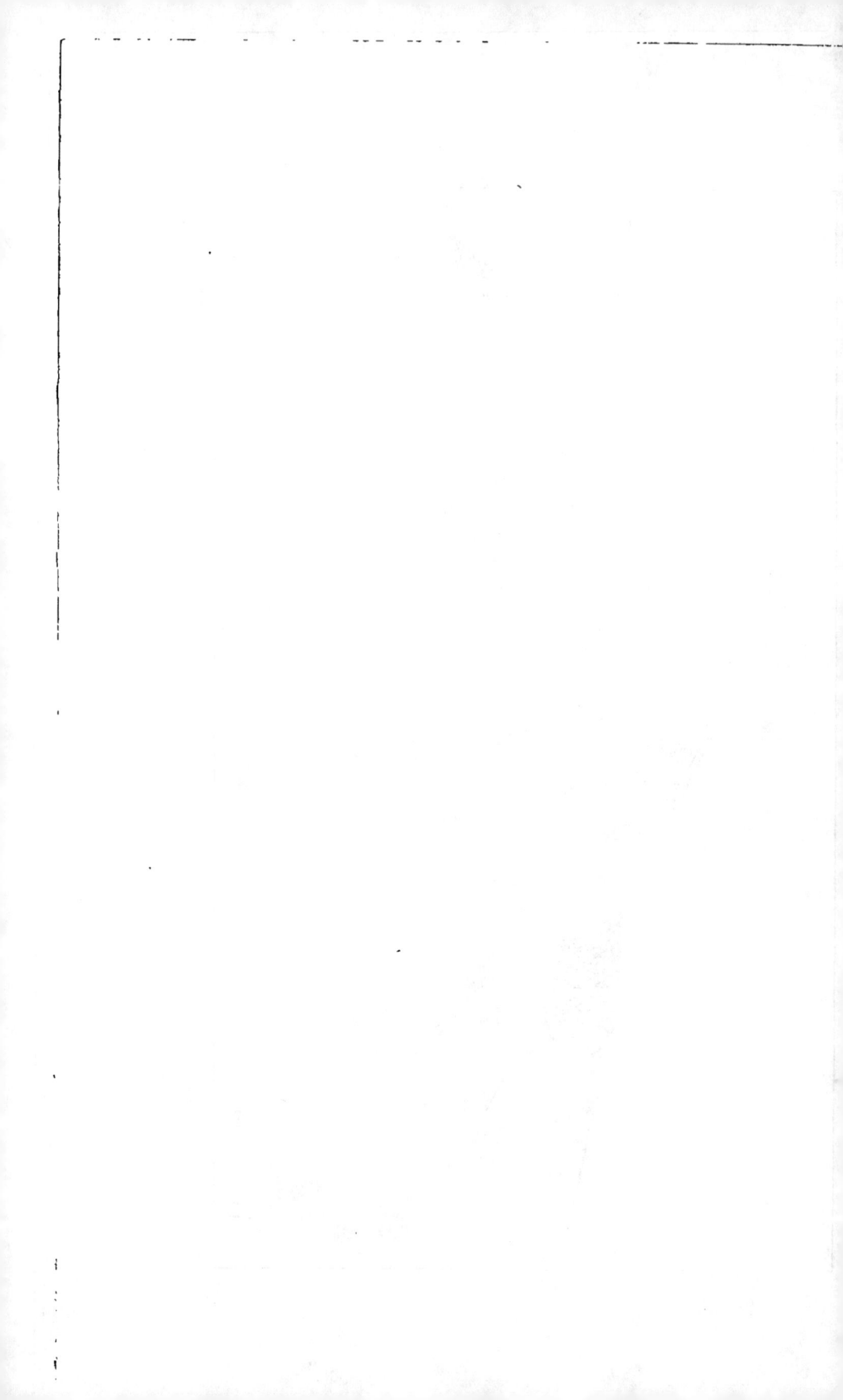

supplémentaire élargit l'extrémité inférieure de l'os, et monte derrière lui en une petite apophyse courte et pointue. La mâchoire inférieure s'abaisse sous la supérieure, en faisant faire un mouvement de bascule aux os de la supérieure, mais dans ce mouvement l'ouverture de la bouche reste toujours petite. Aucune partie de la bouche n'a de dents. La muqueuse de la langue est couverte de villosités fines, mobiles, et les papilles recouvrent aussi les pharyngiens et l'artère de l'œsophage. L'œil est éloigné du bout du museau d'une longueur égale à son diamètre, lequel mesure le quart de la longueur de la tête. L'intervalle qui sépare les deux yeux égale une fois et demie ce diamètre. Un sourcilier peu mobile recouvre cet organe, dont la pupille a en avant ce rétrécissement anguleux dont Artedi a tiré le nom de ce genre. Les osselets sous-orbitaires sont nombreux dans les Corégones. En effet, nous en trouvons un premier étroit, allongé, un peu anguleux du côté de la narine; cette pièce est couchée au-dessus du maxillaire : elle est suivie d'un second petit osselet à peu près rectangulaire, et qui atteint, sous l'œil, à l'aplomb du centre de la pupille; et au delà de ces deux os commence l'arc formé par les autres sous-orbitaires au nombre de huit, mais disposés sur deux rangs. C'est le seul exemple que je connaisse d'une double rangée de sous-orbitaires dans les poissons. Ceux de l'arcade inférieure sont plus grands que les supérieurs. La joue se trouve presque entièrement cuirassée par cette double rangée d'os qui s'appuie jusque sur le limbe du préopercule. Celui-ci est un peu caverneux et a son bord arrondi. Nous voyons derrière lui un opercule trapézoïde qui porte dans son milieu un petit sillon oblique qui semble diviser en deux pièces cet opercule. La suture du bord inférieur est très-fortement marquée avec la réunion du sous-opercule, qui est large et arqué, et enfin un assez grand interopercule forme entre celui-ci et le préopercule une grande pièce triangulaire, en même temps que le corps principal de ce quatrième os operculaire s'engage et se cache presque entièrement sous le bord inférieur du limbe. Les ouïes sont très-largement fendues; le bord membraneux est étroit. Il y a huit rayons à la membrane branchiostège. La dorsale est à peu près au milieu de la longueur du corps, en exceptant la caudale. Elle est pointue, haute de l'avant. L'adipeuse est couchée sur le dos de la queue : elle a quelques petites écailles à sa racine. Les ventrales sont très-larges et répondent à peu près à la moitié de la dorsale. Les pectorales sont un peu plus étroites, mais elles sont plus longues que les nageoires abdominales. L'anale est petite, échancrée; la caudale est fourchue.

B. 8; D. 16 — 0; A. 15; C. 31; P. 16; V. 12.

Tout le corps est couvert d'écailles régulièrement disposées jusque sur le pourtour de la ceinture humérale, mais au-devant toute la partie de la peau qui va se joindre à l'isthme, et qui est recouverte par la membrane branchiostège quand les ouïes sont fermées, est nue. Ces écailles sont petites et leur partie radicale est moins grande que la portion nue. Je n'y vois que des stries concentriques rapprochées. La ligne latérale est marquée par une série de petits traits à peu près par le milieu de la hauteur, et sur des écailles qui ne diffèrent pas beaucoup des autres.

La couleur de ce poisson, conservé dans l'alcool, est un gris perlé à reflets argentés au-dessus de la ligne latérale. Le ventre est blanc avec quelques lignes de reflet, le tout est glacé d'argent. Les nageoires, grises, ont leur extrémité noirâtre.

Les viscères ressemblent beaucoup à ceux des Ombres. Le foie est très-petit : ce n'est qu'un petit lobe arrondi, situé presque en entier dans le côté gauche sous le diaphragme. La vésicule du fiel est grosse, arrondie, assez adhérente au foie et située tout à fait en avant. L'œsophage commence par être assez musculeux : il se rétrécit et ses parois s'amincissent au-dessus de la courbure de l'estomac ou de la branche montante, qui devient épaisse et charnue. L'intestin fait une seule courbure, conserve un diamètre assez large et se rend droit à l'anus. A son origine, le duodénum est entouré d'un nombre considérable de cœcums gros et courts. La rate est allongée, mais étroite. La vessie natatoire est aussi grande que dans les Thymales ; elle occupe plus de la moitié de la cavité abdominale ; elle communique avec l'intestin, dans le haut de l'œsophage, par un large canal.

Le squelette montre que ce poisson n'a pas autant d'arêtes que le Thymale, car celles qui sont insérées à la base des apophyses montantes des vertèbres sont plus courtes, et je n'en vois pas au-dessus des côtes. La colonne vertébrale est composée de soixante vertèbres, dont trente-cinq portent des côtes. Le crâne se rapporte à celui des autres Salmonoïdes par ses grands trous sous-mastoïdiens. Il y a une longue carène sur la ligne médiane et deux autres de chaque côté sur les frontaux principaux.

L'exemplaire qui a servi à ma description est long de quatorze pouces et demi. Il a été rapporté de Genève. Nous en avons reçu d'autres, du lac de Bourget, par M. de Candolle. M. Mayor nous en a envoyé du lac de Zug, M. le D.ᵣ Reisseissen de Strasbourg. Ce poisson avait été pris dans le Rhin, aux environs de cette forteresse. M. Coulon nous en a aussi adressé un petit exemplaire du lac de Neufchâtel.

Si je ne craignais d'introduire de nouveaux noms, j'aurais pu appeler cette espèce *Coregonus Rondeletii*, parce que c'est elle que cet auteur[1] et Belon ont très-probablement désignée dans leur chapitre sur le Lavaret, mais en laissant toutefois de côté les figures. C'est là le poisson que Cuvier a indiqué dans le Règne animal sous le nom de Lavaret, et je l'appelle *Salmo Wartmanni*, Cuvier, parce

1. Rondelet, *De pisc. lacust.*, liv. ch. XVI et XVII, p. 162 et 163.

que notre illustre maître a donné au nom de
Bloch une signification spécifique précise que
l'auteur allemand n'avait pas su atteindre,
puisque sa figure et sa synonymie sont très-
mauvaises.

M. Jurine a comparé avec soin le Lavaret
à la Féra, et il distingue le premier par sa
tête plus petite et plus cunéiforme. Le Lavaret
a le nez mieux prononcé, les tubérosités na-
sales plus apparentes, et la lèvre supérieure
coupée plus carrément; le cou est plus effilé;
les nageoires sont moins grandes; les écailles
sont plus petites et en plus grand nombre.
Les deux poissons ne fraient pas à la même
époque. Le Lavaret dépose ses œufs sur les
bords du lac, et la Féra dans sa profondeur.
Le goût de la chair est aussi différent. M. Jurine dit que les Lavarets meurent si promptement, qu'on a essayé vainement d'en transporter du lac de Bourget dans celui d'Annecy;
ils périssaient avant d'y arriver, quoiqu'on eût
l'attention de renouveler l'eau du tonneau qui
les contenait. Il croit que le Lavaret se trouve
dans le lac de Constance, mais non dans celui
de Zurich. L'adulte est le *Blaufelchen* de la
Suisse allemande, et le jeune âge s'y nomme
Gang-fisch. Il regarde la Palée blanche du lac
de Neufchâtel comme identique au Lavaret,

et les exemplaires de M. Coulon confirment cette observation.

La Féra.

(*Coregonus fera*, Jurine.)

La Féra, qui séjourne pendant toute l'an-née dans le lac de Genève et dont M. Jurine[1] nous a donné une très-bonne figure, est une espèce voisine du Lavaret, mais elle s'en dis-tingue

par un corps plus élevé; car la hauteur n'est que quatre fois et un tiers dans la longueur totale. La tête de la Féra est plus petite que celle du Lavaret. L'intervalle qui sépare les yeux est un peu plus bombé. La dorsale est moins haute; les ventrales sont plus courtes. Les écailles paraissent un peu plus grandes.

B. 8; D. 15; A. 16; C. 31; P. 17; V. 13.

Les couleurs des poissons conservés dans l'eau-de-vie ne paraissent pas différer beaucoup. M. Jurine dit que le dos est d'un gris brun à reflets jaunes mêlés de verdâtre ou de bleuâtre sur les côtés; que les écailles, argentées, sont encadrées d'un léger pointillé noirâtre. Les nageoires prennent, à l'époque du frai, une teinte rose. Le dessus de la tête est jaune verdâtre, pointillé d'un olivâtre que l'âge

---

1. Jurine, Poissons du lac de Genève, pl. 7.

colore de plus en plus. Il faut remarquer que la troncature du nez est la même dans la Féra que dans le Lavaret.

Les viscères de la Féra diffèrent très-peu de ceux du Lavaret, et il en est de même du squelette; car j'y trouve le même nombre de vertèbres, la même absence d'apophyses horizontales aux côtes. Le crâne est cependant un peu différent; la crête moyenne est un peu moins forte et il n'y en a que deux de chaque côté.

La description a été faite d'après des Féras longues de quatorze à quinze pouces, qui ont été envoyés de Genève au Cabinet du Roi par M. de Candolle.

On pêche ce poisson à peu près pendant toute l'année, mais surtout en été. Il se tient ordinairement entre Sécheron et Vézenar, sur un banc de glaise recouvert de cailloux, s'étendant un peu du côté de Genève, et appelé le banc de Travers. Les Corégones qu'on y pêche sont les plus estimées, et aussi les nomme-t-on Féras de Travers.

On en prend aussi beaucoup à Évian. Il y a souvent quatre-vingts barques réunies vers les neuf heures du soir pour les pêcher pendant la nuit, sans lune, car s'il fait clair, la Féra voit le filet et saute par dessus. Ces barques sont montées par quatre hommes vigoureux, qui doivent avec adresse retirer la nappe très-promptement. Une barque peut, dans une bonne pêche, prendre jusqu'à deux cents livres de Féras. On les porte dans toutes les villes, situées sur le lac, dès le matin, car on n'estime dans ces endroits que ce qu'on appelle les Féras de nuit.

C'est un poisson blanc qui ne pèse guère plus de deux à quatre livres; sa chair est délicate, mais si facile à se corrompre, qu'elle ne peut supporter le transport. On la mange fraîche et on ne la sale point.

A ces détails, qui nous ont été communiqués par M. de Candolle, M. Jurine en ajoute d'autres dans l'excellente histoire qu'il a donnée de ce poisson. Il a fait voir que les nombres des rayons varient considérablement dans presque tous les individus, puisqu'il trouve des pectorales qui ont tantôt douze et tantôt dix-huit rayons; les ventrales onze et treize. Il démontre que la Féra appartient essentiellement aux eaux du lac, puisqu'il croit qu'elle n'est pas connue dans le Valais et qu'on n'en prend pas dans les nasses de Genève. Cela me fait penser que le poisson figuré par Duhamel n'est pas, comme je le suppose, une Féra; ce serait alors une mauvaise figure du Lavaret. Cependant je ne puis croire qu'une erreur d'un dessinateur ait conduit à donner un trait si semblable à celui d'un poisson qu'il n'aurait pas eu sous les yeux. Quand la Féra est retirée dans les profondeurs du lac, sa chair est moins bonne. Elle commence à frayer sur les bas-fonds vers le 12 ou le 15 février. Au commencement de juillet les Féras quittent le banc de Travers pour remonter les deux rives du lac; elles alimentent alors la pêche sous Coppet, Morges, Meillerie, etc. Elles sont si délicates qu'on peut à peine les garder un jour en réservoir. Déjà, au bout de quelques heures, leurs yeux commencent à blanchir. Outre la Féra du Travers, on distingue encore le poisson des bas-fonds sous le nom de Féra blanche; celle qui se tient à la surface pour se nourrir de moucherons, sous le nom de Féra verte. Quand les Féras dépassent le poids ordinaire que nous avons indiqué plus haut, qu'elles ont atteint dix-huit pouces de longueur et un poids de six livres, on dit qu'elles rivalisent avec les meilleurs poissons du lac pour la saveur et la délicatesse de la chair.

M. Jurine a fait connaître une maladie singulière de ces Féras, qui consiste dans un développement de tumeurs plus ou moins grosses et irrégulièrement disséminées sous la peau. En disséquant avec précaution, on met à découvert un sac mince et blanc, rempli

d'un liquide semblable à de la crême et qui
n'a ni goût ni odeur. Les chairs environnantes
sont violettes et décomposées; les os sont
complétement mis à nu. M. Jurine a compté
jusqu'à treize tumeurs sur le corps d'un de
ces poissons; les plus grosses étaient du volume
d'une noix. Je m'étonne que le médecin distingué à qui nous devons ces observations,
n'ait pas trouvé dans ces tumeurs des hel-
minthes. Ce que j'ai observé des tubercules
vermineux, si fréquents dans les épiploons du
cheval et dans d'autres mammifères, ressemble
tellement à la description que M. Jurine a
donnée de ces tumeurs, que j'ai tout lieu de
croire que de nouvelles recherches feront dé-
couvrir un *Strongle* ou plusieurs *Spiroptères*,
voisins sans doute du *Spiroptera sanguino-
lenta.*

M. Jurine a essayé de distinguer les différents poissons des lacs de Suisse qui ressemblent à la Féra, et dont la nomenclature est
encore fort incertaine. Nous avons rapporté
plus haut les caractères qu'il assigne au Lavaret. Il dit que la Féra se nomme à Constance
Weissfelchen, et à Zurich *Blauling* ou *Brat-
fisch.*

LA PALÉE.

M.lle Alberti del.

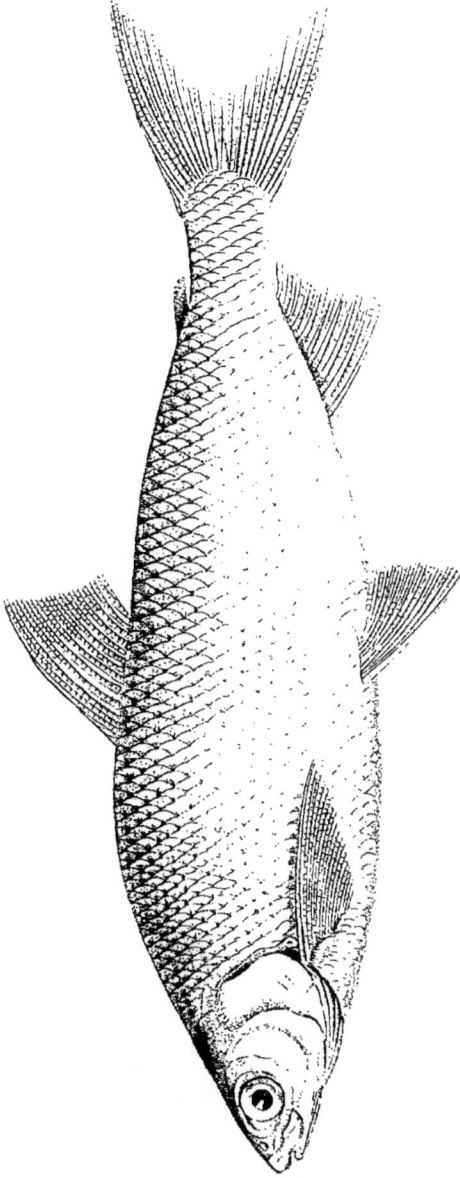

COREGONUS Palea. Cuv.

Annedouche sculp.

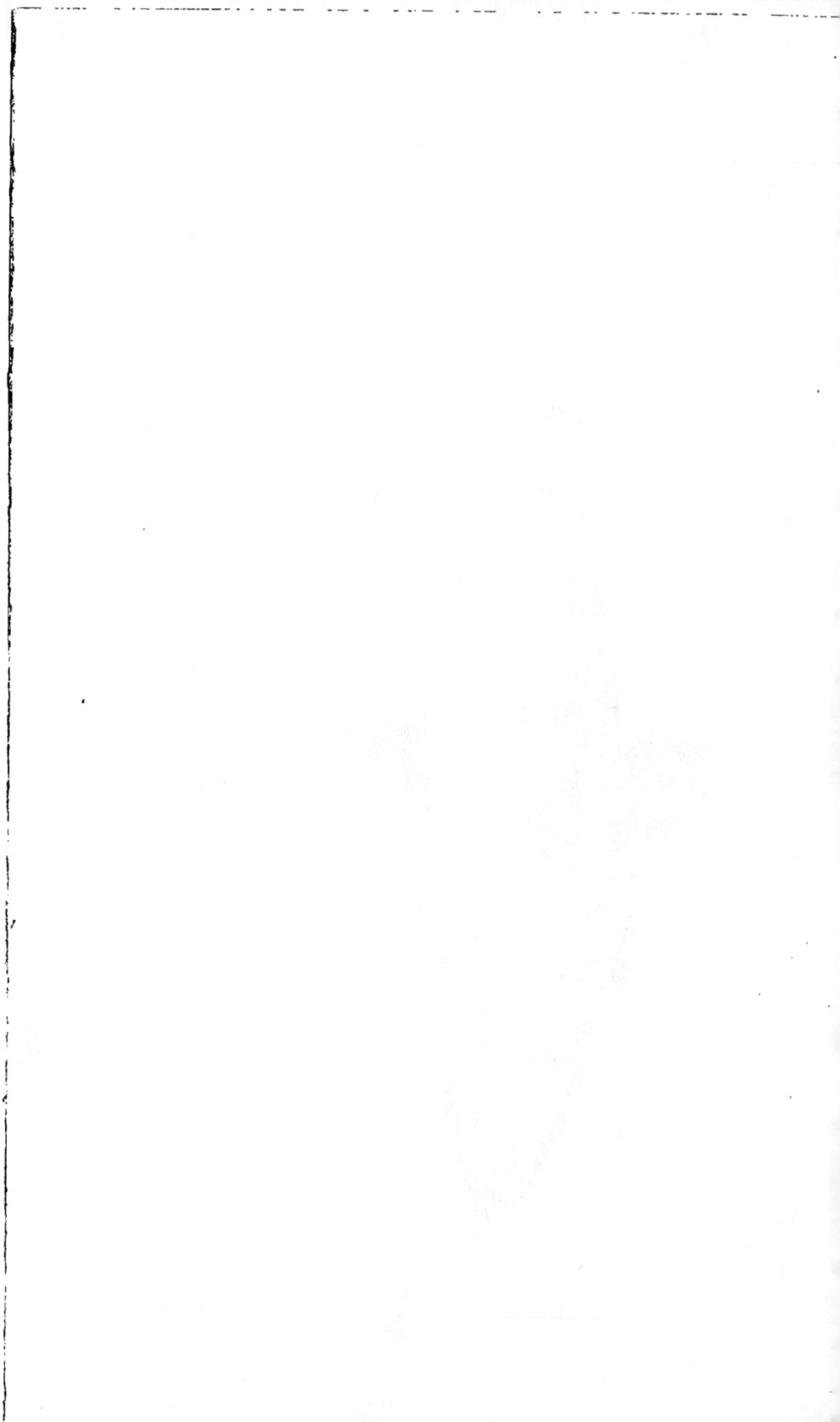

La PALÉE.

(*Coregonus Palea*, Cuv.)

Nous devons aux soins de l'illustre botaniste que nous avons cité plus haut, les Palées
du lac de Neufchâtel. Les poissons que nous
avons reçus sous ce nom, ont une forme assez
différente des Féras du lac de Genève.

Toute la partie du dos comprise entre la nuque
et la dorsale est beaucoup plus soutenue, beaucoup
plus arquée que dans la Féra. La partie du tronc
qui suit la dorsale est plus allongée, d'où il résulte
que malgré la plus grande courbure de la portion
antérieure du dos, la hauteur n'est comprise que
quatre fois et un tiers dans la longueur totale, comme
dans la Féra.

La tête de la Palée est sensiblement plus petite,
du sixième de la longueur totale. Le bord du préopercule descend plus droit; l'interopercule a son
angle postérieur plus aigu. L'extrémité du museau
est un peu plus saillante. Les écailles sont plus
nombreuses et disposées sur les flancs par séries
longitudinales plus distinctes.

B. 8; D. 16 — 0; A. 15; C. 31; P. 16; V. 13.

Nous comptons de quatre-vingt-cinq à quatre-
vingt-dix rangées d'écailles le long des flancs. Enfin
les teintes sont beaucoup plus rembrunies. Les ventrales et l'anale sont presque noires.

Les individus que nous devons à M. de

Candolle sont longs de quinze à seize pouces.
Il dit que cette espèce paraît dans le lac de
Neufchâtel en janvier et en février.

Elle a beaucoup d'analogie avec la Féra et
la Gravenche, car ses formes approchent de
la première espèce, et ses mœurs ressemblent
davantage à celles de la seconde. En effet,
elle habite le fond du lac pendant dix ou onze
mois de l'année, mais au mois de novembre
elle s'approche des bords, et alors on en prend
un grand nombre. Elle aime les fonds caillou-
teux. On la mange fraîche, et on en fait aussi
des salaisons qu'on expédie en Suisse et même
à l'étranger. M. de Lacépède, qui n'a connu
ce poisson que par des notes de Noël de la
Morinière, l'a confondu avec le Lavaret. Le
beau travail publié par M. Vogt sur l'embryologie des Salmones, est le résultat d'observations faites sur les œufs et l'embryon de la
Palée. M. Agassiz a observé que l'on peut en
conserver les œufs dans des vases remplis
d'eau, si on a soin d'agiter de temps en temps
cette eau avec de petites verges. Ce mouvement empêche les œufs de se couvrir d'une
petite mucédinée blanche, dont le développement les fait bientôt périr.

La GRAVENCHE.

(*Coregonus hyemalis*, Jurine.[1])

Le lac de Genève nourrit encore une autre espèce de Corégone voisine des précédentes, mais que les pêcheurs et les gens du pays savent très-bien distinguer sous le nom de Gravenche.

Le poisson me paraît plus arqué que les précédents, parce qu'il a tout le dos régulièrement convexe. Les nageoires pectorales et ventrales sont plus larges que dans les précédents; le museau est un peu plus saillant au-devant de la mâchoire inférieure. Du reste ce sont les mêmes formes; une ressemblance assez frappante existe entre les viscères. Les petites écailles me paraissent ressembler plus à celles du Lavaret qu'à celles de la Féra. C'est surtout la pectorale qui est proportionnellement plus grande que celle de la Féra.

B. 8; D. 15—0; A. 13; C. 34; P. 16; V. 12.

Nous avons examiné six exemplaires de cette espèce qui nous ont été envoyés de Genève par M. de Candolle.

Le Cabinet du Roi en a reçu aussi un exemplaire par M. Temminck, qui l'a donné à M. Cuvier en revenant de Genève.

---

1. Jurine, Poissons du lac de Genève, pl. 8.

Nos exemplaires sont longs de neuf à dix pouces.

Suivant M. Jurine, les individus peuvent atteindre jusqu'à un pied. Il ne me paraît pas très-certain que cet auteur ait suffisamment caractérisé sa Gravenche; je ne serais pas étonné, d'après quelques mots de sa description, s'il avait confondu des Palées avec des poissons de l'espèce actuelle. Comme la Gravenche ne se montre dans le lac que pendant le mois de décembre, et qu'elle disparaît après un court séjour qu'elle a employé pour frayer sur les fonds graveleux du rivage, M. Jurine a donné à cette espèce le nom de *Coregonus hyemalis,* pour la distinguer de la Féra, qui se tient pendant beaucoup plus de temps près de la surface du lac. Cet habile observateur dit que cette saison ne dure pas au delà d'une vingtaine de jours. Les couleurs pâles de la Gravenche lui ont fait donner le nom de Féra blanche, parce que les écailles latérales sont plus argentines que celles des Féras. Les ventrales donnent, quand le poisson est vivant, des reflets irisés très-beaux. Enfin, M. Jurine observe que les rayons de la dorsale se redressent presque perpendiculairement, tandis que ceux de la Féra restent toujours inclinés.

Les Gravenches marchent en troupes, et

on les entend de loin au bruit qu'elles font en ouvrant et en fermant la bouche à fleur d'eau. Elles imitent dans ce mouvement des mâchoires le barbottement des canards. On les attire par la lueur de feux allumés sur le rivage. Lorsqu'on les retire du filet avec précaution, on peut les mettre en réservoir où elles vivent deux mois, si on a soin de renouveler l'eau fréquemment et de la tenir toujours très-claire. Au delà de ce temps les poissons deviennent rougeâtres et ne tardent pas à périr. Elles diffèrent donc beaucoup des Lavarets et des Féras, que l'on ne peut pas garder aussi longtemps en captivité. Leur estomac est rempli de coquillages et de débris de plantes aquatiques. Il est assez curieux que des animaux à canal intestinal aussi court soient herbivores. La chair est plus ferme et moins fade que celle de la Féra.

La MARÈNE.

(*Coregonus marœna*, nob.)

Le poisson, très-célèbre à Berlin sous le nom de *Madui-Marène*, parce qu'il arrive dans cette ville du lac Madui, dans la basse Poméranie, à trois lieues de Stettin, est une Corégone d'une espèce particulière.

Son corps est allongé. Le profil du dos est plus droit que celui du ventre, surtout au delà des ventrales. La hauteur du tronc est comprise quatre fois et quatre cinquièmes dans la longueur totale, et celle de la tête y est environ cinq fois et demie. Le museau est assez saillant au-devant de la bouche : il y a une fois et demie le diamètre de l'œil entre son extrémité et le bord antérieur du globe. Les maxillaires sont plus longs et moins courbés que ceux du Lavaret. Le bord du préopercule descend verticalement. L'interopercule est plus étroit, son angle plus arrondi. La pectorale est courte : elle n'égale pas tout à fait la ventrale, qui est très-large. La dorsale est à peine plus haute que la pectorale n'est longue. La caudale est fourchue. Les écailles sont plus grandes que celles des espèces précédentes. J'en compte quatre-vingt-quatre entre l'ouïe et la caudale.

B. 9; D. 15; A. 15; C. 31; P. 14; V. 12.

La couleur est grise, nuancée de bleu ou de lilas sur le dos et perdue sous l'argenté brillant qui recouvre tout le corps du poisson. La dorsale, l'anale et les ventrales sont rembrunies, les autres nageoires sont grises.

La longueur de l'individu, que le Cabinet du Roi doit à la générosité de M. de Humboldt, est de dix-sept pouces.

L'origine de ce poisson nous donnait déjà la certitude que nous avions sous les yeux le véritable *Salmo marœna* de Bloch[1]. J'ai

---

1. Bloch, *Ichth.*, tab. 27, t. I, p. 130.

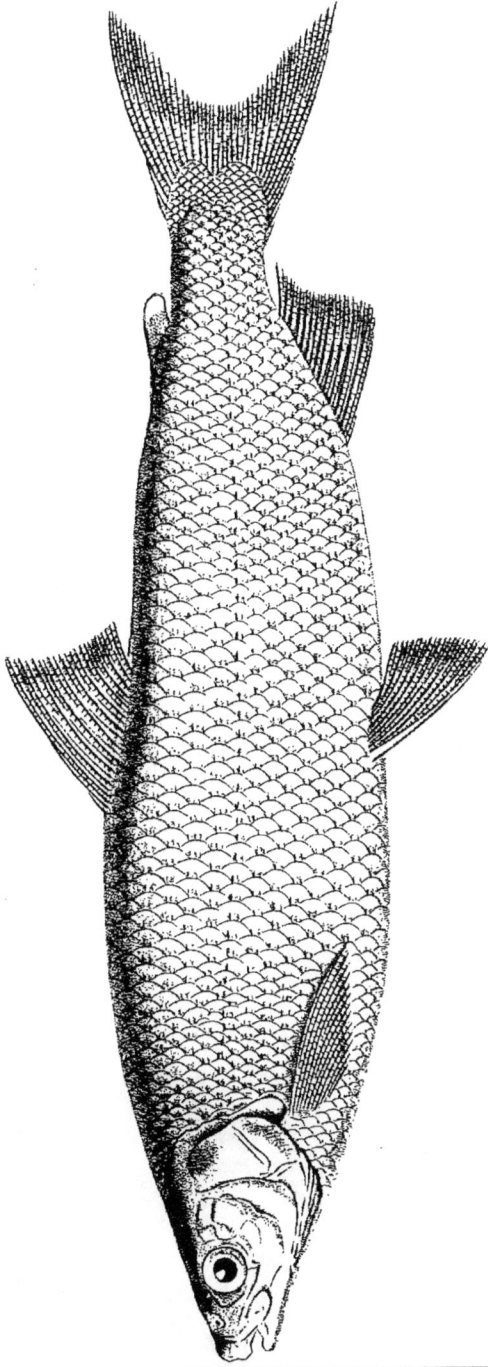

LA MARÈNE.

Dickmann del.

COREGONUS maraena. Cuv.

Annedouche sculp.

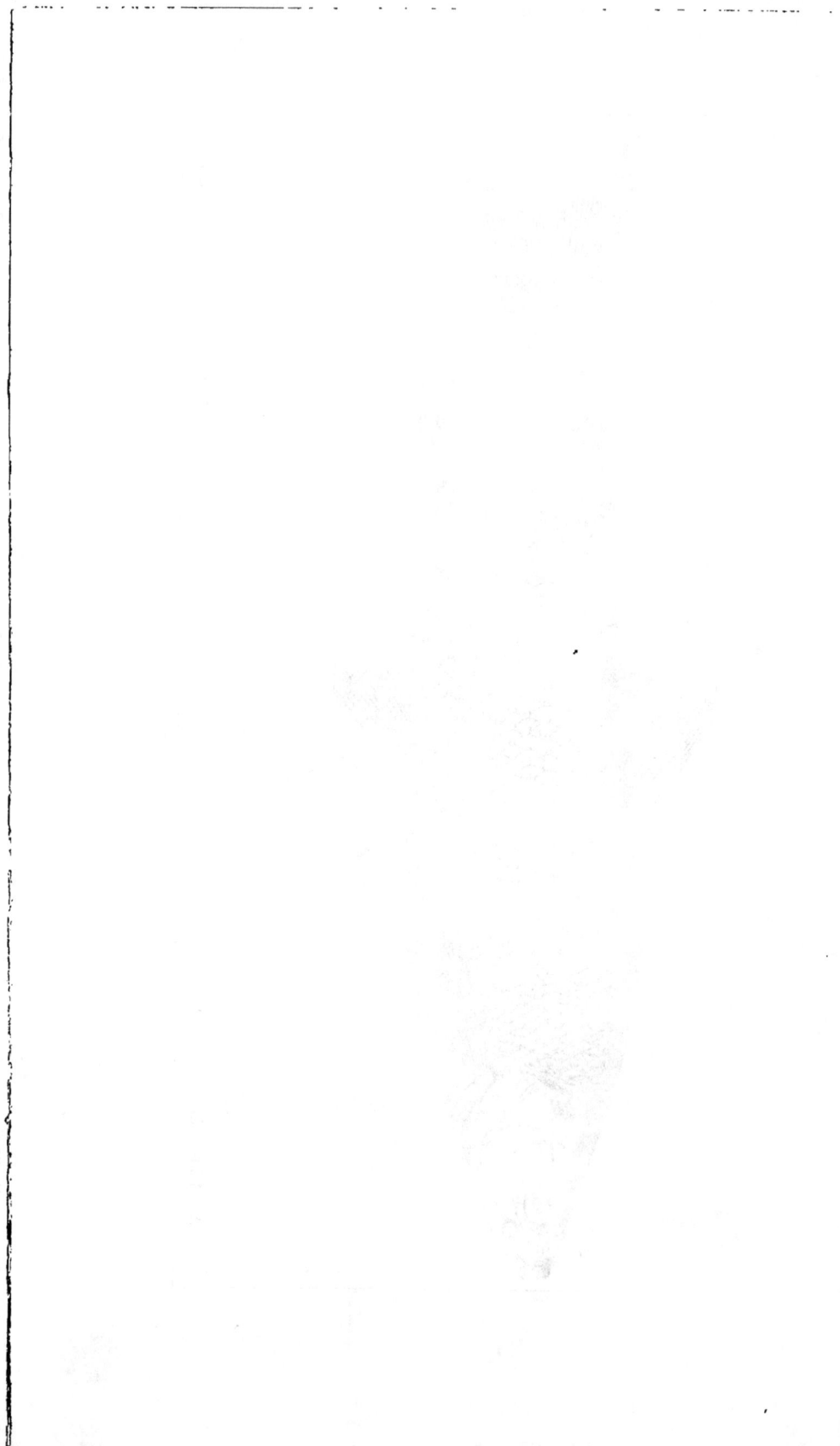

encore une autre preuve de cette détermination, parce que j'ai examiné les individus de Bloch dans la collection de Berlin. La figure de cet auteur n'est cependant pas d'une rigoureuse exactitude. La troncature des lèvres, la saillie du museau et la position des maxillaires ne sont pas très-bien rendues. Bloch a eu raison de regarder cette espèce comme entièrement distincte des Lavarets qu'il tenait de Suisse.

Je n'ai pas besoin de répéter à cet article que les ichthyologistes, comme Hartmann, qui ont cru retrouver en Suisse le *Salmo marœna*, se sont trompés.

Outre le lac que nous venons de citer, il dit qu'on trouve aussi cette Marène dans les lacs d'Hitzdorfer et Callifer.

Il paraît que ce poisson fraie en novembre. La pêche est assez profitable à cette époque. On envoie ces Marènes fort loin, en les enfermant dans de petites boîtes remplies de neige. Quoique ce poisson meure promptement hors de l'eau, on a réussi cependant à le transporter et à le faire vivre dans les étangs voisins.

La Marène de Pallas.

(*Coregonus Pallasii*, nob.)

Nous avons reçu des eaux douces de la

Russie, soit par les soins de M. Gaimard ou
par la générosité de S. A. I. la grande duchesse
Hélène, une Marène très-voisine de la précédente, mais qui s'en distingue

> parce qu'elle a la pectorale plus pointue, les ven-
> trales plus larges, insérées moins en arrière; l'anale
> également plus avancée. Je trouve aussi à ce poisson
> la tête moins pointue; le museau plus court. Les
> écailles me paraissent aussi plus petites.

> D. 15—0; A. 16; C. 31; P. 14; V. 13.

> Je compte cent rangées d'écailles le long des
> flancs.

> Le dos est bleu d'acier; le ventre est argenté, et
> tout le corps est beaucoup plus foncé que celui
> de la Marène.

> Toutes les nageoires sont remarquables par la
> teinte noire prononcée dont elles sont rembrunies.

Les exemplaires qui nous sont venus de
Pétersbourg ont seize pouces.

J'ai retrouvé, dans la collection de Berlin,
une Corégone desséchée et qui a été donnée
par Rudolphi. Elle provenait des poissons de
Pallas. La figure que j'en ai faite et que je
compare au poisson que je viens de décrire
d'après nature, me paraît se rapporter tout
à fait à notre espèce. Mais ce poisson n'a
pas de nom. En cherchant dans le *Fauna
rossica*, je crois que l'on doit rapporter la
description du *Salmo lavaretus* de Pallas à

l'espèce dont nous nous occupons ici. Si cela est, on voit que la synonymie donnée par cet auteur serait établie tout à fait arbitrairement. Ne trouvant pas dans les auteurs d'autre indication de cette espèce de la Russie, je la désignerai sous le nom de *Coregonus Pallasii,* par respect pour la mémoire de ce grand naturaliste.

La CORÉGONE A MUSEAU CONIQUE.

(*Coregonus conorhynchus,* nob.)

Nous avons reçu de Russie une Corégone à museau plus saillant que l'espèce précédente et que la Marène des lacs de Poméranie, de sorte que

la mâchoire inférieure est beaucoup plus recouverte encore par la supérieure que celle des espèces précédentes. Ce poisson a la tête courte : elle est contenue six fois dans la longueur totale. Le dos est arrondi et la ligne du profil assez soutenue. Cette Corégone est à la précédente ce que la Gravenche est à la Féra. La dorsale est pointue; la pectorale est courte et arrondie; la ventrale est large. Les écailles sont nombreuses : il y en a quatre-vingt-huit rangées le long des flancs.

D. 14 — 0; A. 14; C. 31; P. 13; V. 13.

Des lignes dorées sont assez bien conservées sur le dos bleu d'acier de ce poisson. La dorsale est jaune, bordée de noir. L'anale et les pectorales ont aussi un peu de noirâtre. Les ventrales sont blanches.

Notre exemplaire est long de seize pouces et demi. Il a été donné au Cabinet du Roi par S. A. I. la grande-duchesse Hélène.

L'étude que j'ai faite des figures de Bloch, me fait croire que le *Salmo thymalus latus*, planche 26, représente l'espèce actuelle. S'il en était ainsi, on serait bien obligé de convenir que cette figure serait encore plus mauvaise que ne le sont un grand nombre des planches de cette grande ichthyologie. Je n'ose vraiment présenter ce rapprochement qu'avec la plus grande incertitude.

M. Cuvier a pensé que ce *S. thymalus latus* de Bloch pouvait être une variété du *S. oxyrhynchus* de Linné au temps du frai. La forme de la tête me paraît tellement différer de celle de notre Oxyrhynque que je n'ose croire à cette supposition. Mais il n'y a nul doute que l'espèce dont nous nous occupons ici ne nous conduise au *Salmo oxyrhynchus*.

Je n'hésite pas à reconnaître dans ce poisson le *Salmo oxyrhynchus* de Pallas. La description des couleurs et surtout des ventrales blanches et des pectorales cendrées lui convient parfaitement. Si notre détermination est juste, ce poisson, très-savoureux, à chair

ferme, blanche, est très-abondant dans les
eaux inférieures du Ieniséï et de tous ses
affluents, surtout à Angora. Il l'est aussi dans
le lac Madschar des monts saganiens, et aussi
dans le grand lac Baïkal. On le voit encore
dans la Léna, dans les lacs des plages arctiques, mais point dans l'Océan ni au delà de
l'Obi. A l'époque du frai, qui a lieu près du
Baïkal vers le mois d'août, tout le corps se
couvre d'exanthèmes blancs comme plusieurs
de nos cyprins. On trouve cette corégone dans
tous les fleuves, les torrents et les ruisseaux
de la Daourie, et elle reste pendant toute
l'année dans les profondeurs du fleuve Bargu-
sin. Elle atteint, dans le Baïkal, jusqu'à quinze
livres; on en prend communément du poids
de cinq à six. Pallas a trouvé dans un de ces
poissons des cas d'hermaphroditisme.

On ne peut pas conserver à cette espèce
le nom d'*Oxyrhynchus*, puisque Linné l'avait
donné à une des Corégones, commune dans la
Baltique et dans la mer du Nord. C'est pour
cela que nous changeons ce nom en celui
que nous adoptons, et qui reproduit assez
bien l'idée de Pallas.

La Corégone a petite bouche.

(*Coregonus microstomus*, Pallas.)

Pallas[1] a indiqué, par une très-courte description, cette espèce remarquable par la petitesse de sa bouche et dont les nageoires
inférieures sont rougeâtres. Il l'a trouvée très-
semblable d'ailleurs à son *Salmo oxyrhynchus*; elle en différait, non-seulement

> par sa bouche plus petite, mais par un museau
> moins prolongé et par un corps plus arrondi. Les
> écailles sont plus grandes. La dorsale et l'anale ont
> dix rayons. La couleur, pâle, a de beaux reflets
> d'argent.

Cette espèce remonte de la mer dans les
fleuves qui se rendent dans la Léna vers
l'Orient, et seulement au-dessous de l'embouchure du Kiringa. Elle est aussi commune
dans les eaux du Kamtschatka. Les Russes de
la Sibérie orientale l'appellent *Walok*, à cause
de son corps cylindrique. Pallas indique d'autres noms encore.

Le Houting

(*Coregonus oxyrhynchus*, nob.)

est une espèce de Corégone qui se distingue
de la Marène et des espèces voisines

---

1. *Faun. rosso-asiat.*, p. 405, n.° 277.

LE HOUTING.

M.lle Uberti del.

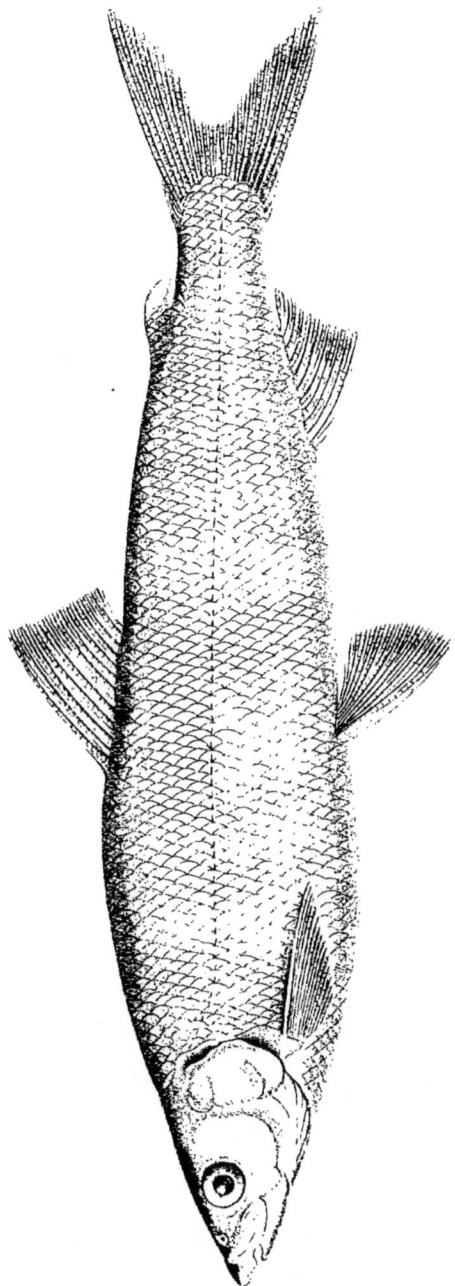

CORÉGONUS Oxyrhynchus. Cuv.

Anardouche sculp.

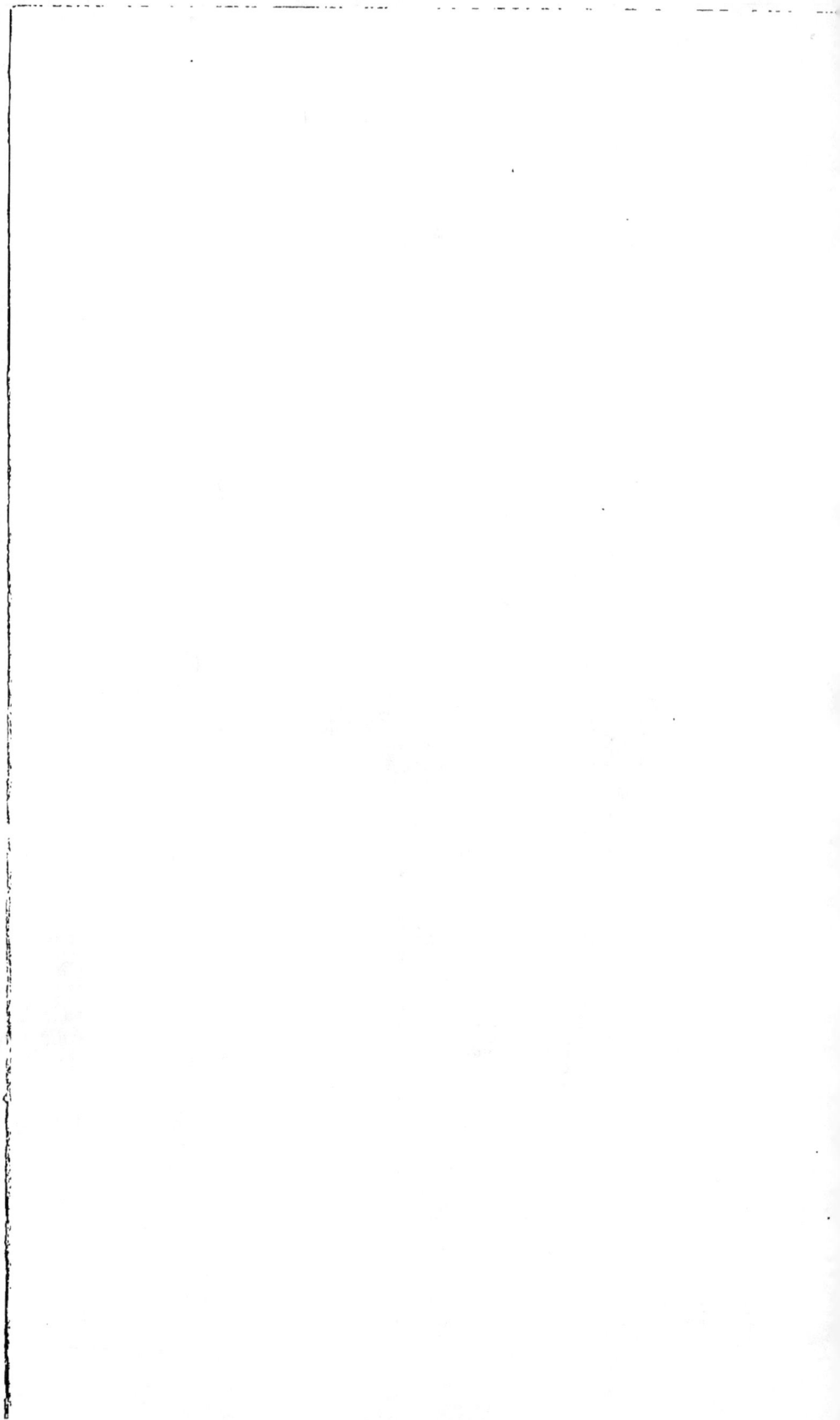

par le prolongement de son museau conique, ter-
miné en une pointe assez aiguë et qui dépasse de
beaucoup l'ouverture de la bouche. L'os complé-
mentaire du maxillaire forme un petit triangle plus
large que ceux des espèces précédentes. La tête est
petite, étroite et un peu plus courte que la hauteur
du tronc, laquelle est comprise quatre fois et un
peu plus de deux tiers dans la longueur totale. La
dorsale est de grandeur moyenne. La pectorale est
courte et pointue; la ventrale est courte, mais assez
large; la caudale est fourchue.

D. 14 — 0; A. 14; C. 31; P. 16; V. 13.

Les écailles sont de grandeur ordinaire : on en
compte soixante-seize le long des flancs. La courbure du ventre est un peu plus soutenue que celle
du dos. La couleur, un peu verdâtre, devient blanche sur les flancs et sur toutes les parties inférieures.
Il y a un peu de noirâtre aux nageoires, excepté
aux pectorales.

Tel est ce poisson, commun dans les mers
du Nord, mais qui ne s'avance pas jusque dans
la Manche. Il entre dans la Meuse, dans le
Waal, dans le Rhin et sur les grands affluents
septentrionaux de la mer du Nord. On le
prend quelquefois en assez grande abondance
à Rotterdam, pour que les individus achetés
pour la nourriture des passagers sur les bateaux à vapeur entre Rotterdam et les villes
du littoral de la France, soient laissés sur ces

places et apportés de temps à autre par les
courriers sur les marchés de Paris. J'en ai
acheté des exemplaires longs de quatorze
pouces : j'ai pu en faire l'anatomie. La splanchnologie ne diffère pas de celle des autres marènes. On ne voit sur le squelette aucune trace
de la saillie du museau ; les côtes et les apophyses horizontales des vertèbres ressemblent
à celles des marènes ; les trous susmastoïdiens
sont très-petits ; le dessus du crâne a cinq carènes, dont les deux externes ne forment plus
qu'une légère crête au-dessus de l'orbite. Je
compte à la colonne vertébrale cinquante-
quatre vertèbres, dont les deux tiers portent
des côtes.

Outre ces exemplaires, le Cabinet du Roi
en possède d'autres qui nous ont été donnés
par M. Temminck, directeur du Musée royal
de Leyde. L'espèce entre aussi dans le lac de
Harlem. Je m'en suis procuré un, originaire
de ces eaux, pendant mon séjour à Amsterdam
en 1824.

Ce nom de *Hauting* ou de *Houting* est très-
probablement une corruption du mot *Whi-
ting* que les pêcheurs donnent à tous les poissons blancs de mer ou d'eau douce.

Artedi, et avant lui Rondelet, ont connu
ce poisson sous sa dénomination vulgaire. Le

peu de mots que Rondelet dit sur la forme
du museau, sur la couleur noirâtre et sur la
petitesse des écailles, me prouvent qu'il avait
vu ce poisson qu'il dit commun à Anvers, et
très-connu sous le nom de *Hautin;* mais il
ajoute qu'il a trois nageoires sur le dos, éloignées l'une de l'autre à des intervalles inégaux.
Je ne sais comment expliquer cette singulière
erreur; est-ce, comme le suppose M. Cuvier,
parce que l'ichthyologiste de Montpellier aurait reçu une mauvaise figure de ce poisson?
Est-ce, parce que l'auteur aurait vu un individu monstrueux? Il est difficile aujourd'hui
de le décider; mais ce dont on ne peut
douter quand on a observé la nature, c'est
que Rondelet n'a examiné le poisson dont
nous parlons.

Sa figure a été reproduite par Gesner, par
Willughby, et tous ces auteurs l'ont donnée
comme l'Oxyrhynque de Rondelet, qui ne
pensait pas retrouver dans ce poisson les Oxy-
rhynques des anciens.

M. de Lacépède n'a pas moins tiré de ce
chapitre l'article de son genre *Triptéronote,*
qui doit être évidemment réformé, et en
même temps il reproduisait la même espèce
parmi ses Corégones, en employant les documents de Linné.

Nous avons déjà dit que Schönevelde avait appliqué à ce poisson le nom d'*Albula nobilis,* donné par Gesner à une autre Corégone. Artedi, employant différemment ces deux matériaux semblables, quoique puisés dans deux auteurs, a mentionné, dans sa Synonymie, deux fois le *Houting;* une première, d'après Schönevelde, comme une variété du Lavaret, et une seconde fois, d'après Rondelet, pour former sa quatrième espèce de Corégone, qui est devenue, à la dixième édition du *Systema naturæ,* le *Salmo oxyrhynchus.*

Bloch a donné une très-mauvaise figure de cette espèce, en la confondant de la manière la plus étrange avec le *Salmo lavaretus,* fort mal déterminé avant M. Cuvier, et en mettant sous elle une synonymie composée des êtres les plus divers. Son histoire est un mélange d'emprunts faits aux différents auteurs qui ont traité, soit du *Salmo oxyrhynchus,* soit d'autres Corégones.

Je vois que cette espèce se porte assez haut vers le Nord, puisqu'elle est citée dans le Prodrome de l'Ichthyologie scandinave de M. Nilsson[1]. On en prend deux variétés; l'une, noirâtre, à museau plus court, vient du lac

---

1. Nilsson, *Prod. icht. Scand.,* p. 14.

Mälarn, et se vend en abondance sur les marchés de Holm, dans les mois d'octobre et de novembre ; l'autre, plus pâle, à museau plus long, vient du lac Wenern : on l'appelle *Näbbsik*. Celle-ci fraie au mois d'octobre.

Le TSCHIR.

(*Coregonus nasutus*, nob.)

M. Ehrenberg nous a donné un des exemplaires de la Marène, qu'il a prise dans l'Irtisch, pendant le voyage où il a accompagné M. de Humboldt.

C'est de toutes les espèces, celle dont la mâchoire supérieure, quoique tronquée, est la moins épaisse. Le maxillaire est étroit ; sa pièce supplémentaire est assez haute et assez libre. Les deux mâchoires sont égales. Le corps est plus haut qu'aucune des autres espèces. La hauteur du tronc, mesurée sur la dorsale, égale ou surpasse le quart de la longueur totale. La tête est courte : elle ne mesure que les deux tiers de cette hauteur. La pectorale est arrondie et moins longue que celle de la précédente. La dorsale et l'anale ont leurs derniers rayons plus bas.

D. 14 ; A. 17 ; C. 31 ; P. 15 ; V. 12.

Les écailles sont beaucoup plus grandes que dans l'espèce précédente. Le dos est d'un bleu grisâtre ; le ventre est argenté ; il y a des lignes grises longitudinales qui se voient par reflets. Je vois du noir aux ventrales et à l'anale ; du noirâtre à l'extrémité

de la dorsale. Les pectorales et la caudale me paraissent aussi pâles que celles de la Marène.

Le *Salmo nasutus* de Pallas me paraît ressembler plus que toute autre à la corégone
que je viens de décrire. Cet auteur indique
que ce poisson de la Sibérie est très-commun
dans l'Obi et dans ses affluents; mais on lui a
rapporté que, dans les golfes et dans les lacs
voisins des rivages de l'Océan arctique, l'espèce
existe en beaucoup plus grande abondance.
Pallas donne les différents noms de ce poisson
dans le dialecte de ces peuples septentrionaux.

Lepechin a donné une figure de cette espèce
qui nous aide dans cette détermination; il l'a
publiée sous le nom de *Tschir*.

Le Muksun.

(*Coregonus muksun*, nob.)

Après ces espèces, qui avoisinent plus ou
moins le Lavaret, nous en trouvons une dans
les eaux douces de la Russie qui s'en dintingue
par son corps plus arrondi, plus allongé; par sa
longue tête; par la grandeur de son œil. La hauteur
est cinq fois et demie dans la longueur totale; l'é-
paisseur surpasse la moitié de cette hauteur. La tête
est un peu plus longue que le cinquième du corps
entier. L'œil est gros et saillant; le diamètre de l'orbite entame la ligne du profil : il est le quart de la

longueur de la tête. La longueur du museau au-
devant de l'œil égale ce diamètre; il en est de même
de l'intervalle qui sépare les deux yeux. La pectorale
est pointue. La dorsale est petite; l'anale l'est davantage; la caudale est fourchue.

D. 13; A. 14; C. 31; P. 17; V. 12.

Les écailles sont petites et imbriquées de manière
à avoir la forme de petites losanges placées à la suite
l'une de l'autre comme des mosaïques. Je compte
quatre-vingt-quinze écailles dans la longueur. La
ligne latérale est très-fortement marquée par de
petits tubercules relevés et obliques sur les écailles.
Tout le dos, bleu d'acier, est très-rembruni vers le
haut. Au-dessous de la ligne latérale un argenté
bleuâtre colore les flancs; le ventre est tout blanc.
La dorsale et la caudale sont grises; les autres nageoires sont blanchâtres.

La longueur de nos individus est de quatorze pouces. Ils faisaient partie de la belle
collection qui a été envoyée par la grande-
duchesse Hélène.

Ces espèces commencent à nous conduire
à celles qui ont la mâchoire inférieure plus
avancée que la supérieure; car, déjà dans ce
poisson cette mâchoire paraît plus longue lorsqu'elle est abaissée.

Il ne serait pas impossible que nous n'ayons
sous les yeux le *Salmo Muksun* de Pallas; car
c'est une espèce qui, avec les formes que nous

venons de décrire, a le dos rembruni sous une
teinte générale argentée. Si cela est, ce Muksun de la Sibérie, que les Samoyèdes et les
Tartares désignent aussi sous les noms rapportés par Pallas, manque au Iéniséï, mais on
le transporte de l'Obi pendant l'hiver, après
l'avoir durci dans la glace. Cette corégone
remonte à l'automne en grandes troupes de
la mer glaciale dans tous les fleuves de la
Sibérie; on la croit aussi des fleuves qui se
jettent dans la mer Blanche; mais elle ne
paraît pas exister dans la mer Baltique.

La Corégone de Reisinger.

(*Coregonus Reisingeri*, nob.)

Nous avons reçu de Vienne une Corégone
du Danube voisine de cette espèce, mais qui
en est cependant différent.

Ce poisson, très-bien préparé, a le corps assez
arrondi. La hauteur est cinq fois et quelque chose
dans la longueur totale. La tête est plus courte que
cette hauteur. Il se distingue encore du précédent
par la brièveté de la pectorale et en général de
toutes ses nageoires.

D. 14; A. 12; C. 31; P. 16; V. 13.

Les écailles sont à peu près aussi petites que
celles de l'espèce précédente, puisque j'en compte
quatre-vingt-douze le long des côtés.

La couleur est plombée sur le dos; blanche, argentée sous le ventre. Toutes les nageoires sont
noirâtres.

Cet individu est long de dix pouces : il a
été envoyé du Danube par M. Schreibers.

C'est peut-être là l'espèce que M. Reisinger
a indiquée dans son Ichthyologie, en la considérant comme le *Salmo marœna* de Gmelin
ou de Bloch. Son poisson a en effet les nageoires bleues, bordées de noir; l'adipeuse noirâtre; les écailles à reflets argentés, rembruni
sur le dos, d'un bleu jaunâtre sur les côtés et
blanc en dessous. Cette Corégone, originaire
des lacs profonds de la Hongrie, fraie en
novembre.

Je ne suis pas très-sûr de l'exactitude de
ma détermination ; mais ce qui me paraît certain, c'est que l'auteur que je cite n'a pas décrit le *Salmo marœna* de Bloch.

La Corégone de Nilsson.

(*Coregonus Nilssoni,* nob.)

Nous avons reçu de Suède et de Norwége
une petite Corégone propre aux contrées septentrionales de l'Europe qui est voisine des
précédentes, mais qui s'en distingue

par son corps plus comprimé; par sa tête pointue;

21.   32

le museau est tronqué, un peu moins obtus que celui du Lavaret, mais plus haut que celui de l'espèce précédente. La tête, étroite et allongée, est comprise cinq fois et demie dans la longueur totale. La dorsale et l'anale sont basses; les pectorales sont pointues; les ventrales sont moins développées que celles des précédentes. Sans l'adipeuse, on prendrait ce poisson pour un hareng, quoique la bouche soit faite tout différemment.

D. 15; A. 15; C. 31; V. 12; P. 14.

Le dos est bleu d'acier; les côtés argentés. Il y a du noirâtre aux ventrales, à l'anale et à la caudale. La dorsale est grise, les pectorales sont blanches.

M. de Mertens nous a donné une collection assez complète des individus de cette espèce, en réunissant les trois âges de cette corégone, et en nous faisant connaître les noms qu'elle reçoit en Suède à ces trois époques de la vie. Les individus de quatre à cinq pouces sont appelés *Seolen* ou *Gang-fische;* ceux de sept pouces *Renken,* et ceux de neuf à dix *Blaufelchen.*

Nous devons aussi à M. Nilsson la possession d'individus adultes de cette espèce; cela nous a fait reconnaître le *Coregonus lavaretus* de cet auteur qu'il avait, avec assez de raison, comparé au *Salmo Wartmanni* de Bloch. L'ichthyologiste suédois dit qu'on ne trouve ces salmonoïdes que dans le lac Bolmen au mois de décembre; mais il y en a des variétés plus petites dans des lacs de Smalande, où l'espèce ne fraie qu'au mois d'octobre.

Je crois avoir observé dans le Cabinet de Berlin un poisson de cette espèce; car le dessin que j'en ai fait, ressemble parfaitement aux individus que j'ai sous les yeux. Bloch l'avait confondu avec son *Salmo Wartmanni :* il était ainsi étiqueté par lui.

Le SYROK.

(*Coregonus Syrok,* nob.)

L'espèce que je désigne ici d'après Pallas, doit être voisine de la précédente, si elle n'est pas la même. Voici ce que l'on peut extraire de la description du célèbre ouvrage sur la Faune de la Russie.

Le Syrok est un poisson qui a la forme d'un Cyprin; la bouche plus ouverte que celle du *Salmo polcur;* la mâchoire inférieure plus courte que la supérieure quand la bouche est fermée, mais elle est un peu plus longue si la bouche est ouverte. Les écailles sont un peu plus petites que celles du Lavaret de Pallas; la couleur, argentée, est bleuâtre au-dessous de la ligne latérale et rembrunie vers le dos. Les nageoires sont brunes; la dorsale et la ventrale, un peu plus foncées, deviennent presque noires.

Ces poissons ont un pied de long. Pallas a cru qu'il avait sous les yeux le *Salmo vimba* de Linné; mais celui-ci, d'après le témoignage de M. Nilsson, appartient à un autre groupe; car dans l'espèce de Linné la mâchoire inférieure est plus longue que la supérieure et remonte au-devant d'elle: voilà pourquoi je n'ai pas adopté la dénomination sous laquelle cette espèce a été décrite dans la Faune russe. Pallas dit que c'est le Syrok des Russes établis en Sibérie. Il donne aussi des noms dans les dialectes tongous et samoyèdes.

Ce Syrok se trouve dans l'Obi et dans les autres fleuves de la Sibérie orientale qui se rendent à l'Océan arctique. Il est également commun à Petchora et dans les lacs de la plage arctique; on dit même qu'il remonte jusqu'au lac Baïkal.

Le Sik.

(*Coregonus sikus*, nob.)

Nous avons reçu par les soins des naturalistes de l'expédition de la Recherche une Corégone, que l'on prendrait, sans un examen attentif, pour la même espèce que la Corégone de Nilsson,

mais elle s'en distingue par une tête beaucoup plus petite, comprise cinq fois et demie dans la longueur

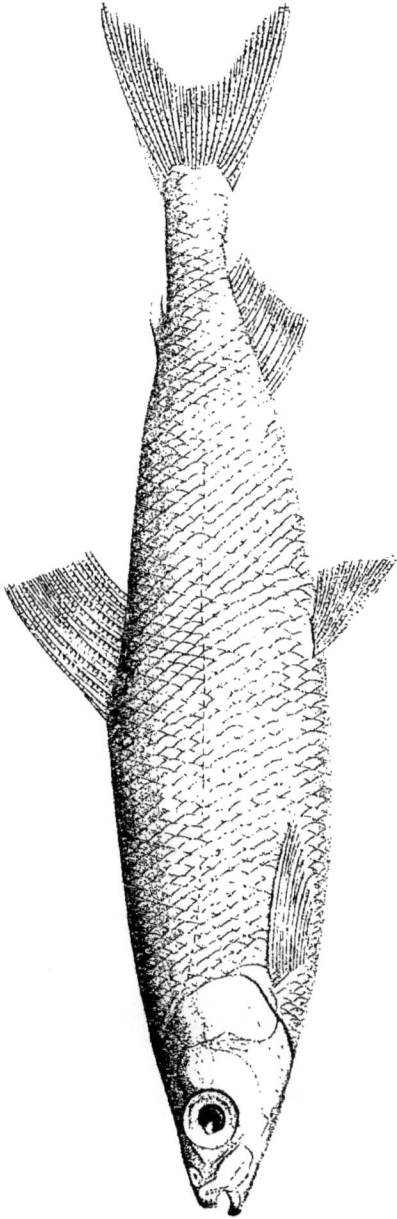

CORÉGONE de Nilsson.

CORÉGONUS Nilssoni. Val.

totale, parce qu'elle a le corps beaucoup plus raccourci. Un autre caractère, qui sert aussi à la faire
reconnaître, consiste dans la largeur du sous-opercule. Il faut avouer d'ailleurs que ces deux poissons
sont aussi voisins l'un de l'autre que plusieurs espèces d'Ables; il faut donc beaucoup d'attention
pour arriver à les reconnaître. Celle dont je m'occupe dans cet article a la pectorale plus courte; le
museau plus épais et tronqué plus obliquement. Il
y a à peu près les mêmes différences entre ces deux
poissons, qu'entre le Lavaret du lac du Bourget et
la Féra du lac de Genève.

Nous avons trouvé aussi des exemplaires
de cette espèce dans les collections faites au
cap Nord, par M. Noël de la Morinière. Les
exemplaires que nous devons à ce collecteur
sont plus grands que les précédents : ils ont
de douze à quatorze pouces de long.

Cette espèce a été figurée par Ascanius,
tab. 30; il a cru que c'était la même que le
Lavaret du lac du Bourget, et il l'a cru aussi
de la même espèce que les Corégones d'Angleterre. Ce sont toutes ces confusions qui ont
empêché de déterminer ces diverses espèces.
Celle-ci, des lacs alpins de la Norwége, y est
connue sous le nom de *Sik* ou de *Helt*. On la
voit aussi descendre les fleuves jusqu'à leurs
embouchures. On la trouve dans le Nid, près
d'Arendahl. Elle fraie dans les trois derniers

mois de l'année, et alors le mâle a les écailles
hérissées de tubercules pointus, qui disparaissent ensuite; il paraîtrait même qu'il y aurait
une sorte d'accouplement entre les deux sexes
de ce poisson. Non-seulement Ascanius a confondu son espèce avec le Lavaret de France
ou le Gwyniad, qui sont des poissons du
même genre, mais encore avec la Vandoise,
qui est un Cyprin. Il-est possible que cette
espèce ait été prise par M. Nilsson pour le
Coregonus fera. J'avoue cependant que cette
détermination me paraît aussi incertaine que
celle du *Coregonus lavaretus* de cet auteur.

Le Pollan.

(*Coregonus Pollan,* Thompson.)

M. Thompson m'a envoyé de Loug-Neagh,
en Irlande, la Corégone pollan. C'est une espèce très-voisine de celle d'Ascanius.

Elle a cependant la tête encore plus petite; les
deux mâchoires beaucoup plus égales; la troncature
du nez moins haute; les pectorales et les ventrales
courtes, arrondies; la dorsale basse et à peu près
ronde; les écailles sont de grandeur médiocre: on
en compte quatre-vingts le long des flancs.

D. 14 — 0; A. 11; C. 31; P. 14; V. 11.

Le dos est plombé; le ventre est blanc. Je ne
vois pas de noirâtre aux nageoires.

J'avoue que j'ai quelque peine à reconnaître ce poisson dans la figure du Pollan, mise par M. Yarrell en tête de sa description. Mais, puisque je dois à M. Thompson, de Belfath, un individu étiqueté de sa main, je dois regarder ma détermination comme exacte.

Les ichthyologistes anglais sont d'accord pour distinguer ce poisson du Gwyniad. M. Thompson a reconnu, que la première mention de ce poisson est faite dans l'Histoire du comté de Down, par Harris, publiée en 1744. On le voit s'approcher du rivage en grandes bandes pendant le printemps, l'été et même une partie de l'automne. Vers le mois de septembre on le prend par bandes innombrables, puisque des coups de filet ont amené plus de dix-sept mille individus. On lui compte cinquante-neuf vertèbres.

Le POWAN.

(*Coregonus Cepedii*, Parnell.)

Le docteur Parnell, qui s'est beaucoup occupé de l'Ichthyologie de l'Écosse, a distingué, sous le nom de *Coregonus Cepedii,*

ce poisson, du lac Lhomond, l'un des plus grands et des plus pittoresques lacs de l'ouest de l'Écosse. En le croyant différent des espèces des lacs du nord

de l'Angleterre, de l'Écosse ou de l'Irlande, les ichthyologistes anglais ont pensé qu'il pouvait exister
dans les lacs de Scandinavie, mais cependant ils
n'ont rien déterminé de précis à cet égard. L'espèce
décrite par le docteur Parnell a la tête longue et
étroite ; la couleur du dos et des côtés est d'un bleu
foncé avec un assez grand nombre de points sur
le bord de chaque écaille. La portion inférieure de
la dorsale, ainsi que les nageoires paires et l'anale,
sont d'un gris bleuâtre assez rembruni. L'auteur
ajoute qu'il y a des dents à la mâchoire supérieure,
et qu'il y en a de plus courtes et de plus nombreuses
sur la langue. Mais je me demande s'il n'a pas pris les
papilles de ces organes pour des dents ; car la figure
que M. Yarrell a donné de ce Povan me paraît le
rapprocher de toutes ces Corégones sans dents, et
je ne vois pas que cet habile ichthyologiste les ait
fait dessiner dans les vignettes qui représentent la
bouche de grandeur naturelle. Les yeux sont grands ;
les écailles tombent facilement.

Ce poisson atteint communément une longueur de seize pouces. On les pêche en grand
nombre dans le loch Lhomond, où on les appelle *Powan* ou harengs d'eau douce, *Fresh
Water Herring.*

J'ai retrouvé, dans les papiers de M. de
Lacépède, la description originale que Noël
de la Morinière lui communiqua, et d'après
laquelle cet illustre zoologiste a établi sa Corégone clupéoïde. Noël, qui a connu le *Fresh*

Water Herring, écrit aussi, pour nom vulgaire, *Span* ou *Pollock.* Il s'était rendu au
loch·Lhomond pour y connaître ces pré-
tendus harengs de mer, naturalisés dans l'eau
douce. La description qu'il a faite est un peu
vague, comme celles de son époque, et surtout quand l'auteur ne connaissait pas l'anatomie ou l'ostéologie des poissons. Mais, comme
il dit très-positivement que la bouche est
dépourvue de dents, je crois, jusqu'à plus
amples renseignements, devoir laisser le Powan de Parnell dans le genre des Corégones,
et ce Powan serait bien, en effet, la Corégone
clupéoïde de M. de Lacépède[1]. Comme cet
ichthyologiste n'a pas eu connaissance du *Salmo clupeoides* de Pallas, qui est aussi une
Corégone, il n'y a pas double emploi spécifique; mais nous ne pouvons qu'approuver
l'auteur anglais d'avoir fixé davantage le nom
de cette espèce, en la dédiant à l'un de nos
illustres maîtres.

Ce Powan se nourrit de petits entomos-
tracés, de larves d'insectes et de petits coléop-
tères, ainsi que de larves de phrygane.

Les espèces de Scandinavie que j'ai examinées me font penser que ce *Coregonus Cepedii* n'a pas encore été observé sur le continent.

---

1. Lacép., Suppl., t. V, p. 698.

Le Polcur.

(*Coregonus Polcur*, nob.)

Enfin, nous avons encore à décrire une espèce de Russie, remarquable par la saillie de son museau.

Il est beaucoup plus allongé que celui de la Marène de Berlin, de sorte que la bouche est fendue autant en dessous que celle du Hautin. Ce beau poisson a la tête presque aussi longue que le corps est haut : elle est contenue cinq fois dans la longueur totale; l'œil est éloigné du bout du museau d'une fois et demie le diamètre. La pectorale est petite et courte; la ventrale est large; l'anale basse; la caudale fourchue.

D. 12; A. 15; C. 31; P. 15; V. 11.

Il y a quatre-vingt-neuf rangées d'écailles le long des flancs. Je vois du noir aux ventrales et à l'anale; les trois autres nageoires sont grises.

Nous avons reçu trois beaux exemplaires de cette espèce, de quinze à seize pouces de long, dans cette collection de la grande-duchesse Hélène, que nous nous sommes fait un devoir de citer déjà tant de fois.

Cette espèce a assez de rapports avec le *Salmo polcur* de Pallas, pour que nous croyions retrouver ici le poisson des voyageurs russes. Il a été cité dans l'Appendice du troisième

voyage de Pallas sous le nom de Pydshjan,
d'où il a passé dans la treizième édition du
Systema naturæ et aussi dans M. de Lacépède.
Cette Corégone, très-voisine des précédentes,
remonte de la mer Glaciale dans l'Obi.

Le Gwyniad.

(*Coregonus Pennantii*, nob.)

Si j'ai été assez heureux pour voir le Pollan
des lacs d'Irlande, je n'ai pas eu les mêmes faci-
lités pour déterminer le Gwyniad du pays de
Galles dont a parlé Willughby, et que Pennant
a considéré comme la Féra du lac de Genève.
Il suffit de jeter les yeux sur la figure de Pennant et sur celle publiée récemment par M.
Yarrell[1] pour se convaincre que les deux poissons sont bien d'espèce voisine, mais qu'ils
sont cependant tout à fait distincts.

Ce Gwyniad a la tête triangulaire; le museau tronqué; les mâchoires presque égales. Il ressemble sous
ce rapport plutôt au Lavaret qu'à la Féra. M. Yarrell
lui donne de très-petites dents sur la langue, quoique Pennant dise que la bouche, petite, est sans
dents. N'a-t-on pas pris, comme pour l'autre espèce,
les papilles de la muqueuse pour des dents? Les
parties supérieures de la tête et du dos sont bleu

---

1. Yarrell, *Brit. fish.*, t. II, p 85.

foncé : elles s'éclaircissent sur les côtés en prenant une teinte jaunâtre. Les nageoires sont plus ou moins teintées de bleu foncé, particulièrement sur leurs bords. Ce poisson me paraît différer de la Féra par les teintes des nageoires, par la brièveté de la pectorale; par une tête moins pointue et par un museau plus court.

Je m'étonne que Pennant ait confondu ce poisson avec le Lavaret, et surtout avec la Féra, puisqu'il dit qu'il avait rapporté une Féra de quinze pouces, prise en Suisse. Mais à cette époque on ne regardait pas avec assez de détail ces espèces voisines les unes des autres, soit dans le groupe des Cyprins, soit dans un grand nombre d'autres genres des diverses classes. Pennant[1] confondait avec ces poissons le Pollan de Lough Neagh; Donovan n'a point figuré cette espèce parmi ses Poissons d'Angleterre; Turton[2], en copiant la Zoologie britannique, en a fait un *Salmo lavaretus;* mais son espèce est d'ailleurs très-mal établie, puisqu'il a ajouté à la citation de Pennant celle de la Zoologie générale de G. Shaw[3], l'une des plus mauvaises compilations zoolo-

---

1. Pennant, *Brit. Zool.*, t. III, p. 267, édit. in-8.°, 1769, pl. 16.
2. Turt., *Brit. Faun.*, p. 104, n.° 101.
3. Sh., *Gener. Zool.*, vol. V, part. 1, *pisces*, p. 85, pl. 105, fig. 2.

giques. Cet auteur, qui aurait dû mieux connaître un des poissons communs dans son pays, a copié, pour représenter le Gwyniad, la très-médiocre figure du Lavaret de Bloch, c'est-à-dire le *Salmo oxyrhynchus* de Linné. Cela explique les incertitudes de la phrase du •*British Fauna*, et il faut conclure de là que l'espèce de M. Turton doit être rayée de la liste d'une synonymie rigoureuse.

M. Jenyns[1] a aussi suivi toutes ces incertitudes, en exprimant cependant des doutes sur l'identité de ces poissons avec le Lavaret du continent.

Je vois dans M. Yarrell que c'est le *Shelly* du Cumberland, si toutefois on n'a pas confondu encore une espèce voisine, de même qu'on y réunissait le Powan ou le Pollan, que l'on a distingué depuis avec raison.

Le Gwyniad du pays de Galles était très-abondant à ce lac de Fer, dans le Llyd-Thid, jusqu'à l'époque de 1803 où les brochets s'étant multipliés dans le lac, ont diminué le nombre de ces corégones.

---

1. Jenyns, *Brit. vert.*, p. 432, n.° 113.

La Corégone blanche.

(*Coregonus albus*, Lesueur.)

Les eaux douces de l'Amérique septentrionale nourrissent une Corégone qui a une ressemblance très-grande avec notre Marène. Il
faut une comparaison directe pour la distinguer. Je suis convaincu que les naturalistes,
placés dans l'heureuse position où se trouve
M. Agassiz, distingueront, dans ces grands
lacs, plus d'espèces que nous n'en connaissons aujourd'hui.

Celle que nous avons reçue a le museau tronqué,
arrondi, saillant, et coupé si obliquement que la
fente transversale de la bouche est tout à fait sous
le museau. La courbure du dos, en arrière de la
dorsale, est assez sensible. La nageoire est moins
pointue que celle de nos espèces d'Europe. L'anale
est assez haute de l'avant, ce sont de grandes ventrales et une pectorale assez pointue. Il y a quelque
variété dans les proportions de ces parties.

B. 9; D. 13; A. 13; C. 31; P. 16; V. 14.

Nous comptons quatre-vingt-trois écailles le long
des flancs : elles n'offrent que deux stries concentriques. La couleur est un argenté blanchâtre sur
tout le corps. Les nageoires sont pâles.

Nos individus ont quinze pouces de long;
la tête en a trois. Ils nous ont été envoyés du

lac Ontario par M. Milbert. On le trouve aussi dans les lacs Érié, Champlain, et dans tous les lacs intérieurs de l'Amérique septentrionale jusqu'à 72° latitude nord.

Mitchill n'a pas mentionné cette espèce, décrite pour la première fois par M. Lesueur[1], qui lui a donné pour épithète la traduction du nom vulgaire sous lequel on le connaît dans toute l'Amérique : c'est le *Whitefish*. Quoique Mitchill n'en ait pas fait mention, cette corégone avait été indiquée longtemps avant lui par Pennant[2], qui la confondait avec le Gwyniad, et la regardait comme le *Salmo lavaretus*. M. Richardson[3] a publié sur cette espèce remarquable un très-long article, accompagné d'un très-bonne figure, en lui conservant son nom canadien de *Attihawmeg* et celui de Lesueur. Après lui, M. Dekay[4] a aussi inscrit le *Coregonus albus* dans la Faune de New-York. M. Thompson, dans l'Histoire de l'État de Vermont, l'a donné sous le nom d'Alose des lacs (*Lake shad*). On trouve aussi ce poisson inscrit dans le *Synopsis* de M. Storer.

---

1. Journ. de l'acad. des sc. de Philadelphie, vol. I, p. 231.
2. Penn., *Arct. zool.*
3. *Faun. bor. amer.*, p. 195, n.° 75, pl. 89, fig. 2.
4. Dekay, t. III, p. 247, pl. 76, fig. 240.

La Corégone quadrilatérale.

(*Coregonus quadrilateralis*, Richardson.)

J'ai pu dessiner, grâce à la complaisance de mon ami, M. Richardson, son *Coregonus quadrilateralis*.

C'est une espèce à museau tronqué; à mâchoire inférieure plus courte que la supérieure; à bouche remarquablement petite et à couverture quadrangulaire. Les nageoires sont petites; les écailles sont de grandeur médiocre : celles de la ligne latérale, triangulaires, sont beaucoup plus petites que les autres : elles étaient toutes entourées d'un bord foncé presque noirâtre. Le dos est brun jaunâtre; les côtés sont plus pâles; le ventre est blanc de perle.

D. 15; A. 13; C. 19 — 7 — 7; P. 15; V. 11 ou 13.

J'ai compté dix-neuf rangées d'écailles entre la dorsale et la ventrale, et quatre-vingt-treize le long des flancs.

M. Richardson, en nous envoyant ce poisson, l'avait étiqueté *Roundfish* : c'est le *Katheh* des Indiens ou le *Okengnak* des Esquimaux. La description a été faite d'après un individu pêché dans le lac de l'Ours. Cette Corégone existe aussi dans les mers polaires, souvent aux embouchures des rivières de la Mine de cuivre et de Mackensie. Elle avait été indiquée déjà dans le Journal de Franklin. Je ne la vois pas citée dans les Faunes particulières des États de New-York, et M. Storer ne l'a inscrit dans son *Synopsis* que d'après Richardson.

La CORÉGONE OTSEGO.

(*Coregonus otsego*, Dekay.)

J'ai encore à placer dans cette première division des Corégones une espèce de l'Amérique septentrionale, décrite d'abord par M. Clinton[1], et qui est reproduite ensuite dans la Faune de New-York par M. Dekay[2]. Je n'ai pas vu ce poisson.

Il a le corps allongé et comprimé de très-petites écailles. La couleur brune jusqu'au-dessus de la ligne latérale est argentée en dessous, et des raies latérales foncées rappellent les couleurs du *Labrax lineatus*.

Ces auteurs croient que ce poisson ne se trouve que dans le lac Otsego, et qu'il devient plus rare de jour en jour. Il mord peu à l'hameçon, mais des coups de seines heureux en ont ramené quelquefois plus de mille individus. M. Storer a cité ce poisson dans son *Synopsis*, et il montre, avec raison, que l'espèce n'est pas encore bien établie, car les nombres

---

1. Clinton, *Med. and phil. reg.*, vol. III, p. 388.
2. *New-York Fauna*, p. 248.

des rayons ne sont pas suffisamment indiqués, et l'on ne conçoit pas assez ce que les auteurs ont voulu dire par une lèvre protubérante et bifide.

Les différentes espèces de Corégones déjà décrites, sont toutes réunies par le caractère remarquable du prolongement de la mâchoire supérieure. Je vais traiter maintenant, dans cette seconde section, des espèces qui ont la mâchoire inférieure plus longue que l'autre. Nous en possédons plusieurs en Europe. J'ai pu en voir quelques-unes, les autres ne me sont connues que par les descriptions de Pallas et des ichthyologistes récents. Il en existe aussi dans les eaux douces de l'Amérique septentrionale : le Cabinet du Roi a reçu du lac Ontario une de ces corégones, remarquable par sa grandeur et par son abondance, qui la rend l'objet d'une pêche importante sur les lacs.

La Corégone vimbe.

(*Coregonus vimba*, nob.)

Je vais commencer par décrire la plus grande de nos espèces. Elle a été connue de Linné, mais non d'Artedi ; elle ressemble plus, au premier aspect, au hareng qu'à un saumon.

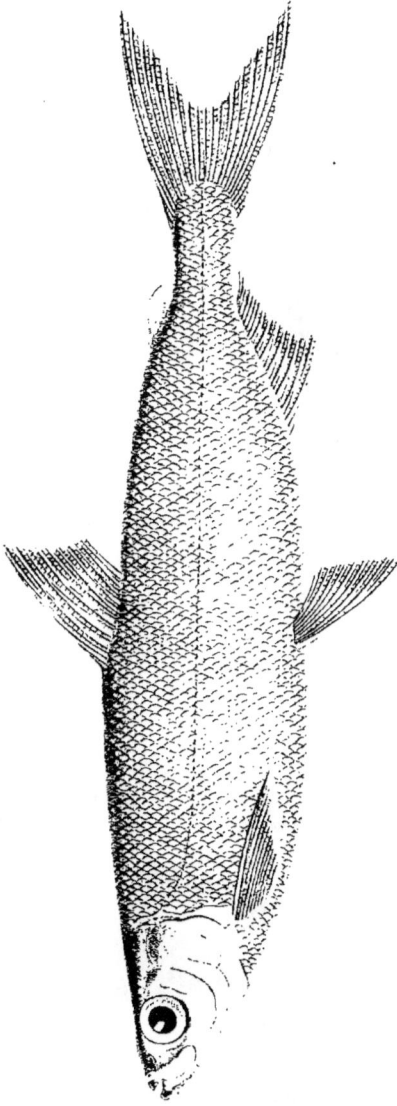

LA VIMBE.

Arelie Alberta del.

COREGONUS Vimba. Val.

Annedouche sculp.

Son ventre est arqué et saillant. La hauteur est près de cinq fois dans la longueur totale. La tête est petite, du sixième de cette même longueur. L'œil est assez grand. La pectorale, pointue, est courte; la ventrale n'est pas très-grande. La caudale est fourchue.

D. 31 ; A. 16 ; C. 31 ; P. 13 ; V. 10.

Les écailles sont de grandeur moyenne; le dos est bleu; les flancs et le ventre très-argentés.

J'ai trouvé un exemplaire de cette espèce à l'embouchure de l'Escaut en 1824 : il est long de sept pouces. M. de Humboldt nous en a donné un autre exemplaire venant de Péters-bourg. Il y en a un troisième dans le Cabinet du Roi, plus petit et dont j'ignore la patrie : c'est le *Coregonus wimba* de M. Nilsson ; les proportions sont exactement les mêmes. On le prend dans le lac d'Animmen, de la province de Dalécarlie, d'où le poisson est transporté en Suède sous le nom d'*Anims-Wimba*. Comme les autres espèces de ce genre, il fraie au commencement de novembre : sa chair est excellente.

La détermination de M. Nilsson nous apprend à reconnaître le *Salmo wimba* de Linné, indiqué très-brièvement dans le *Systema naturæ*.

Il me paraît, que le poisson figuré dans les

Mémoires[1] de l'Académie impériale de Saint-Pétersbourg par M. Ozeretskovsky, appartient à cette espèce. Ce naturaliste russe a présenté des observations sur un poisson, nommé improprement Hareng, et il a même proposé de nommer cette Corégone *Pseudo-hareng*. Il a reconnu, en effet, que son poisson n'appartient pas plus à ce genre que les Pollans d'Écosse, désignés également sous le nom de Harengs d'eau douce. Nous apprenons, dans cette observation, que ces corégones sont apportées à Moscou du grand lac Péreslaw Zaleski, si célèbre dans l'Histoire de la Russie par les premiers exercices de Pierre-le-Grand dans l'art de la navigation. Le *Coregonus wimba* y vient, tantôt gelé, tantôt enfumé, mais jamais salé comme les harengs : les habitudes de la vimbe sont celles des corégones. Elle fraie au mois de novembre; les œufs sont rougeâtres et petits. Hors de l'eau elle meurt bien vite. Les vimbes se tiennent dans le fond du lac, et ne montent pas dans la rivière de Troubège qui y entre, ou ne descendent pas dans la Weksa qui en sort. Comme on prétend que cette corégone ne se trouve dans

---

1. T. II, p. 376, pl. 21.

aucun autre lac de la Russie, la ville de Pe-
reslaw a placé ce poisson dans ses armes.

En cherchant avec soin dans les descriptions
de Pallas [1], je crois retrouver notre poisson
dans son *Salmo albula,* tout en admettant que
Pallas a confondu avec elle la petite corégone.

La Corégone sardinelle.

(*Coregonus sardinella,* nob.)

Nous devons aussi à l'illustre auteur des
recherches sur l'Asie centrale, une autre espèce
de Marène prise dans l'Irtisch : c'est le *Salmo
clupeoides* de Pallas.

Cette espèce a la mâchoire inférieure beaucoup
plus saillante que la précédente. L'œil est plus près
du bout du museau. Le maxillaire est plus long. La
pectorale est courte et pointue; la ventrale, petite,
est arrondie. La dorsale est peu élevée.

D. 13; A. 16; C. 31; P. 15; V. 11.

Les écailles sont très-petites. Les couleurs ressemblent à celles de l'espèce précédente; c'est du bleu
violacé sur le dos et de l'argenté sous le ventre.

Nos individus sont longs de six à sept pouces.
M. Ehrenberg a donné un exemplaire de ce
poisson au Cabinet du Roi.

---

1. Pallas, *Faun. rosso-asiat.,* p. 413, n.° 283.

J'ai dessiné à Berlin, d'après les individus de la collection donnée par Rudolphi, le *Salmo clupeoides* de Pallas; je suis par conséquent sûr de la détermination énoncée au commencement de cet article. Mais, comme M. de Lacépède a publié une Corégone clupéoïde différente de celle-ci, il devient nécessaire de changer le nom de Pallas, et pour rappeler la comparaison que cet illustre zoologiste avait faite, j'emprunte à la Sardine l'étymologie du nom spécifique nouveau de ce poisson. Les Tungouses et les Russes riverains du Covyma l'appellent *Seldetkan.*

Pallas avait reçu son espèce du Kovyma, dans lequel les Seldetkans entrent des rivages de l'Océan arctique en troupes innombrables pendant le mois, d'août. Ils remontent à plus de six cents mètres au-dessus des quartiers d'hiver établis sur le Kovyma; mais quand le fleuve commence à charrier, ces corégones redescendent à la mer avec les autres espèces anadromes. On les prend aussi dans les lacs qui sont au-dessous de ces lieux avec le *Salmo leucichthys* et l'Omul. Les œufs, écrasés et cuits avec du lait, sont mangés comme une espèce de bouillie.

Le TUGHUN.

(*Coregonus tugún*, Pallas.)

Pallas a donné, sous le nom de *Salmo tu-gún*, la description du *Tughun* des Russes du Iéniséï.

- Cette petite Corégone, rarement plus longue que le doigt, mais qui atteint quelquefois cinq à six pouces, est assez semblable par sa forme et par sa couleur à notre Vandoise (*Cyprinus leuciscus*). Elle a le dos moins convexe que le *Coregonus albula*, mais plus droit que la ligne du profil de l'abdomen; la tête plus comprimée que le corps et carénée depuis l'extrémité du museau jusqu'à la nuque. Les écailles sont minces, argentées; le dos est rembruni; le ventre blanc; les nageoires sont grisâtres. La caudale est profondément fourchue.

D. 12; A. 14; C....; P. 14; V. 10.

Cette espèce, très-différente du *Coregonus albula*, est prise en très-grande abondance dans la partie boréale du Iéniséï, dans la Léna, le Tungunska jusqu'à Rybinskoi. Les Ostiaques se nourrissent de ce poisson qu'ils estiment beaucoup. A Sichek, en Sibérie, on les vend sous le nom de *Tuguni Jeniseiskye*, et on les sert, conservés dans le sel, pour exciter à boire.

Comme cette espèce me paraît un peu plus

grande dans le pays des Samoyèdes, je ne m'étonnerais pas qu'une Corégone, dessinée au Kamtschatka par M. Mertens, ne fût encore de la même espèce ; car les formes sont semblables, le dos est gris-roussâtre, les dorsales sont cendrées. Je trouve cependant une différence dans la caudale, qui n'est pas aussi profondément fourchue que le dit Pallas.

La Corégone vemme.

(*Coregonus albula*, nob.)

Une espèce de Corégone à mâchoire inférieure prolongée se distingue des précédentes, parce que

la saillie de la symphyse est beaucoup moins grande. Elle a aussi des écailles plus grandes. Sous ce rapport notre poisson ressemblerait à notre première, mais elle a le corps beaucoup plus allongé et plus étroit ; car la hauteur est plus courte que la tête, et elle est comprise six fois dans la longueur totale.

D. 11 ; A. 13 ; C. 31 ; P. 15 ; V. 11.

Ce sont d'ailleurs les mêmes couleurs.

Nous avons reçu ce poisson des lacs d'Écosse par M. Mac-Cullock. Notre exemplaire a près de sept pouces de longueur.

Je le crois de la même espèce que le *Blitka* de Dalécarlie que M. Marklin, adjoint à la

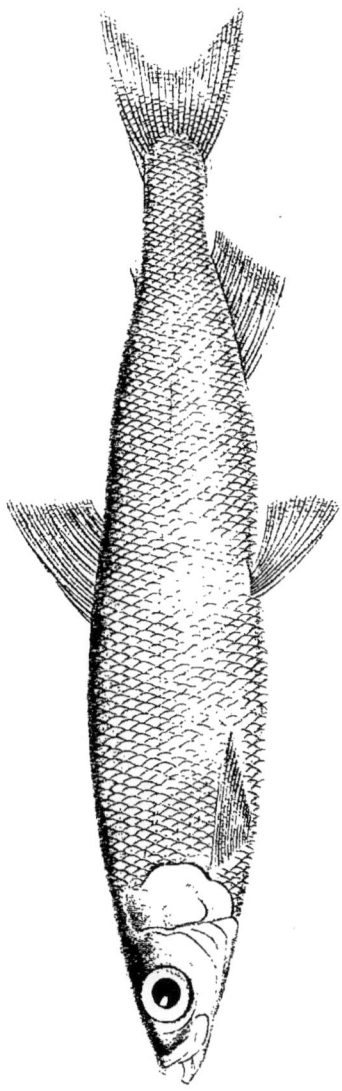

LA VEMME.

CORÉGONUS albula. Val.

M.me Alberte del.

Annedouche sculp.

Société des sciences d'Upsal, a donné au Cabinet du Roi. Ce poisson vient du lac Siljan, dans la province Dalarne en Suède, et il nous l'a remis comme étant le véritable *Salmo albula* de Linné. Ces exemplaires ont de quatre à cinq pouces.

Nous trouvons, en effet, la dénomination vulgaire, citée plus haut dans Artedi[1] et dans le *Fauna suecica*[2]. C'est donc là le *Salmo albula* de Linné qui s'est conservé dans la treizième édition, ainsi que dans Lacépède. C'est également l'espèce de Bloch; car il a lui-même reconnu, dans son édition posthume, que son *Salmo marænula*[3] est de la même espèce. Mais Gmelin ayant adopté la première dénomination de Bloch, a conservé un *Salmo marænula*, que M. de Lacépède n'a pas manqué de copier dans le même chapitre où il plaçait le *Salmo albula*.

Le *Salmo albula* est assez bien représenté dans Ascanius[4] sous le nom de Vemme. A cause de la ressemblance de ce poisson avec le hareng, on lui donne communément le nom de *Land sild* sur les bords du lac Miœs, près

---

1. Art., *Syn.*, p. 18, n.° 1.
2. *Faun. suec.*, p. 119, n.° 313.
3. Bloch, pl. 28, fig. 3.
4. Ascanius, *Ic. rer. nat.*, t. **XXIX**.

de l'embouchure de la rivière de Loven. M.
Nilsson[1] l'a cité dans son Prodrome des Poissons de Scandinavie. L'exemplaire que nous
avons reçu de M. Mac-Cullock nous a prouvé
que ce poisson se trouve dans les eaux de la
Grande-Bretagne. Les auteurs plus récents,
comme MM. Jardine et Yarrell, n'ont pas reconnu dans ce poisson l'espèce de Linné. Le
premier de ces deux ichthyologistes a publié de
ce poisson, connu sous le nom de *Vandace* ou
de *Vendis*, une très-bonne figure d'après des
exemplaires de Castle Loch Lochmaben, dans
le comté de Dumfries. On croit que ce lac est
la seule localité où l'on connaisse ce poisson,
et suivant les traditions du pays il y aurait été
introduit par la reine Marie d'Écosse. Il l'a
appelé *Coregonus Willughbei.* Cette dénomi-
tion a été acceptée par M. Yarrell[2]; mais je
vois que M. Jenyns[3] est revenu à la dénomination linnéenne. Suivant Bloch, ces petites
marènes se trouvent dans la Silésie, la Marche,
la Poméranie, le Mecklenbourg, sur les fonds
de sable ou de glaise. Ils cherchent les endroits
couverts d'herbe pour y déposer leurs œufs,
qui sont très-petits. Dans plusieurs endroits

1. Nilsson, *Coregonus albula*, p. 17, n.º 6.
2. Yarrell, p. 89.
3. Jenyns, p. 432, n.º 115.

on fume ces marènes, ou on les encaque dans des tonneaux, comme les harengs, pour les répandre dans le pays.

Je trouve dans les dessins que M. Mertens a faits au Kamtschatka, la représentation d'un poisson

qui a le dos verdâtre; les flancs teintés de bleu; le ventre argenté et toutes les nageoires grises. La tête est courte : elle est comprise près de huit fois dans la longueur totale. La caudale est peu fourchue. On a indiqué :

D. 20; A. 14.

Ce poisson a beaucoup de ressemblance avec le *Coregonus albula,* et cependant je n'ose affirmer qu'il soit de la même espèce : c'est une indication que je laisse aux soins des voyageurs.

La Corégone clupéiforme.

(*Coregonus clupeiformis,* Mitch.; *Coregonus Artedi,* Lesueur; *Coregonus lucidus,* Richardson.)

Les eaux douces de l'Amérique septentrionale ont aussi leur Marène à mâchoire inférieure plus longue que la supérieure. Il faut cependant bien remarquer que la saillie de cette mâchoire est beaucoup moins forte que celle des autres espèces.

La forme du corps est allongée et plus régulière que celle de notre *marœnula*, parce que la courbure du dos est plus semblable à celle du ventre. La hauteur est comprise cinq fois et deux tiers dans la longueur totale. La tête est un peu plus allongée; l'œil est grand; le maxillaire atteint jusqu'au cercle de la pupille. La dorsale est basse; la pectorale petite et pointue; la ventrale assez grande; la caudale fourchue.

D. 13; A. 13; C. 31; P. 16; V. 11.

Les écailles sont plus grandes que dans aucune autre espèce. Le dos est bleu d'acier; le ventre blanc; la dorsale et la caudale grises et foncées. Les autres nageoires sont blanches.

Nos exemplaires, longs de dix à douze pouces, ont été envoyés du lac Ontario par M. Milbert.

Cette espèce, très-commune en Amérique, a reçu, comme la plupart des poissons qui sont observés successivement par plusieurs naturalistes, plusieurs noms. Elle a d'abord été décrite par Mitchill sous le nom que nous lui conservons. Cette dénomination est, selon moi, parfaitement fixée, attendu qu'elle a été adoptée avec raison par M. Dekay[1], qui a donné dans sa Faune de New-York une très-bonne figure : c'est le *Shad Salmon* des lacs.

---

1. Dekay, *New-York Fauna*, p. 248, pl. 60, fig. 198.

M. Lesueur, qui n'a pas déterminé l'espèce
de Mitchill, a donné une figure de ce même
poisson, avec une courte description dans le
Journal de l'Académie des sciences de Philadelphie; croyant l'espèce nouvelle, il l'a dédiée
à Artedi, et cette dénomination a été acceptée
par M. Richardson, dans sa Faune de l'Amérique septentrionale. Mais, en même temps
qu'il acceptait cette espèce de Lesueur, sans
parler du *Salmo clupeiformis* de Mitchill, il
reproduisait la même espèce un peu plus loin,
en la décrivant alors comme nouvelle, sous le
nom de *Coregonus lucidus.*

J'ai pour garant de cette détermination les
individus de M. Richardson, qu'il m'a permis
de comparer aux nôtres : ce double emploi a
été répété dans le *Synopsis* de M. Storer.
Le *Coregonus lucidus* a été décrit d'après un
individu pêché dans le lac de l'Ours, qui va
du 65° au 67° latitude nord, et qui est traversé
par le grand courant de la rivière Mackensie.
L'auteur remarque que la rapidité de la chute
n'empêche aucun poisson de remonter de la
mer arctique dans le lac. Les riverains du lac
l'appellent *Herring-Salmon.* On voit, par
conséquent, que les pêcheurs des différentes
contrées du globe ont tous été frappés de la
ressemblance qui existe entre ce poisson et le

hareng, non-seulement dans leurs formes, mais dans les habitudes de se réunir en bandes considérables.

La Corégone tullibée.

(*Coregonus tullibeë*, Richardson.)

J'ai encore à placer dans cette deuxième division des Corégones une espèce de Richardson[1], que je n'ai pas vue. Cette espèce, des contrées arctiques, est le *Tullibée* des chasseurs canadiens qui font le commerce de pelleteries. Les Indiens l'appellent *Ottonee-bees*. Elle est plus dispersée dans les eaux de ces contrées que le *Coregonus albus*, mais on ne la prend pas en aussi grand nombre. La description a été faite sur des individus pris à Cumberland-House, dans les lacs de l'île des Pins. C'est un poisson d'un gris verdâtre sur le dos, argenté sous le ventre; le dessus de la tête est plus bleu.

La Corégone cyprinoïde.

(*Coregonus cyprinoides*, Pallas.)

J'ai vu à Berlin, dans la collection de Pallas, un poisson qui ressemble beaucoup à la des-

---

1. *Fauna bor. amer.*, p. 201.

cription qu'il a donnée de son *Salmo cypri-noides*. En effet, sans la dorsale on le prendrait pour un able, voisin de la rosse (*Cyprinus erythrophthalmus*).

Le corps est ovale ; la hauteur est le tiers de la longueur totale. La mâchoire inférieure dépasse la supérieure. Celle-ci a très-peu d'épaisseur et n'est pas tronquée. La tête est courte ; la pectorale petite ; l'anale assez haute et à peu près semblable à la dorsale. J'ai compté :

D. 14 ; A. 15 ; C. 31 ; P. 18 ; V. 13.

J'ai trouvé quatre-vingt-dix écailles entre l'ouïe et la caudale.

Pallas dit que la couleur est celle du lavaret, auquel il ressemble, mais que sa forme est plus large. Ce poisson a été communiqué à Pallas par Merk, sous le nom de *Munduthan*. L'individu du Cabinet de Berlin est long d'un pied : il porte dans la collection le n.° 71.

Ce poisson me paraît ressembler beaucoup à la figure que Lepechin[1] a donnée de son *Salmo peled*. La différence la plus sensible que j'y trouve, consiste dans les points marqués sur le corps, sur la tête et dans les rayures brunes de la dorsale. Ce Peled des Russes d'Archangel et de Mangaséa a été observé à

---

1. Lepechin, *Reisen*, III, pl. 12.

Pethschora. Pallas ajoute que l'espèce abonde pendant toute l'année dans le lit du Iéniséï et dans les lacs voisins. Elle se montre au printemps en plus grande quantité. Les nombres sont très-semblables à ceux de l'espèce précédente.

D. 11; A. 15.

Je crois que cette description de Lepechin se rapporte au poisson décrit dans cet article. Si l'observation faite sur la nature montrait qu'il s'agit ici d'une espèce distincte, elle prendrait rang dans le genre sous le nom de *Coregonus peled.*

L'OMUL.

(*Coregonus omul*, Lepechin.)

L'Omul de Lepechin ressemble par la forme régulière de son corps ovale à un Cyprin, ou si l'on veut, aussi à une Alose.

La tête est petite, conique, convexe, et la mâchoire inférieure est plus longue. Le corps est assez épais, comprimé et presque caréné sur le dos. Les écailles sont grandes, surtout au-dessous de la ligne latérale.

D. 11; A. 13; C. ...; P. 16; V. 12.

La couleur est un blanc argenté, passant au bleu au-dessus de la ligne latérale, et devenant tout à fait rembrunie sur le dos et sur le vertex. La dorsale est brune. L'adipeuse et les autres nageoires sont blanches.

Telle est la description d'un poisson qui remonte en troupes immenses de la mer Glaciale à la fin de l'automne dans les fleuves du Petschora, du Iéniséï, de la Léna et du Kovyma. L'Omul parvient ensuite dans les lacs alpins du Madschar par la Tuba, et par la Tungusca et l'Angara, dans le Baïkal, où il se multiplie en telle abondance, que des migrations régulières ont lieu de ces lacs vers ces fleuves. Il ne paraît pas cependant que l'espèce se porte sur les rives occidentales du Baïkal, mais la pêche s'en fait sur les sables des côtes méridionales en août, ou quelquefois en juillet, et elle continue pendant l'automne jusqu'à l'époque de la congélation des fleuves. On prend l'espèce par myriades, tellement qu'elle sert à la nourriture des tribus transbaïkales pendant le carême des Russes. On la vend à si bas prix, que les habitants conservent ce salmone salé dans de grands tonneaux, à la porte de leur maison comme une sorte de don de la nature. Le froid fait rentrer les individus dans les profondeurs des lacs. Quand les poissons sont salés récemment, ils sont assez agréables à manger, surtout grillés; mais ils se gâtent facilement; ceux qui sont pris plus tard sont conservés par la congélation. Les œufs, conservés dans un peu de sel,

21. 34

sont un condiment agréable. Les Russes, en Sibérie, disent proverbialement : *Celui qui a goûté aux œufs de l'Omul ne reverra pas la Russie.*

La pêche de cette Corégone occupe un grand nombre de bras des différents points de la Sibérie; il n'est pas rare qu'un coup de filet ramène deux à trois mille de ces poissons, de manière à en remplir sept à huit grands tonneaux. On connaît la présence de ce poisson quand les pélicans ou les mouettes poursuivent activement ces troupes de corégones; les pélicans surtout en remplissent en nageant la grande poche qui leur pend sous la mandibule inférieure.

Pallas avait d'abord désigné ce poisson, dans ses voyages, sous le nom de *Salmo autumnalis,* épithète qu'il a ensuite donnée à une autre espèce, ainsi que nous l'avons vu plus haut. Il a ensuite reconnu que Georgi avait désigné la même espèce sous le nom de *Salmo migratorius.* Gmelin, n'ayant pas saisi l'identité de ces deux espèces nominales, les a introduites dans le *Systema naturæ,* d'où elles ont passé dans l'Histoire naturelle de M. de Lacépède.

La Corégone rudolphienne.

(*Coregonus Rudolphianus*, nob.)

Je dédierai à la mémoire de mon célèbre
ami Rudolphi l'espèce que j'ai trouvée étiquetée dans la collection de Pallas, sous le
faux nom de *Salmo peled.*

C'est un poisson qui a le corps allongé. Le profil
est un peu plus soutenu vers la nuque qu'à la dorsale. La hauteur à cet endroit est un peu plus grande
que la tête, et est comprise cinq fois et trois quarts
dans la longueur totale. Celle du tronçon de la
queue derrière l'adipeuse, surpasse un peu la moitié
de cette hauteur. La tête est étroite et a le museau
pointu ; la mâchoire inférieure plus longue. Les
écailles sont de moyenne grandeur : il y en a quatre-
vingts le long des flancs, et dix-neuf dans la hauteur. J'ai trouvé pour nombres :

D. 12 ; A. 14 ; C. 19 ; P. 15 ; V. 13.

Le corps m'a paru avoir été verdâtre sur le dos,
blanc sous le ventre et à reflets argentins. Les nageoires avaient encore une teinte rougeâtre.

Ce poisson, remarquable par son corps trapu
et sa tête allongée, est étiquetée, dans la collection de Pallas, sous le nom de *Salmo peled;*
mais, en lisant la description de la Faune russe,
il est impossible d'admettre cette détermination ; car il est bien évident que Pallas a établi

son espèce d'après Lepechin, qui nous a fait connaître par une figure la physionomie de son poisson. Puisque M. Rudolphi a généreusement donné au Cabinet de Berlin toutes les espèces de l'illustre naturaliste de Pétersbourg, on comprendra pourquoi j'ai dédié à ce savant anatomiste le poisson dont il s'agit ici.

La Corégone hareng.

(*Coregonus harengus*, Richards.)

Le naturaliste anglais, que j'ai tant de plaisir à citer, a décrit un poisson du lac Huron que je n'ai pas vu, mais dont il a donné une figure montrant que cette Corégone est extrêmement voisine de la précédente. Elle s'en distinguerait cependant beaucoup si, comme le dit M. Richardson,

la langue est véritablement recouverte de trois rangées de petites dents visibles à la loupe. Le poisson est d'un vert olive sur le dos, argenté sur les côtés et sur le ventre.

Je ne puis placer qu'avec doute cette espèce à la suite de ce genre; car j'ai tout lieu de croire que le curieux caractère signalé par M. Richardson entraînera la séparation géné-

---

1. Rich., *Faun. bor. amer.*, p. 210, pl. 90, fig. 2.

rique de cette espèce, et que l'on devrait y réunir une autre Corégone décrite dans cette même Faune.

La CORÉGONE DU LABRADOR.

(*Coregonus Labradoricus*, Richardson.[1])

Je ne connais aussi ce poisson que d'après M. Richardson. Il se rapproche du précédent par ses mâchoires et son palais sans dents, et par les quatre rangées qui sont sur la langue.

Il en diffère, parce que le museau est tronqué et que la mâchoire supérieure me paraît plus longue que l'inférieure. Les écailles sont orbiculaires et disposées par rangs. L'espèce ressemble en général au *Coregonus quadrilateralis*. Les nombres sont :

D. 15; A. 15; C. 35; P. 15; V. 11 ou 12.

Ce poisson vient de la rivière Musguaw, qui se jette dans le golfe Saint-Laurent, près de l'île Mingan.

Lorsque nous connaîtrons mieux cette espèce et la précédente, si les naturalistes les réunissent pour en former un genre particulier, nous retrouverons en lui les deux sections que nous avons signalées dans nos Corégones.

Parmi les dessins que j'ai faits des poissons que nous a communiqués M. Richardson,

---

1. Rich., l. cit., t. III, p. 206, n.° 79.

j'en trouve un aussi remarquable par la petitesse de sa tête que par la singulière disposition de sa bouche. La longueur de la tête est du sixième de la longueur totale, tandis que la hauteur du tronc n'y est comprise que cinq fois et quelque chose. La hauteur de la tête, prise à la nuque, mesure la moitié de sa longueur, et l'ouverture de la bouche est du tiers de cette même tête. La pectorale est longue et pointue : elle atteint presque jusqu'à la ventrale. L'anale est presque aussi haute que la dorsale. Les écailles sont de moyenne grandeur : il y en a cinquante-cinq dans la longueur et quinze dans la hauteur. Chacune d'elles est ciselée de huit à dix stries fines et rayonnantes.

D. 10; A. 10; C. 19; P. 16; V. 8.

Ce poisson est appelé par les naturels *Nat-Chee-Gœs*. Il a été pêché dans la rivière de Saskatehewan. L'individu est long d'un pied.

C'est un curieux poisson que je ne retrouve pas cité dans l'ouvrage de M. Richardson. Je n'ose donner de nom à ce Salmonoïde, parce que je ne puis pas assez préciser la forme des dents, des mâchoires, et par conséquent fixer d'une manière assez certaine le genre. Ma première impression avait été cependant d'en faire une Corégone, puisque j'avais placé ce dessin à côté des autres espèces du même genre. On pourrait l'appeler *Coregonus angusticeps?*

Le Nelma.

(*Coregonus leucichthys*, Pallas.)

L'une des plus grandes espèces de Corégones décrites, doit être le *Salmo nelma* de Pallas èt de Lepechin, décrit aussi par Guldenstædt, sous le nom de *Leucichthys*.

Ce poisson a la tête longue, plus étroite que le corps, allongée vers le museau en un cône convexe; elle est comprimée ou un peu aplatie aux opercules. Le museau est obtus et un peu tétraèdre. La mâchoire supérieure est plus courte; l'inférieure est arrondie. Les mâchoires sont tout à fait sans dents, mais ce serait une de ces espèces voisines de celles observées par M. Richardson; elle aurait sur la langue une double série de dents si petites qu'elles seraient seulement sensibles au tact. Il y en a aussi un arc sur le devant du palais. Le corps a de grandes écailles, est oblong, lancéolé, très-épais, très-gros. La convexité du ventre et du dos sont pareilles.

D. 13; A. 14; C. 21; P. 16; V. 11.

La couleur du dos est d'un brun bleuâtre passant au blanc de lait sous l'abdomen. Les flancs sont argentés. La dorsale est de la couleur du dos; la caudale, fourchue, un peu plus brune; la pectorale, blanchâtre, a le bord cendré.

Les plus grands exemplaires ont de trois à quatre pieds de long et atteignent de trente à quarante livres de poids. Cette espèce, inconnue aux eaux de l'Europe, au Iénséï et à ses affluents, que l'on ne voit pas dans le lac Baïkal, remonte, surtout pendant l'hiver, en très-grande abondance de la mer Caspienne dans le Wolga, le Jaïk et le Kama. C'est dans ce dernier fleuve qu'on prend le plus grand nombre d'individus. Le Nelma remonte aussi de l'Océan dans l'Obi, la Léna, le Kovyma et l'Indiguirka.

La figure que Lepechin a donnée de son *Salmo nelma,* et surtout celle de la splanchnologie, me fait croire qu'il a effectivement décrit une Corégone. Cependant, si la langue et le palais portent de petites dents, il faudra bien admettre que le poisson appartient à un autre genre. Serait-il congénère des espèces américaines que j'ai rappelées tout à l'heure? Il faut aussi se demander si Pallas n'a pas confondu plusieurs espèces. Il me paraît assez difficile de croire, qu'un poisson de la mer Caspienne se retrouve dans la mer Glaciale : c'est donc encore ici une espèce incertaine.

FIN DU TOME VINGT ET UNIÈME.